理解科学译丛

丛书主编 曾国屏 吴 彤 王 巍

The Philosophy of Scientific
Experimentation

科学实验哲学

〔荷〕汉斯·拉德（Hans Radder）｜主编

吴 彤 何华青 崔 波 译

吴 彤 张春峰 审校

科学出版社

北京

图字：01-2008-3373

Published by agreement with University of Pittsburgh Press，Eureka Building 5th
F1，3400 Forbes Alenue，Pittsburgh，PA 15260，U. S. A.

图书在版编目（CIP）数据

科学实验哲学／（荷）拉德（Radder，H.）主编；吴彤，何华青，
崔波译．—北京：科学出版社，2015.10
（理解科学译丛）
书名原文：The Philosophy of Scientific Experimentation
ISBN 978-7-03-045773-8

Ⅰ.①科 … Ⅱ.①拉…②吴…③何…④崔… Ⅲ.①科学实验–科学
哲学–研究 Ⅳ.①N33②N02

中国版本图书馆 CIP 数据核字（2015）第 225215 号

丛书策划：胡升华
责任编辑：邹 聪 郭勇斌 卜 新／责任校对：蒋 萍
责任印制：徐晓晨／封面设计：黄华斌

科学出版社 出版
北京东黄城根北街 16 号
邮政编码：100717
http://www.sciencep.com

北京凌奇印刷有限责任公司 印刷
科学出版社发行 各地新华书店经销
*

2015 年 10 月第 一 版 开本：720×1000 1/16
2021 年 3 月第五次印刷 印张：18 1/4
字数：343 000
定价：86.00 元
（如有印装质量问题，我社负责调换）

"理解科学译丛"
编委会

丛 书 序

当今世界，科学技术越来越成为引领和影响社会文化发展的最重要因素。在日常生活中，人们无时无刻不在跟科学技术打交道。

这是一个要求人们更全面地正确理解科学技术的时代，是一个要求更加自觉地弘扬科学精神、树立科学观念、运用科学方法和大力提高全民科学素质的时代，也是一个要求正确认识科学技术与人文社会科学、科学素质和人文素质的关系并促进二者和谐发展的时代。

我们应该如何理解科学实践？科学理论与科学实验的关系是什么？科学与技术的关系在今天发生了怎样的变化？如何理解科学技术与现代性的关系？究竟如何看待科学方法，科研中需要什么样的方法？理工科学生怎么从事科研？不同国家的科技发展各自又有什么特色？如此等等，都备受关注。

其间不乏争议甚至有许多的误解。无论是 20 世纪 20 年代发生的"科玄论战"，20 世纪中叶的"两种文化"之争，还是 20 世纪末的"科学大战"，乃至国人关注的"东方文化与西方文化"的关系，以及一方面是全民科学素质偏低而另一方面却是科学被简单化甚至片面化地加以理解，这些问题，在深层次无不涉及我们究竟应该如何理解科学。

清华大学科学技术与社会研究团队（STS；Center of Science，Technology and Society，Institute for Science and Technology Studies）致力于推进更全面系统地理解和运用科学技术的工作，得到学界的承认，被评为北京市重点学科（交叉类）。正是在北京市"科技与社会"重点学科建设经费的支持下，并得到科学出版社的大力支持，我们选编出版"理解科学译丛"，将逐渐推出若干系列，从科学技术的哲学研究、方法论研究、史学研究、社会研究以及传播普及研究等多个视角，选择翻译国外的重要教材和著作，以飨有志于推进理解科学的有识之士和关心理解科学的广大爱好者。

"理解科学译丛"的出版，还被纳入并获得科技部"科技基础性工作专项"课题"创新方法的普及与培训工作方略研究"的资助。

曾国屏
2010 年 6 月 1 日

前言和致谢

编写《科学实验哲学》的第一阶段工作得益于 2000 年 6 月 15～17 日在阿姆斯特丹自由（Vrije）大学哲学系举行的为期三天的研讨会。此研讨会的主题是"走向更加成熟的科学实验哲学"。参加者有 Davis Baird、Henk van den Belt、Bram Bos、Marcel Boumans、Willem B. Drees、Maarten Franssen、David Gooding、Francesco Guala、Rom Harré、Michael Heidelberger、Giora Hon、Evelyn Fox Keller、Peter Kirschenmann、Peter Kroes、Huib Looren de Jong、Joke Meheus、Mary S. Morgan、Margaret Morrison、Arthur Petersen、Toine Pieters、Hans Radder、Henk de Regt、Hans-Jörg Rheinberger、Daniel Rothbart、Joseph Rouse、Rein Vos 和 Jim Woodward。

我们现在呈献给读者的这部文集正是此次研讨会所提交论文的修订版和扩充版。Rainer Lange 最初接受了研讨会的邀请，最终未能成行，但是他欣然贡献了其中的一章（第 6 章）。此外，我还增写了第 1 章，回顾并评论科学实验哲学领域成果的研究现状，在随后的各个章节，我们将依此研究现状，阐发各章的主要观点。本书既包括美国学者的贡献，也包括欧洲学者的贡献。这样，我们就可以把他们撮合在一起，以便将美国哲学传统和欧洲哲学传统最好的特点融合起来。

请允许我感谢那些支持过此研究项目的机构和人们。研讨会的各位评论人出色地完成了任务，很明显，他们的贡献提升了各章的质量，进而提升了全书的质量。匹兹堡大学出版社的评审报告可谓切中要害，大有裨益。

研讨会能够有效地运行，离不开荷兰科学技术和现代文化研究生院、荷兰科学研究组织（人文领域）、阿姆斯特丹自由大学哲学系、荷兰皇家科学院的资助与支持。另外，阿姆斯特丹自由大学哲学系出资，使书稿最终得以出版。在此，我要衷心感谢这些组织的资助。

从个人层面来讲，我受惠于 Anniek van der Schuit，特别是 Wouter Radder。在会议的准备和书稿出版方面，他们给予我极大的、十分尽责的帮助。另外，与匹兹堡大学出版社社长 Cynthia Miller 及其同事的合作也是愉快且高效的。最后，我还要感谢 Sally Wyatt。在编辑这部多作者的文集时，她一力承担，个中滋味可谓跌宕起伏，因此，她在语言、编辑和个人见解方面的建议，是我最宝贵的资源。

汉斯·拉德

关于作者

贝尔德（Davis Baird） 南卡罗来纳大学哲学系教授、系主任。1981 年在斯坦福大学获得科学哲学、语言哲学和逻辑学专业博士学位。此外，他在斯坦福大学获得科学哲学硕士学位（1981），1976 年在布兰代斯（Brandeis）大学获得文理学士学位。其研究集中于科学仪器的历史和哲学，尤其是用于 20 世纪分析化学的仪器。作为早期 Baird 协会频谱仪器合作发明人的儿子，他的兴趣源于家庭。著作有《事物知识：科学工具的哲学》（*Thing Knowledge：A Philosophy of Scientific Instruments*）（加利福尼亚大学出版社，2004），目前致力于整理其父所建公司的历史。他还编辑《技艺：哲学和技术学会杂志》（*Techné：Journal of the Society for Philosophy and Technology*）（http：//scholar. lib. vt. edu/ejournals/SPT）。

古丁（David Gooding） 巴斯大学科学史和科学哲学教授，科学研究（Science Studies）中心主任。其兴趣在于科学怎样持续不断地重塑知识、技术和人类行为的互动。除了数篇关于实验研究的论文，特别是论述法拉第（Faraday）实验研究的精细结构的论文外，他还是《实验和制造意义》（Kluwer，1990）的作者，合作编写过《法拉第再发现》（Faraday Rediscovered，Macmillan/American Institute of Physics，1985）和《实验的用途》（The Uses of Experiment，Cambridge University Press，1989）。目前致力于科学中可视化变革作用的研究。

哈勒（Rom Harré） 研究数学和物理学，后来也研究哲学和人类学。他已发表的著作包括自然科学的哲学研究，如《多种实在论》（*Varieties of Realism*，Blackwell，1986）和《伟大科学实验》（*Great Scientific Experiments*，Oxford，1983）。他是人文学科"话语"研究进路的先驱之一。在《社会存在》（Blackwell，1979）、《个人存在》（Blackwell，1983）、《物理存在》（Blackwell，1991）中，他探索人类认知不同层面的规则和惯例的作用；在《代词与人》（Blackwell，1990）中，他和 Peter Mühlhäusler 发展了语法和自我意识的紧密相关性这一主题。他最近出版的著作《哲学一千年》（Blackwell，2001），追寻公元 1000 年以来印度、中国、伊斯兰和欧洲的哲学超越千年的发展。他是牛津大学 Linacre 学院退休教授、乔治敦大学心理学教授、华盛顿特区美国大学兼职教授，也是赫尔辛基大学、布鲁塞尔大学、奥尔胡斯大学和利马大学荣誉博士。

海德伯格（Michael Heidelberger）　近期刚从柏林的洪堡大学转到图宾根大学，任逻辑学和科学哲学主任。他对有关因果性和可能性、测量和实验的主题有广泛的兴趣，对科学哲学史特别是 19 世纪末 20 世纪初科学哲学史有特殊兴趣。他是《自然的内部性质》（*Die Innere Seite der Natur*，Klostermann，1993）的作者。这本书讨论哲学家、物理学家、心理学创始人费希纳（Gustav Theodor Fechner）及其自然哲学。此外，他与 Friedrich Steinle 共同编辑《实验论文——为了实验的努力》（Nomos Verlag，1998）

赫恩（Giora Hon）　目前在以色列海法大学哲学系教授科学哲学。曾在特拉维夫大学攻读物理学，在伦敦大学获得科学哲学和科学史博士学位。主要兴趣是实验及其缺陷。最近的文章包括：《实验方法的局限性：缠结系统的实验——生物物理学案例》，收录于《世纪末的科学：关于科学进步和有限性的哲学问题》（University of Pittsburgh Press，2000，该书由 M. Carrier、G. J. Massey 和 L. Ruetsche 编辑）；《从传播到结构：为新兴量子物理学做出贡献的轰击实验技巧》，录于《物理学透视》（2003. Vol. 5. No. 2，pp. 150-173）。他还与 Sam S. Rakover 合作编辑《说明：理论进路研究及应用》（Kluwer，2001）。

凯勒（Evelyn Fox Keller）　哈佛大学理论物理学博士，数年研究物理学和生物学层面，目前是麻省理工学院 STS 项目科学哲学和科学史教授，她是《有机体的感觉：芭芭拉的一生和工作》（Freeman，1983）、《性别与科学的反思》（Yale University Press，1985）、《生之秘密，死之秘密》（Routledge，1992）、《重塑生命：20 世纪生物学的隐喻》（Columbia University Press，1995）和《基因世纪》（Harvard University Press，2000）等书的作者。她最近出版的书是《生命的意义：用模式、隐喻和机器解释生物学的发展》（Harvard University Press，2002）。

克罗斯（Peter Kroes）　在荷兰艾恩德霍芬理工大学从事物理工程学研究。其博士论文探讨现代物理学理论中时间观念的哲学问题（荷兰奈梅亨大学，1982）。1995 年以来，成为代尔夫特理工大学哲学教授，尤其关注技术哲学。他感兴趣的主要研究领域是技术哲学和科学哲学。主要出版物有《时间：物理理论中的结构和作用》（Reidel，1985）、《工业时代的技术发展和科学》（Kluwer，1992）、《理想形象》（Ideaalbeelden van Wetenschap）（Boom，1996），与 A. Meijers 合编《技术哲学中经验转向》（JAI/Elsevier，2000）。

朗格（Rainer Lange） 在马尔堡大学讲授哲学。目前在德国科学委员会（这是一个科学政策顾问委员会）工作。他的主要兴趣是生物哲学、实验实践和行动哲学，尤其是合作行动者哲学。其主要出版物包括《新经验主义存在吗?》（Gibt es einen Neuen Experimentalismus）、《生物科学中的理论》（1997）、《生物实验科学》（Königshausen and Neumann，1999）、《文化的认识论》（与 Dirk Hartmann 合作），编辑《一般科学哲学杂志》（2000）以及数篇科学哲学、认识论和行动哲学的论文和投稿作品。

摩根（Mary S. Morgan） 伦敦经济学院经济学史教授、阿姆斯特丹大学经济学史和经济学哲学教授。她最近的出版物包括《作为中介的模型》（与 Margaret Morrison 合著，Cambridge University Press，1999）、《方法论与默会知识：两个经济计量学试验》（与 Jan R. Magnus 合著，Wiley，1999）、《经验模型和政策制定：互动和制度》（与 Frank den Butter 合著，Routledge，2000）。她目前致力于撰写作为建模学科的经济哲学和经济史书籍。

拉德（Hans Radder） 现在是阿姆斯特丹自由大学哲学系副教授。他具有物理硕士学位、哲学硕士学位和哲学博士学位。他研究的主要论题为实验研究、科学实在论、科学和技术的规范性与政治意义。除了发表各种论文之外，他还出版《科学的物质实现》（Van Gorcum，1988）和《在世界和关于世界》（State University of New York Press，1996）。他即将出版的著作《可观察的世界/可感知的世界》，（Pittsburgh：Univesity of Pittsburgh Press，2006）不仅讨论（通过观察）构成世界的概念，而且讨论从世界中如何抽象的概念。

罗斯巴特（Daniel Rothbart） 在费尔法克斯的乔治·梅森大学哲学和宗教研究系从事教学工作。他在圣路易斯华盛顿大学获得哲学博士学位后，做过达特茅斯学院和剑桥大学访问学者。出版大量关于科学建模哲学以及实验哲学方面的书籍。除了《科学知识增长的说明》（Edwin Mellen Press，1997）和正在编辑《科学、推理和实在》（Wadsworth，1997）之外，他还有一些文章发表在《类比推理》、《化学和哲学》及《心灵和分子》（Of Minds and Molecules）等文选中。有一些发表于期刊的论文，这些期刊包括《辩证法》（Dialectica）、《知识》（*Erkenntnis*）、《化学的基础》（*Foundations of Chemistry*）和《科学哲学》（*Philosophy of Science*）等。他最近刚完成《哲学工具：工作中的心灵和工具》一书。

伍德沃德（Jim Woodward） 加利福尼亚理工学院人文学科执行主任 J. O. and Juliette Koepfli 讲座教授。研究兴趣包括：因果理论与说明、实验情境下的归纳推理问题、认知演化、道德推理和行为的实验调查。最近的论文包括：《数据、现象和信度》（PSA，1998）、《因变量、自变量和因果马尔可夫条件》（与 Dan Hausman 合著，*British Journal for the Philosophy of Science*，1999）、《特殊科学中的说明和恒定性》（*British Journal for the Philosophy of Science*，2000）、《生物学里的规律和说明：恒定性是至关重要的一种稳定性》（*Philosophy of Science*，2001）。《让事物发生：一种因果说明的理论》一书由牛津大学出版社出版（2005）。

目　　录

1 走向一种更成熟的科学实验哲学

汉斯·拉德

1.1 科学实验哲学

过去 20 年来，科学实验哲学的发展有两个主要特征。在 20 世纪 80 年代有一个快速起步后（Hacking，1989a），科学实验哲学似乎在以后的 10 年内失掉诸多动力。至少，希望实验研究成为科学哲学主流传统中主要论题的期许还没有实现。为了证明这点，浏览最近出版的各个著名期刊的卷本，如《科学哲学》（*Philosophy of Science*），《不列颠科学哲学杂志》（*British Journal for the Philosophy of Science*）、《知识》（*Erkenntnis*）等刊物就足以了解这种境况了。另外还可以选择看看一些最近出版的文选，这些文选被认为是再现了现代科学哲学的核心读物。例如，一个 6 卷本的科学哲学论文文集（Sklar，2000）所包含的内容就没有集中于实验研究的工作。另一个是容量很大的《科学哲学指南》（*A Companion to the Philosophy of Science*，Newton-Smith，2000），它对实验直接的分析几乎完全局限于一章之中。因此，事实上，许多甚至大多数科学家花费了大量时间去做各种实验，但这在科学哲学的基本文献中却并没有得到反映。

在这方面，我们可以看到科学的哲学研究和科学的历史或者社会学研究之间形成了鲜明的对照。这一对照标志着目前科学实验哲学状态的第二个特征。通过浏览科学研究期刊最近的卷册可确认这个看法。例如，《科学史和科学哲学研究》（*Studies in History and Philosophy of Science*）和《科学的社会研究》（*Social Studies of Science*）等期刊刊载了许多研究实验实践的历史和社会学细节的文章。另外，最近有一个重要读本（Biagioli，1998）包括许多清晰论述科学实验的经验和理论论题文章。

因此，实验哲学仍然有发展空间，特别与历史和社会科学的研究进路相比更是如此（Radder，1998）。假如事实的确如此，那么许多实验哲学家就都赞同这个领域需要一种新的推动力（Lelas，2000：203；Harré：this vol.，chap. z；Hon：this vol.，chap. z）。正是按照这样的精神，2000 年在阿姆斯特

1

丹举行了一个研讨会，命名为"走向更加成熟的科学实验哲学"（Toward a more developed philosophy of scientific experimentation），以下各章就是这次研讨会的研讨内容的修订和扩展结果。

既然我们已经描述了实验哲学在这些方面的现状，那么依次会有两项限定。第一个限定当然是要注意当代实验哲学的特性代表了一种趋向，而不是一种无例外的规律（exceptionless regularity）。因此，由 Buchwald（1995）编辑的，Heidelberger 和 Steinle（1998）编辑的多卷文选，除了一些研究主要关注历史研究之外，就包括了一定数量的关于实验的哲学章节。或许更有意义的和更有前途的事实是，在 2000 年召开的两年一次的科学哲学协会年会（Biannual Meeting of the Philosophy of Science Association）上出现了许多的科学实验哲学论文。

第二个限定这样的事实，即关于实验的历史和社会科学的研究也常常与哲学问题是相关的，并且这些研究中有时也包含着清晰的哲学论题的讨论。于是，某个科学研究进路的提倡者或许会说，问题是什么？对这一问题的全面回答。需要讨论对于科学尤其是科学实验研究的哲学进路与历史或社会学进路在方法论和本体论上的相似性和相异性。这里我无法完全解决这个问题。[1]然而，我将以举例的方式详细阐述我们为何需要更为成熟的科学实验哲学。

例如，首先考虑稳定性（stability）概念。在科学研究进路内部，实验实践的一个主要特征就是，某种相互作用的稳定性是涌现在实验实践的不同种类元素的多样性中的。例如，这些不同种类的要素包括：在研究中的物质材料加工程序、仪器的各种模式以及处于研究状态下的各种现象模式（Pickering，1989）。在这种说明中，"稳定性"的各种功能是用于某种情境的描述性术语的，它显示了确定的常态特征（至少在相当长的时期内）。但是事实上，稳定性并非仅仅是缺乏变化，其概念更为丰富，并且，更为成熟的科学实验哲学也应该开拓其丰富的意义。如果"稳定"意味着能够有效抵抗现实的或可能的干扰，那么进一步的哲学问题来了：有什么样的干扰？稳定过程的什么特征能说明这种鲁棒性？这些特征是事实的还是规范性的？一般而言，处理这些问题需要更理论性的探索，即典型的哲学。

第二个例子，考虑拉图尔（Latour，1987）关于仪器的定义，他把仪器定义为任何在科学文本中产生铭文的设置，并且在更一般的意义上，把实验室解释为"铭写工厂"。这个定义和解释在 Rom Harré 和 Davis Baird 的章节中得到了讨论。有人对此提出批评，认为拉图尔关于仪器的说明是肤浅的、表面的，因为它缺乏一种关于科学仪器的角色和功能的全面分析。本卷目标之一便是贡献一种关于实验科学中使用仪器的本性和角色更为恰当的说明（见第七部分）。拉图尔研究进路的另一个特征是，它并没有关于适用的和无用的仪器之间差异的概念说明。这里，我们将触及关于科学的哲学说明具有价值和规范性本性这一论题。因此，Giora Hon 在其贡献中，从方法论的推理角度，一方面论证了仪器的理论和物质程序与实验结果的理论解释之间有明显区别。现在，相当多的当代自然主义哲学家主张价值中立和非规范性。尽管如此，在哲学内部，规范性论题仍然活跃，而且呈现出良好态势，并与科学的历史或者社会学研究应用形成对照。

贯穿全书，我们集中于科学实验哲学的 6 个中心论题：①实验的物质实现；②实验和因果关系；③科学-技术关系；④实验中理论的角色；⑤建模和（计算机）实验；⑥使用仪器的科学和哲学意义。我们在每一章处理这些论题中的某些论题，每一个论题都由不同的作者专门讨论。在某种意义上，这些论题是从互补的观点进行探究，并且作者几乎都引述其他作者在相关论题上的观点。这些相互说明意味着，他们有时互相借鉴了同样的结果或者共同赞成的观点（如 Harre 和 Rothbart 撰写的章节与 Baird 和 Kroes 撰写的那些章节），有时则挑战彼此之间的观点（如 Woodward 和 Lange 撰写的章节与 Heidelberger 和我撰写的那些章节）。不管是否恰当，我将强调这些论点的异同。在如下的 6 个部分中，我介绍和讨论我们的中心议题。最后部分主要增加一些在成熟的科学实验哲学中应该进一步深入讨论的议题。

最后，我将做进一步的考察。本书是为实验哲学作为一种主题而存在的权利做辩护的。当然，科学实验哲学将不会退化为一种哲学"主义"，即"实验主义"（experimentalism）。也就是说，对科学实验的充分说明并不承诺这样的教条，即所有关系到科学哲学问题的解决都可以完全基于对实验的分析。[2]

1.2 实验的物质实现和它的哲学意义

在实验中，我们能动地与物质世界打交道。无论以一种方式还是另一种方式，实验都包括一种实验过程的物质实现（研究的对象、仪器和它们之间的相互作用）。问题是：科学实验的活动和产品特性对于哲学上关于科学的本体论、认识论和方法论等论题的争论有什么意义？

下面我们讨论一般性的本体论。实验的行动特征和生产特征表明，现实的实验对象和实验现象本身是，至少部分地，是由于人类的干预所造成的。正因为如此，如果一个人并不赞同一种成熟的建构论——按照这种观点，实验对象和实验过程只是人为的，是人类创造的——那么，他就需要超越现有的本体论，并引入一种较为不同的本体论范畴。[3] 准确地说，在这几章中，这些还处于争论中。于是，哈勒（Rom Harré）提出一种关于实验科学的更适当的本体论解释需要某种倾向概念（dispositional concept），即吉布森式的"供行关系"（affordances）① 概念。在同样精神鼓舞下，罗斯巴特（Daniel Rothbart）分析了实验设计的实践，实验再生产能力的角色和自然作为机器的概念。他总结道，在实验中所必需的图示符号使用、"虚拟观察"的程序、仪器使用中标本的作用，都需要将非实在论的概念，如可能性、能力、倾向等，包括于实验科学的本体论。克罗斯（Peter Kroes）从不同问题语境出发，也就是讨论了自然的和人工的客体和过程之间的差别等问题对现代物理科学是否还有意义。克罗斯总结道，实验干预的的确确创造了那些真实的、人工的现象"实例"，而不是自然现象。于是，通过发现这些区别，他实际上也预设了一种非现实主义（nonactualist）的本体论。

除本体论问题外，干预实验的干预性特征同样也导致了认识论问题。一个重要的问题是，科学家在人为地实验干预的基础上，是否能够获得一种独立于人类的自然。按照哈勒的看法，从人工实验室系统到它们的自然副本，这种后推推理都有可能有许多案例，但是对于不同类型的仪器来说，它们的辩护是不同的。

另一条进路接受许多实验科学具有建构本性的观点，但是着重强调这一事实，即在实验首先被实现并接下来得到发展的建构语境中，实验所实现的结果都有一种特定的持久力和自主性。按照这种精神，贝尔德（Davis Baird）提出一种新波普尔主义的"客观事物知识"的说明，其知识是被封存在物质事物中的。对这种知识进行举例说明的是沃森和克里克的物质双螺旋模型、达文波特的旋转电磁发动机以及瓦特和萨特纳（Southern）的蒸汽机指示器。[4] 贝尔德认为，这是类似于标准认识论的真理、辩护等概念移位到事物知识上的案例。在这个基础上，在超越它的创造语境的意义上，事物知识被认为是客观化的。按照人类思想、问题、论点和其他类似可以超越它们发现的语境而成为一种自治的本体论领域，超越的思想可以被视为对波普尔客观的命题知识说明的补充。

与实验科学的特性相关的进一步的认识论问题是，科学仪器常常是在大

---

① "affordances"，中文译名并不统一，有的译为承担性，有的译为动允性，根据其意义既有功能承受含义，又有行为可能的意思，主要表述的是环境与主体之间的相互关系，能够为主体提供行动的可能性，似应译为"供行关系"。——译者注

家没有共识应该如何使用它的情况下运行的。贝尔德讨论了早期法拉第电磁机的案例。于是，在科学实践中，仪器的运作和它们的理论说明之间有了一个有意义的区分。更特别的是，这个主张认为，理论上和本体论上的多样性和可变性可以与实验物质实验层面上相当大的稳定性一样得到说明。这种主张可以被用于哲学，如去辩护一种工具实在论，正如 Woodward 已经做的那样，或者也可用于指称实在论（referential realism），正如我已经在别处做的那样（Radder，1988，1996：4.2）。

到目前为止，由于建立了这些论点和观点，人们自然会问这样一个问题，在本体论的意义上，它们是否允许或者推出一种成熟的唯物主义？并非上述所有作者都清晰地讨论了这个问题，但是答案的确不是一种非常鲜明的"是"。贝尔德清晰地为理论知识和抽象的波普尔主义世界 3 的实体立场留出空间，克罗斯强调功能的不可缺失性以及其对于物理结构的不可还原性，他认为实验和技术的对象，同时作为物理和功能的实体，具有双重的特性。而批评的论题则是，在方法论上不可缺少的功能概念，是否都应该得到本体论的说明。

1.3　实验和因果性

对实验的理论和经验的研究尤其适合因果性论题的探究。相反地，科学实验哲学完全可以从有关因果性的争论中获得丰富的洞见（Guala，1999b）。在下面各章中，至少可以发现三种不同进路。

第一个进路认为在实验过程和实验实践中的因果性角色是可以分析的。哈勒和海德伯格（Michael Heidelberger）都对这种角色提出了不同说明。哈勒谈到在因果性基础上的仪器，并将其与其他类型的仪器区别开来。按照卡特赖特（Cartwright，1983）和哈金（Hacking，1983a）的观点，海德伯格旨在科学实验中做出因果层面和理论层面的一个清楚的对照。

这里有一个相关问题，无论实验是否可以被特征化为完全因果的，或者无论它是否是自由或意向行为，这个问题都同样非常重要。这个问题被克罗斯、伍德沃德（Jim Woodward）和朗格（Rainer Lange）所讨论。有趣的是，玻尔（Niels Bohr）在他的原子物理学的实验分析中已经处理过这个问题。他认为，实验者需要做出自由的选择：第一，他需要选择所使用的仪器与所探究的对象之间那种必需的边界所设置的位置；第二，他需要选择他们决心实现的两个互补现象之中的一个。（Bohr，1958，1963；Scheibe，1973：25；Radder，1979：427-428）。在某种不同的传统中，詹奇（Peter Janich）曾经强调自由和有意向的行动的不可或缺性——与因果行为形成对照——它们对于科学实验充分的说明不可或缺（Janich，1998：102-107）。对于玻尔和詹奇来说，他们二人的基本观点是，在实验干预中，我们有意向地让那些特定的事态发生，这些事态如果没有我们干预，它们就不会出现。一旦这些现象不出现，我们还可以选择实现其他的事态以替代之。

第二个进路是指我们在解释和检验因果说明的时候，实验所起到的作用的分析。伍德沃德选择了这条进路。在关于生物医学的、行为的和社会科学的因果方法论文献讨论的基础上，他引入一种特殊版本的（实验）干预观。在这个基础上，他发展了他的思想，即因果推论可能仅仅通过（可能的假说的）实验干预才能被证明，而不能"被动的"观察来证明。基本上，一个因果说明都是关于如果进行确定的实验将会发生什么的观点。因此，这个进路超越了休谟的规则性理论。在休谟看来，因果关系是被还原为某种特定类型的两个实际发生的事件的恒常关联。伍德沃德强调了他所提出的是因果关系的标准（criterion）。干预概念本身的说明使用了因果过程的概念，我们就不可能把因果关系还原为实验的干预。从伍德沃德的观点看，这样一种还原的缺点将使得自然的因果过程依赖于人类行动，因此，会导致说明倾向拟人化和主观主义。

第三个进路是试图去这样做，即在行动和操作的概念的基础上，来说明因果关系的概念。这个观点被朗格（Rainer Lange，也见：Von Wright，1971；Janich，1998：107-110）所表征。它的中心思想是利用了有意致使和因果改变实验系统状态之间的一种差别。Lange认为，因果的操作性说明的观点不需要主观或者人神同形观点，它与伍德沃德的非循环的观点形成对照。

1.4 科学-技术的关系

我在本书1.1节中指出，科学哲学内部关于科学实验论题研究的一个决定性突破还远未完成。理由可能是许多哲学家相信一个论题的重要意义在某种程度上要到达他们能够把其视为科学的目标，或者一组目标的地方。传统上，科学哲学家们大致已经把科学的目标定义为生成关于世界的可靠知识。而且，作为有意无意的经验主义影响的结果，一直存在一种很强的倾向，即想当然地给予经验知识的产生以特权。从这个视角看，唯一有意思的哲学问题是关注理论知识以及理论知识与被认为理所当然的经验基础之间的相互关系。

然而，如果我们更经验地看科学，既关注它的历史发展也关注其现在的条件，那么，这个视角至少被认为是片面的。毕竟，从阿基米德的杠杆和滑轮系统到克隆羊多莉，科学的发展已经与技术的发展杂乱地交织在一起（Tiles and Oberdiek，1995；Joerges and Shinn，2001）。因此，一个人想要把某些目标归功于科学，那么技术的贡献也应该是其中之一。从这种不同的视角来看，实验与哲学的相关性几乎不需要任何进一步的辩护。毕竟，实验常常要使用（通常还要设计）必需的技术装置，而且这些装置也常常为技术创新贡献力量。而且，在实验的实现和技术过程之间存在真实的概念化的类似物，最有意义的是，它暗含着对自然的操作和控制的可能性和必然性（Radder，1987，1996：chap. 6；Lee，1999：chap. 2）。

总而言之，如果哲学家忽视科学的技术维度，实验就将继续仅仅被视为理论评估的数据供给者。如果他们开始认真地探讨科学-技术的相互关系，那么实验就可以被作为哲学论题而正确地得到研究，就会引起（正如我们希望在本书显示的）许多有趣的和重要的哲学问题。

研究技术在科学中作用的一个明显的方法就是集中于实验室中使用的工具和设备上。本书中的几章将遵循这个路线，我也将在第 7 章转而进入这个进路。这里，我宁可集中在实验-技术关系的普遍哲学意义上。相当一些强调技术对科学的相关性的哲学家也认可"科学作为技术"的观点。也就是说，他们提倡一种关于科学本性的全面解释，不仅包括实验科学，而且包括理论科学——被视为基本或者主要技术化的科学（Dingler，1928；Latour，1987；Lelas，1993，2000；Lee，1999）。

本书的大多数章节并不持有很激进的观点。正如我们所看到的，贝尔德论证了事物知识与理论知识同等的重要性。朗格主要是通过他的可重复的实验规程的概念强调了（实验）科学和技术的概念的和历史的接近；但是他也认为科学定律不能还原为技术操作。海德伯格从相对独立的因果层次（在那里获得技术产物和现象的构造）区分了一种理论层次，他认为在那里发生着解释和表征。在我自己的那章，我说明了科学实验的两个基本方面，它的物质实现和它的理论解释。特别地，我为可重复的实验结果的理论意义的不可还原性提供了一种观点。因此，当强调科学的技术维度的重要意义，或者更准确地说，是强调科学的行动和产品维度的重要意义的时候，这些观点不过把这个维度视为理论维度的补充而已。

1.5　实验实践中的理论和理论知识

我们现在进一步走向科学实验哲学的中心论题，即理论和实验的关系。

这个论题可以从两方面探究。

第一，人们可以在实验实践中去研究已有理论的作用，或者理论知识的作用。这将包括对把实验仅仅视为理论检验观点的讨论。这种构架性的问题关涉实验科学相对于理论的（相对的）自治性。

根本上，最深远的立场是，实验是无理论负载（theory-free）的。"方法的文化主义"（methodical culturalism）的德国学派似乎在这里最接近这个立场（Janich，1998；对此的一个评论见：Lange，1999：chap. 3）。一个更为不同的观点是，在重要的案例中，无理论负载的实验是可能的，而且发生在科学实践中。哈金（1983a）和施泰因勒（Steinle，1998）都主张这个观点，并且在实验科学历史中的案例研究基础上建立了这种观点。在海德伯格的贡献中，他的目标在于更系统地加强这个观点的基础。他讨论了由汉森（Hanson）、迪昂（Duhem）和库恩（Kuhn）提出的（观察）负载理论的概念，显示了它们之间不同的意义。特别是，汉森论证了负载理论主要意味着"负载因果关系"。另外，海德伯格论证了实验中的因果论题可以并且能够从理论论题中区分出来。同样，在科学工具分类中也可以做出相同的区分。以工具"表征"的实验是负载理论的，"生产的"、"构造的"或者"模仿的"工具使用的实验是有因果基础的，并且是无理论负载的。

另一个观点还承认并不是所有在科学实践中具体的清晰的行动都被理论引导。按照这个观点，如果某些行动是被视为真正的实验，它们才需要理论解释。我在第 8 章提出这个观点，它建立在系统的哲学论证的基础上，也建立在对主张无理论负载的案例批评的基础上。与此类似的观点也暗含在赫恩（Giora Hon）的章节里。他根据弗兰西斯·培根（Francis Bacon）的精神提出，一种可能产生错误类型的系统理论，在运行和解释实验时，将会被避免（Hon，1989b，1998a）。错误的类型学建基于科学实验的说明上，既包含理论知识，也包含物质实现，扮演了不可或缺的角色，这意味举例说明实验的认知结构。

在第 8 章中主要讨论两个观点，对于理论在科学实验中的作用之论题的框架安置是至关重要的。首先，不论是否有无理论，实验都会造成这样的问题，可能预示着我们都要用"实验"来理解某些概念。其次，既然没人否认某些种类的解释在运行和理解实验中起着重要作用，那么，重要的问题是这一解释是否是理论的。我们能够区分不同种类和（理论的）层次的解释吗？如果能，那么这种"划分"的哲学含义是什么？正如我在第 1 节已陈述的，赫恩的观点是，仪器和物质程序的理论可以也可能从实验结果的理论解释中区分出来。我自己的观点是，这种理论划分（如果可能）或许在处理某些哲学问题（特别在理论检验的循环中）是有帮助的，但是在其他问题（主要是实在论问题）上则没有帮助。

第二，对实验—理论关系的第二个主要的进路在于理论如何可能从物质实验实践中产生的问题，或者，按照赫恩的说法，如何把物质过程到命题、理论知识的转变概念化。当然，实验研究并不仅仅是达到理论知识的唯一手段，实验也起着一种伴随科学理论形成相关的认识作用。对此较为平衡的哲学研究得益于"相对主义的"科学研究进路（例如，Collins，1985；Gooding，1990），也得益于"理性主义的"认识论的研究进路（例如，Franklin，1990；Mayo，1996）。

从实验实践到理论知识转变也在古丁（David Gooding）的那章得到讨论。他论证了科学理论的数学本性是本质地联系着定量测量的可能性的。此外，测量精度和可重复性（repeatability）对于量化（quantification）而言常常是不能在自然中而只能在技术操作中找到。

我自己对于这个论题的研究进路（见第8章）是通过"抽象"的新概念来进行的。抽象，作为理论形成的第一主要阶段，在实验实践中起着重要的作用。不论在实验中是否运用完全不同的方式企图去重复实验结果，这个作用都在发生。也就是说，可重复性主张都承担了一种来自特殊物质境况的抽象，承担了来自迄今为止已经实现的实验程序的抽象。[5] 我认为这种主张持有一种非地方性的、理论的意义，它不能还原为某种固定系列的物质实现的意义。我以举例的方式，主要讨论了抽象在实验中的作用，这个实验的例子是爱迪生（Edison）的白炽灯发明。

1.6 实验、建模和（计算机）模拟

在过去的10年中，计算机建模和模拟的科学意义逐渐凸现。许多现代科学家都参与了他们所谓的"计算机实验"。除了它的内在的兴趣和论旨外，这个发展还激起了一种哲学讨论，即这些计算机实验以什么方式进行以及它们是如何与普通实验联系的。

凯勒（Evelyn Fox Keller）和摩根（Mary Morgan）在她们的章节中详细处理了这一主题。她们共同提供了计算机建模和模拟的分类。凯勒提出了一种历史的类型学，这种类型学主要起源于20世纪后半叶物理科学的发展以及在生物科学中的应用。在这种发展过程中，她区分出三个不同的阶段。计算机模拟的首次应用旨在提供了一种对（笨重的或者很难实施的）数学方法的替代。它们有时被称为"实验的"是因为它们是非分析的，是探索自然的：

它们的目标是解决一些数学物理学中的某些问题，这些问题到目前为止已经被证明是难以处理的，现在则要通过新奇的计算机技术的方式加以解决。在第二个阶段，我们遇到了真正意义的"计算机实验"。这里，它是一个被理论模型所模拟的物理系统（如气体的或者液体的分子动力学）。于是，计算机实验，是由不同的确定参数（如密度或者温度）所组成，计算在模型中发生了什么，并且把结果与被观察到的系统特性进行比较。在第三个阶段，试图去模仿迄今为止还未被理论化的现象。这里凯勒讨论了"人工生命"研究，在这种研究中，被模仿的现象展示了确定的模式，它们与生物的自我生殖或者进化的整体过程是相似的。此外，它还是一种良机，对于激发科学家去进入他们称之为"实验"的研究进路，来研究模型对象所产生的参数的人工操作。

在第 2 节，我和本卷大多数作者一样，强调了物质实现对于科学实验的重要意义。然而，科学家常常在更宽泛和更变化的意义上使用术语"实验"。[6]这个在凯勒和摩根讨论的模型例子和计算机实验的章节中得到清楚的呈现。这里，相关模型是概念化的或者理论化的，与哈勒和贝尔德所处理的物理的或者物质的模型形成对照。这就很明显地产生了普通实验与这种模型的或者计算机实验之间关系的问题。摩根也讨论处理了这个问题。与凯勒的历史进路相反，她提出了建模和模拟实验的系统类型学，这种类型学建立在理论分析的基础上，其类型的划分按照它们被控制的种类、展现的模式、物质性的程度和它们表征的有效性进行划分。摩根讨论了力学、生物学和经济学中的一系列实验，并且把它们连续分类：从直接的物质性干预到虚的、虚拟和模型实验的类型。按照这个次序，这些实验类型展示着一种物质性干预减少的序列，在这个系列线路上，它们对世界的表征方式也可以被视为是不同的。

于是，在科学实践中，我们发现各种物质性干预、计算机模拟、理论和数学的建模技术的不同混合。基于完全或者主要是模拟的或数学模型上的进路，常常挑战着和取代了更传统的实验进路（有时这种取代也建基于对预算的唯一考虑上）。于是这种发展对科学实验哲学产生了有意思的问题。突出的是这种新进路研究结果的可靠性的认识论问题。摩根认为，以真实物质组分构成的实验将是标准，因为一般而言，它们持有更强的认识论力量。凯勒的评价则是含蓄的，但是她似乎很机警地对待对实在世界过分简化的模拟实在，而主张由诱人的计算机成像技术来定义（如在人工生命领域）。

这些章节产生了一个进一步的问题，它是形而上学性质的问题。哲学家的实验概念如何联系科学家的用法？当然，这确实是一个相当一般的诠释学论题的例子：在人类科学中工作的那些学者在说明这些人们正在研究的概念和解释中延伸了些什么？当科学家在很宽泛的意义上使用实验这个概念时，例如计算机实验，哲学家将遵循它们吗？对这些问题的回答依赖于一个人所坚持的哲学概念。于是，如果我们旨在适当地描述科学实践，自然留心行动者的使用、意义和他们使用它的方法以及随时的变化意义（Galison，1997）。如果我们的目标是要揭示和评估科学的一般特性或潜在原则，就会期待富有成效的理论概念，合理的概括和可靠的研究标准。这个进路在赫恩（Giora Hon）的章节有例证，他提出了一种一般建立在科学实验的系统的和规范的说明基础上的实验误差理论。我自己则把哲学视为一种主要是理论性、规范性和反思性的活动（Radder，1996：chap. 8）。从这个观点看，哲学保持着与科学实践面对面的相对自治性（Radder，1997）。因此，正如我在自己那章中论证的，如果我们推进关于科学实验的哲学主张，我们就需要说清楚我们理解的"实验"是什么。这么做的时候，我们不仅从科学实践的描述性研究获得洞见，而且还通过哲学关注和观念，超越了这些研究。

1.7 工具的科学和哲学的意义

在以往的文献（例如，Gooding，Pinch and Schaffer，1989）和本论文集中都显示了科学工具的研究是科学实验哲学的洞见的源泉。本书的一些章节中展示了设计、操作以及工具广泛应用的各种特性，并且讨论了它们的许多哲学意蕴。为了给出这些特性和意蕴，我将主要总结各种描述和解释性说明，只要它们在先前的章节中还没有出现。

罗斯巴特集中于设计过程。他指出了示意图解、图示符号在设计科学工具中的重要性，并且分析了存储在这些图像中的知觉和功能的信息。他这章的这些主题还包括视觉知觉的本性、思想和视觉之间的关系、可再生产性作为实验规范的某种规范的作用，自然作为律则机器的本体论概念。

古丁的贡献是处理了工具性中介实验输出的表征模式问题。古丁将视觉、口头表征模式与数字表征模式形成对照。他的主要的观点是，在过去几个世纪中，前一种表征的模式（视觉的和口头表征模式）的形成似乎一直被后者取代。然而，以定量测量的概念解释和形式计算完全替代定性感情和概念解释既不可能，也不可取。这个主张的前提最终是：人类最终是并且将保持天生的类比性。古丁用实验科学和人工智能的例子来例证阐释他的说明。[7]

有些作者提供了科学工具或者仪器的分类。正如我们已经看到的，贝尔德和海德伯格按照工具的认识功能建构了工具的类型学。贝尔德区分了产生物质表征的工具、表征现象的工具与测量工具。海德伯格定义了生产性、构造性、模仿性和表征性的工具类型。在后面的哲学结论中，海德伯格强调了他的工具类型学以论证无理论负载的实验的可能性，而柏德集中于事物知识的概念上，作为命题知识的补充。最后，哈勒把自己的分类建立在对实验室装备和世界的区分关系上。在他的案例中，这种装备的认识的功能是从本体论关系起源的。他的主要的区分是"工具"（instruments）和"仪器"（apparatus）。工具的特点是它与（外部）世界之间的因果关系，它们能够在自然对象和它的测量之间有清晰的区别，相反，仪器被说成是"自然的部分"，因为它们不可从自然客体中分离出来，或（几乎）与自然客体相同。

于是，我们有了多种科学工具的分类。我认为，它们形成了进一步探究问题的卓越起点。所有这些分类是否已经穷尽了科学工具的类型和使用？它们在哪里确切交叠？它们在哪里有所不同？它们在什么程度上是和谐一致或者补充？最后但很重要的是，从这些分类中推论而来的哲学结果是否合理？

我想附加一个评论来总结本节。的确，工具的分析对于科学实验哲学是不可缺少的。但是，只集中于工具可能会忽视两件事。第一，一种实验设置常常包括不同的"装置"，如可以避开放射性辐射危险的混凝土墙，挂温度计的一个支柱，搅动液体的一枚勺子，可遮暗房间的窗帘等等。这些装置通常不能称为工具，但是它们对于成功运行实验和解释实验同样至关重要，因此它们也要考虑。第二，对工具的着重强调或许会导致对实验系统环境的忽视，特别是对实现一种"封闭系统"的必要条件的忽视。我在我自己的章节中，在对玻意耳（Boyle）的气泵实验的说明中，强调了这点。这点也在朗格的实验扰动处置和摩根的实验控制的讨论（Boumans，1999）中得到了强调。总而言之，通过全面解释特定情境中工具需要的功能，对科学实验的全面观点需要超越只对工具这种特殊设置做分析。

1.8 成熟科学实验哲学的进一步论题

即便我们已经有效地陈述了最重要的科学实验哲学论题，这样的一本书也不可能提供一个完整的说明（如果存在的话）。进一步的研究是可能的、值得的。按照我的观点，一个成熟的科学实验哲学将系统地进行，至少要附加这样一些论题：科学观察与实验的关系；社会和人类科学中的实验；科学实验的各种规范和社会问题。

实验和观察之间关系的研究或许可以用几种方式探究。首先，我们需要发展关于观察如何在科学实践中实现以及它们在何种程度上与实验不同的哲学说明。这里，已经做了一些工作（Pinch，1985；Gooding，1990）。但是正如在实际的实践中一直以来显示的那样，科学观察常常包括真正的实验。在太阳系和恒星天体物理学的案例中这一点尤其明显（Schaffer，1995；Hentschel，1998）。

其次，这种研究的结果将被用于发展一种科学经验的新观念，放弃所有这样的经验主义观点经验依某种方式被视为基础，于是可作为哲学上无疑问的东西。[8]这样一种新的经验观点应该学习认知科学发展出来的关于日常感觉的知识。这样一些研究进路的例子可以参看罗斯巴特使用吉布森（Gibson）的感觉理论，也可以参看古丁对定性的、普通的经验与定量的、被技术增强的经验之间的相互作用的讨论。

最后，还存在这样的问题，即在观察与实验之间是否存在重要的认识差异。按照因果性，伍德沃德的贡献是确认观察–实验对比的认识论的重要意义。他主张建立在纯粹观察证据上的因果推论常常提供虚假的东西。哈金也做了类似的工作，不过他是联系着科学实在论的论题来做的工作。哈金主张，观察是不能单独为我们关于理论实体的实在性的信念做辩护的，而实验的操作则能够（Hacking，1989）。但这些主张确实不能穷尽涉及这一问题的所有观点，我们欢迎进一步的研究。

第二个要给予更多注意的有更大价值的论题，是实验在社会科学和人文科学中的作用，如经济学、社会学、医学和心理学。这些科学的实践者常常把他们的实际的，乃至大量的行为的部分称之为"实验的"。[9]迄今为止，事实上，论及实验及方法的哲学文献并没有反映这些，而是主要集中在自然科学上。例如，在《洛德里奇哲学百科全书》（Routledge Encyclopedia of Philosophy，Craig，1998）中已经有了一个条目"实验"，也有一个条目"社会科学中的实验"，但是值得注意的是，两个说明看来几乎毫无联系。其证据就是它们的参考文献完全不同。因此，一个对未来研究的挑战就是把基本的关于在医学、心理学、经济学和社会学上正在进行的方法论研究文献与科学哲学关于实验研究的文献联系起来。在本书中，摩根已经为迎接这个挑战做了一个开始，伍德沃德的那章也包括了相关材料，当然还有更多需要去做的东西。

关于自然科学和社会科学或者人文科学是相似的还是相异的？对此的哲学反思必然会产生双重诠释的问题。虽然这个问题的本性确实已经被近期的自然科学实践的哲学说明所转换（Rouse，1987：chap.6），但是这个问题并没解决。它的观点是：除了科学家的解释外，在关于人类存在的实验中，实验的题目常常是有关于他们自己的、关于在这些实验中正在进行什么的解释；

这个解释可能会影响到他们的反应,并且还会影响到由实验者进行的行为倾向。作为一种方法论问题(如何避免"有偏见的"反应),这当然是众所周知的对于人文科学和社会科学的实践者的问题。然而,从较宽泛的哲学和社会文化的视角看,这个问题并不必然只是一个偏见问题。它或许反映了一个人类存在的科学的和生活的世界之间解释的冲突。[10]在这种冲突的境况中,社会的和伦理的论题是至关重要的,因为基本的问题是谁被授权去定义说明人类存在:科学家或者人们自己?在这种形态中,具有双重诠释的方法论、伦理和社会问题将继续成为人文和社会科学中的实验研究的重要论题。

这也带给我们后一个论题。迄今为止,在科学实验哲学中,规范性的和社会的问题研究还未得到明显的发展。这在本卷中也同样如此。当然,认识的规范性主题——主要与工具的适当作用相关——主要在一些章节有所陈述,但是关于认识的和社会的或伦理的规范性之间联系的问题很难被关注。然而,提出这些问题绝非牵强附会,在根本上是完全自然的,它们常常直接地与本体论、认识论或者方法论相关(Radder,1996:chaps. 6 - 7)。下面是一些例子。

首先,有些使用动物或者人作为实验科目的实验是要面对各种规范性问题。在人的境况中,其中某些问题不仅出现在上述双重诠释的讨论中,而且可能还更多。依举例阐释的方式,以医学研究为例,在发展中国家进行治疗和药物的实验测试正在增长。在这些国家除了适当的测试条件可实现这一问题外,这一专项导致许多严肃的伦理问题,它们产生在受试主体的福利和实验受试的方法论要求之间的张力上(Rothman,2000)。实际和潜在的冲突产生于这种医学和需要进一步研究的药物工业构成的另一个领域之间增强的紧密联系上。在这些案例中,冲突常常包括商业利益和方法论或者伦理标准之间激烈的抵触和冲突(Horton,2001)。

其次,因果性论题也是同样地关于社会和规范性的。让我们思考这个例子,在伍德沃德讨论的那章中,社会科学主张,认为在作为女性和雇佣与薪水歧视之间存在联系。这里,它制造了社会的和规范性的区别,不管这个联系是真正因果的或者仅仅是有相互关系可以归结为一种潜在的共因。更一般地,设定的政治和干预常常寻求一种因果支撑,以便为了被视为真正的效应。一个清晰的案例是药物测试,这里,如果它们可以为实验测试的因果说明所支持,观察的统计结果才获得可信性。然而,在医学中,常常唯一地集中于客观性上,因果机制也是有争论的(Richards,1991)。一个有争论的类型是安慰剂效应,说来有些矛盾,这是双盲试验的主要理由之一。另一个争议强调了实验室实验的因果知识不能自动导致实验室外的成功治疗。

最后，考虑 1.2 节提到的自然和人工的对照。这个问题常常讨论在环境哲学中，而且不同的回答常常导致不同的环境政策（Lee，1999）。更特殊地，该论题对于获取专利的争论是至关重要的，特别是基因专利和有机体其他部分的专利。其理由是自然现象的发现是不可申请专利的，而人工现象的发明是可以申请专利的（Sterckx，2000）。

尽管实验哲学家不能期待去解决所有这些很宽泛的社会和规范的问题，然而我们仍然可以合法地要求他们，通过可能的研究进路与解决方法，对这些问题有所贡献。按照如此，科学实验哲学能够受益于它的有亲缘关系的技术哲学，后者总是显示出保持着对技术和社会或者规范性的论题之间相互关系的极端敏感性（Mitcham，1994）。

注　释

[1] 对于这个论题的详细讨论，见 Radder（1996：chap. 8）。

[2] 关于实验实在论的论题，见 Radder（1996：75–76）。

[3] 关于实验及实验法和实在论的本体论，见 Bhaskar（1978）、Harré（1986）和 Radder（1996：chap. 4）。

[4] 按照 Baird，"读"一个工具的思想指示了一种物质（与文本的形成对照）表征的解释学。这个主题一直被 Heelan（1983）和 Ihde（1990）更多地加以讨论。

[5] 因此，这个抽象概念不同于通常的那种，几乎被定义为来自它的特殊示例的普遍概念的一种推论。这个抽象的种类和它在科学实践中的作用在 Gooding 的章节中被讨论和评估。

[6] 这种较宽的使用是完全可以理解的，可以给出的事例是，在普通语言中，进行的实验常常有试验出某些新东西的一般意义。

[7] 他的全部立场是与 Patrick Heelan 的在欧几里得观点之上的夸张的人类学优位观点适宜的。见 Heelan（1983：esp. chaps. 14–15）。

[8] 按照这个观点，Van Fraassen 的建构经验论典型地显著缺乏真实经验和观察的说明（Van Fraassen，1980）。

[9] 比较 Dehue（1997）论生命科学、心理学和社会科学中相当随机化实验的出现。

[10] 举例而言，见 Feenberg（1995：chap. 5），这章，"论存在一种人的主题：AIDS 和对实验医学的批评"，记述 AIDS 患者的案例，挑战已经建立起来的关于治疗和照顾之间方法论和伦理的分离。

2 关于实验的某种形而上学中的工具物质性

罗姆·哈勒

2.1 导　　言

毫无疑问，人们一直忽视了实验以及实验操作所使用的仪器和工具的哲学研究。在最近几年，这个主题不仅开始被提了出来，而且要讨论的方面还有很多。在逻辑主义统治科学哲学时期无视实验，很快就要作为这些研究的起点。最近从科学社会学而来的、对科学哲学的抨击已经把实验激活，并把它带进前沿，这也引导着某些对实验室设置的关注。然而，仍然存在一种按照科学共同体话语从整体看科学的倾向。以那样的见解看，具体的实验程序和工具、仪器，使用和运行它们，仍然是视而不见的。如果注意到它们，那么就给出一种建构论者的解释，作为科学共同体的论证话语的同盟。这章就是关于实验室设置的，它们的物质性都是这个物质世界的一部分。

2.2 关于实验的一些哲学观点

实验即仪器（apparatus）的操作，就是把某种物质原材料按照不同方式整合到物质世界里的某种安排。我将把这种整合的整体看作一种仪器-世界（apparatus-world）的复杂联合体。在操作的过程中，有些旨趣就是在这种仪器-世界（apparatus-world）的混合体中被创造出来的。该过程更多的往往不是导致仪器的可识别转换。仔细地分析设备类型在科学中的使用将使我们看到，对这些转换进行解释存在两种非常不同的方式。在某些情况中，一个仪器就是服务于某些自然系统的工作模型，其变化是由实验操作带来的，它必然应解释为类似正在被建模的自然系统的状态。在某些情况中，一个工具是由于某些自然过程而产生效应的，其工具（instrument）中的变化也是物质世界相关状态的效应。这些效应必定按照因果关系假定解释成具有自然过程和工具的状态之间的效应。对于记录物质环境的某种状态的设备（equipment）的各个种类，可以很便利地称为"工具"，如温度计，而使用"仪器"这个词则适用于记录某些自然发生的结构或者过程的模型的设备的各个种类，如使用热量计去研究盐对于水的结冰点或者在试管受精的作用。科学已经发展得如此之快，以至于现在这些过程中所制成的设备，已经不再是类似自然的东西了，例如用于大型动物的无性繁殖设备。

物质东西的操控超越了实验，既有过去也有未来。仪器不得不由技术专家使用各种物质材料创制、设计、建造。正如图尔敏（1967）指出的，仪器的物质使用必定是服从于净化的过程。这个要求不仅适用于化学中的反应物，而且也适用于一个仪器制造的物质组成。因此，所有存在的假设，都是关于工具的过去的。也存在关于某种工具的未来的假设。虽然为了实验的重复，一个设备的特定部分并不需要保存下来，但是在未来，该仪器的物质结构的不同版本也是必定有可能复制的。实验的可复制性（replicability）依赖于条件。甚至某些事物，像燃烧在木星的大气层里的一个空间探测器，原则上，是能够复制的，实验也可以再做。如果一个工具能够幸存并且被再次使用，它必定被假定为在最初的实验程序过程中没有发生急剧变化。

无论设备是建模世界某些特性的仪器，还是由世界中的某些过程而因果地引发转化的工具，其实验的结果都是一种过程的终结状态的读取。更多可能发生在实验结束时的瞬间。然而，在实验已经结束的瞬间，接续的状态是作为实验的终结状态，而不是对一个连续因果过程的任意截断。它是由实验所承担的设计决定的。

2.2.1　逻辑主义科学哲学中的实验

科学哲学是逻辑的一个分支，这种长期存在的观念有两个方面。或许存在一种归纳逻辑，它使观察和实验的结果的概括合法化。这些概括常常表现为自然定律。如此获得的科学知识，按照演绎逻辑的原则也表现在写作组织化中。在演绎过程中自然定律和其他概括被当作公理，在这个框架内研究的成果，就是一直给予作为实体的命题以特权，然后把周围对于它的假定的可接受性的讨论和争论，贡献给必然为中心的科学知识。

大多数"实验"的话语被标准格式所形塑。按照逻辑主义，物质世界和科学话语之间的关系是被一种亚里士多德的逻辑方阵更新版本的命题形式所完全框限。实验和观察是被以"有些 A 是 B"或者"有些 A 不是 B"的形式报告的，一般定律和似律命题则是按照"所有 A 是 B"或者"如果 x 是 A，那么 x 是 B"的形式报告的。偶尔"无 A 是 B"的命题形式也是需要的。科学哲学被认为是从普遍的命题开始。所有这一切在逻辑主义支配科学哲学期间都是非常自然的。

实验结果恰好在这里被描述，可以说，这就是所谓的原始事实。观察通常在与实验相似的情况下提及。即便是在有关世界的状态如何被捕获这一问题的更为详细的描述首次提出的时候，但是就描述的理论负载这一主题而言，仪器在现象产生的轨迹中所起到的作用也是被忽视的。

逻辑主义的科学哲学是两个最重要的哲学家的遗产，Mill 和 Mach。Mill 的方法（Mill，1872）是他试图定义从特殊命题到一般命题的推理模式的逻辑形式的结果。他的一般命题是休谟意义上的因果律；也就是，它们报告了世界的可观察状态的类型之间的无例外的关联关系。Mach 的贡献是两部分。他的"感觉论者的"形而上学是科学哲学中的现象论，这来源于英国经验论。科学关注的是发现感觉之间的关系。他对自然定律的说明是休谟主义的。他们只总结关于感觉类型之间的关联情况，以记忆术服务于覆盖任何将遇到的情况。Mil 和 Mach 的科学知识分析也确认了为探寻科学理性的计划来发展一种归纳逻辑（Mach，1883）。

一度流行的波普尔证伪主义致力于倒转归纳逻辑的一般框架：如果从真的陈述描述实验或者观察结果，我们推论一个真的一般陈述，可以判断是值得被接受为知识。对于波普尔，科学发现的逻辑可以被强调为一种演绎的逻辑的一般框架：如果描述实验或观察结果的陈述为真，但它与普遍假说演绎出的预测相矛盾，我们可以推论该假说为假，所谓的知识被反驳，无论是归纳主义还是证伪主义的原理，总是要作为原则支配科学话语。波普尔对描述性命题来源的讨论仅限于一些评论，如描述谓词的约定论起源以及某些基本陈述必须约定为真（Popper，1965）。

从逻辑主义的观点看，实验仅仅是在亚里士多德的 I 和 O 形式（"有些 A 是 B"或者"有些 A 不是 B"）中描述命题，来源毫无问题。在逻辑主义看来，实验的唯一重要的特征是它们空间和时间跨度时常受到约束。在科学中这个经验描述的方法可以唯一地以 I 和 O 的形式展示。实验在传统上总是与观察混在一起，如习语"观察与实验"。它们都被作为 I 和 O 命题的来源。

这个结果完全忽视了仪器本身。因为它从未被注意到，仪器的种类也从未被讨论。

2.2.2　建构论科学哲学中的实验

拉图尔（1987）和其他人已经讨论过仪器和实验操作。我将使用他的说明作为论述的线索。

　　我们可以利用技术制造的东西从事科学。仪器和自然之间的关系需要分析。它对于科学的价值就是以最好的方式去获得自然某些方面的表征，这有待辩护。拉图尔的对策——正如我们将看到的，对这个论题是局外人的观点——删除自然作为一种与科学说明无关的独立存在物的观点。按照他的处理，仪器完全是人类创造的人工物，它把其他人工物带入存在。这些确定了科学共同体的特征。

　　当我们使用如仪器或者工具任一种类的实验用具时，按照拉图尔的观点，我们是在把物质的东西带入话语（discourse）。这里是拉图尔的一种实验解释："用做实验的豚鼠（guinea pig）单独将无法告诉我们任何关于内啡肽（endorphin）与吗啡（morphine）的类似性；它不可被集合到文本中，也无法帮助我们确信。唯有其内部结构的一部分，被缚牢在一个玻璃室中，并与理疗图联系起来，才可以整合进文本，增加我们的确信。"（Latour，1987：67）去推进实验活动性接近文本的解释，拉图尔使用的观察法是他的工具的说明。它作为物质的东西整合进包括世界的物质系统，被有意从其位置隔离。物质的存在，虽然从根本上起源于自然，但是最终是要与它的自然起源之处分离开的。按照拉图尔，它是被"在文本中整合"。关于实验室，他说，是"一种按照某种方式设计的、以其最有力的工具提供文献的新资源的［带修辞色彩的］装置：可视显示器"（Latour，1987：68）。"我将命名某种工具（或铭文设施）为任何组织结构，不论其尺寸大小，本性或者成本，它都提供了关于任何种类的科学文本的可视显示器……科学文本背后是什么？铭文。这些铭文如何获得？由设立工具获得。"（Latour，1987：68-69）恰如逻辑主义者忽视工具从而使得工具隐身那样，在这种角色呈递中，它变成了迄今为止只与铭文的产生有关。这些是相关的并且说明其重要的唯一是针对科学的铭文的。"世界/仪器/铭文"三个一组被二分体"仪器/铭文"所取代。一个仪器就是产生铭文的某些东西，像自动收报机字条那样的机器。

　　这种说明有两个明显的困难。第一，我似乎看不出这与逻辑主义的说明有什么实质不同。迄今为止实验的相关性仅仅因为它们是铭文的源泉，能够增加到文本中。第二，如果仪器的所有好处在于生产铭文，那么生产铭文的任何物质设置的确都能够做到这点！那么我们究竟依据怎样的标准来拒绝德拉瓦尔（De La Warr）的盒子[1]，而接受威尔逊（Wilson）云室作为真正的科学设备？

　　"在它定义之初，'事物'是一系列试验的得分清单。"（Latour，1987：89）科学文本背后的"事物"由它们的性能所限定，并与民间故事中的英雄很相似。于是事物被它的性能所辨认或者挑选出来：那是云室，它用来制造云滴，那是盖革计数器，它是用来发出滴答声的。事物就是由怎么使用它来定义的。

这还不是全部。正如一种在科学争论上的联盟，金属的和玻璃的云室并不消解成雨滴的线条，而是成为一种亚原子粒子的可视显示器——简而言之，一种陈述。类似地，盖革计数器在消解为滴答声，甚至进一步消解成为粒子类波分布的听觉显示器。这触发了很好的观点，因为云室证实了某种粒子的交互作用，而盖革计数器排列证实了波的图景。这些显示器之间的关系是什么？它不能正好就是这样，一个是听觉显示器，而另一个是视觉的。为什么它们不能互换功能？

这就是构建论者的说明，它被拉图尔的方法的第三规则所确认（Latour，1987：99）："由于争议的解决是自然表征的原因，而非结果，我们绝不能使用结果——自然界——去说明如何和为什么一种争论已经被解决。""大自然的表征"，有些命题和抽象的东西，等同于"自然本性"，即具体的和物质的事物。这无可避免地推出，如果我们愿意接受，它是通过创制自然的仪器来显示自然之可读的表征。

在同化物质的和命题的最后阶段，是拉图尔的特殊的"黑箱"概念。狄塞尔（Herr Diesel）的故事和他的发动机（Latour，1987）提供了这样的设置。为了把发动机的使用扩展到全世界，必然可能按照它的性能，完全地把它看作运动力量的来源。这些使用发动机的人并不需要永远对其如何工作的细节困惑。然而，获得细节的权利需要许多伟大的"联盟"去补充计划。有时，这些联盟衰落了，发动机的命运就不确定了。只有所有组分正确工作形成统一整体，才使其进入实践世界。按照拉图尔的观点，当许多元素被作为一个东西而一起行动时，"黑箱"是存在的。

在已经采取了"对原型物质事物的重新构成"这一步骤之后，仪器，作为文本似乎是一种自然的阶段。正如拉图尔所言："什么叫做'科学的'事实（一种命题）和什么叫做'技术的'客体或者人工事实的区别没有被（他）创制出来。"（Latour，1987：131）

按照拉图尔的观点，在解决科学论战中只存在一种同事作为联盟和机器作为联盟间的唯一区别。在机器和硬件修补的案例中，较容易看到聚合资源到行动上作为统一的整体，而在同事和共同体和学术期刊的案例中则不容易看到。

拉图尔已经注意到实践性技巧在"创制用具工作"中的重要性，然而，在共同体霸权社会竞争中，这些似乎是讨价还价的筹码。这些技巧为相当复杂的方式限定，关涉实验设备的物质特性，关涉技术人员使用它展示预期的任务，有时却不关涉。失败并不总是应归于不合格的操作，而应归于自然的不妥协不让步，作为整体的仪器，是不同于科学共同体所认为的那样的。按照拉图尔的看法，很难看出这些失败之间有任何区别。

我们无疑是通过实验来了解自然。然而，思想本身并不整合进实验室仪器中。虽然关注"实验室的真实世界"，拉图尔（和其他人）并没有在共同体话语的意义上，把讨论、写作并因此生产"科学"中的人，与制造和操作物质性事物加以区分并因而也与使用它们的人加以区分。前者就是操作观念或者对自然的表征，后者就是操作自然。这表明拉图尔并没有把它们作为不同的东西加以对待。他被自己隐喻的力量所引导，尤其是"联盟"（ally）这一隐喻，来假定同一性。然而，一种隐喻"立得住"（sticks）并不能证明大家采用了相似的资源和主题，而正是借此，隐喻才能使得这种同一性得以成行。

2.3 什么是仪器?

2.3.1 全套器械

我把这一有用的术语（即"全套器械"（instrumentarium））归功于阿克曼（Robert Ackermann，1985）。每一个实验室都有其特化的全套器械，其中每一个实际的装备对实验者都是有用的。依赖于预算的慷慨，全套器械的组成，不仅包括储藏室里的，还有可从设备制造者清单购买的。

对我而言，两组关于仪器的使用似乎分别给逻辑主义和建构主义提出了两组主要的哲学问题是：

（1）实验室设备的本体论境况是什么？它是物质世界的一部分吗？或者它可以被视为好像是与物质世界分离或之外的东西，一种探测器，它受到样本影响，但不影响样本？

（2）一个仪器的引发状态的认识论境况是什么？特别是从这些状态我们可以"往回推论"其本性是什么？

我将揭示，对于问题（2）的回答将依赖于设备、仪器和工具的范畴种类。最后，我将详细发展一种分类框架。

所有这种被称为"仪器"、"工具"或者"设备"的全面研究和分析将不可能显现同一本质。我们初步探讨某种一般性范畴的分类系列，它基于实验室设备/世界之关系的某种分析基础之上。

最大的区别，即我们区分实验室设备家族的，是在各种工具（其中，有些的相关状态以一种可靠的方式因果地联系着世界的某些特性）与仪器（它们并不如此地联系着世界的某些特性，因为它们是作为世界某些部分的工作模型而服务的）之间。关于仪器的因果关系是在模型系统内的。关于工具的因果关系把设备与世界相连。

在仪器工作的最重要类里，是自然过程和物质系统发生在其中的实验平台模型（bench-top model）。与此相连的是自然系统的计算机生成模型。

然而，在当代物理学里还存在另外的更为有趣的仪器种类。正如尼尔斯·玻尔所理解的，仪器并不模拟自然发生现象的产品，就像放电管。它创造现象，如果没有仪器，这些现象不会在自然界发生。我将在下面详细分析玻尔式的仪器。

2.3.2 作为世界内系统模型的仪器

作为自然系统驯化版本的物质模型

这种类型的仪器是某种物质设施的驯化和简化的版本，它有两个主要特性与我们相关：

（1）它是在野生环境中找到的；也就是说，它发生于缺乏人类存在物及其建构和干预存在的自然中。例如，钢筋混凝土结构并不属于这个种类，无论它在建筑中被证明是如何有用。

（2）野生的设施是这样一种确定的现象，它可以被觉察、看到、听到和品尝等。

这些仪器是一种自然发生的物质设施的物质模型。我将使用隐喻"驯化"去探索仪器作为模型和仪器就是一种模型之间的关系。实验科学的历史提供给我们仪器作为驯化的物质系统的丰富的分类。让我以一些例子来说明这些模型的种类。

例 2.1 瑞士弗里堡的西奥多里克（Theodoric of Friborg）装配了一个可充满水的球形水瓶的架子，作为一种仪器去研究彩虹的形成和几何学。他把这个架子看作一种暗示形成雨滴的彩虹驯化版本，这并不奇特。在阵雨大量下落过程中，雨滴完全相互取代，它们可以被视为一种固定的阵列。如果驯化版本的可操作性方面的确定条件是合适的。例如，找到一种可移动的光源可以模拟太阳，那么，整个装置就使得彩虹实验的实验室研究成为可能。盛水球形水瓶的架子就是一种球形雨滴的雨帘，就像在自然下雨时的球形雨滴的雨帘一样。

例 2.2 一个果蝇群体是果园里的各种果蝇经过选择而被驯养

的一种驯化版本。如果实验室果蝇群体的可操作性的确定条件适合，那么就有可能对其遗传特性进行实验的或者实验室的研究。

例2.3 一个阿特伍德（Atwood）机器是一种悬崖的驯化版本，其悬崖上可以有石头落下来，或者从其斜塔上落下来的物体。该机器由有刻度的垂直圆柱并伴随着各种不同的可移动的附件，考虑到标准重物从不同高度释放，从而测定以不同时间下落质量的位置。

例2.4 一个托卡马克（tokamak）是一个恒星的驯化版本。强大的磁场把氢原子禁闭在很小的体积内，因外部能量激发而聚变成氦。这个过程运转起来，就是恒星熔合的一种驯化版本。

作为一种野生原物的驯化版本可以是农家庭院产物，这通常成为一种有用的探索仪器的隐喻。一头母牛是欧洲野牛的驯化版本，欧洲野牛是野性的，但可以产奶。然而，母牛比野牛更容易驾驭，更驯良。人们还会注意到，牧场的生活比野外的生活更简单。这里有丰富的饲料，而没有掠夺者。比起野外生活，这种生活活得更为规则，并且很少处于极端的精神和肉体境况中。在农场里，饥饿和恐怖都是罕见的。母牛没有对野生生活资源匮乏的焦虑，而且它已经被教化为驯良的动物。因此，不像它的野生伙伴，它是更容易管理的。例如，它会很有耐心地让人挤奶。

物质设施和过程的驯化版本产生于自然中它的野生形式，我们所知道的作为实验仪器和程序的各种版本，既关联着它们野生的祖先，也更简单，更规则，更容易操作。果蝇群体在实验室里就是一种简单的生态系统，比起飞在果园里的蜂群，它们以其更为规则的生活模式和更易操作性生活在实验室里。

事物可能发生在驯化的模型世界里，而这个模型世界并不发生在自然领域内，但是自然领域则是该模型的源泉。例如，昆虫的各种奇特变体显现出并且可能是维持生命突变的活的例子，这种活的例子既没有完全发生在野外，也没有被立即消灭掉。

从"驯化"模型回推到世界

驯化允许很强的回推到野生，因为物质系统和现象的相同种类发生在野外，也发生在驯化中。这个系列中的某种仪器就是处于实验室之中的自然的一个部分。当然，回推的丰富性将依赖于简单性与各种不同性之间的关系被研究者在执行实验操作时的旨趣如何赋予其权重。

在仪器和自然设施之间并不存在本体论的不同。仪器和程序的选择保障这种同一性，因为仪器是自然发生现象的某种版本，其物质设施就在其发生中。Theodoric 的仪器通过折射和内部反射在水的球形容积中产生了某种彩虹，正如自然下落的雨滴形成的雨帘所显现出彩虹那样。因此，不论是否可以在实验室中学到关于光线的路径如何，我们都可以后推到野外，推到自然。

一个重物在阿特伍德的机器里落下，就像一颗石头从悬崖下落，或者一个铁球从比萨斜塔下落。通过使用这种仪器，我们在实验室里所研究的并不是自然状态与一个仪器的相应状态之间的因果关系的效应。它就是现象本身简化的版本。

在某种意义上，伽利略的斜面实验就是一种中间媒介案例。为了研究时间的效应，下落距离就作为他的自由落体假说的检验，当然他不能把球滚下平板看作自由落体的某种驯化版本。从其结果看，他完成了一种智力操作，有效地把斜面运动处理成为垂直和水平所构成的运动。这种后推的推论需要经过这个中介步骤来完成。

仪器-世界复合体和现象的产生

以上提出的分析似乎并不适合威尔逊云室、斯特恩-格拉赫仪器和许多著名的实验室设备的情况。乍一看，似乎这些都归于因果家族。我们可能试图去说，在云室中的水滴路线是由电子经过所产生的电离效应。然而，在没有这个种类的仪器时，还有电子作为运动粒子吗？在没有双狭缝和照相感光屏幕放在前面时，还有电子作为干预波吗？在没有测温温度计时，存在分子运动吗？在缺乏绘图研究时，大致略为球形的地球还存在吗？

一个仪器就是垃圾，除非它被自然融合而结合成为统一的整体。一个陈列在博物馆里的曲颈瓶并不是一个仪器。让我们称呼仪器-世界复合体是科学家、工程师、园丁和厨师形成玻尔的人造物品的东西。或许操作它们使得它们产生原本在野生世界即自然界里不存在的现象。一般而言，在自然界里并不存在像仪器这种物质结构。冰激凌并不存在于自然，它只发生于制冰者的厨房。

在玻尔-爱因斯坦围绕 EPR 悖论的著名争论中，有可能看到玻尔关于实验物理学说明的概观。当爱因斯坦在该理论叙述中坚持认为每一个有区别的信号在世界上必定存在一个相应状态（逻辑原子主义的另一个名字），玻尔（1958）却关心具体的仪器和它作为世界的一个部分与世界的关系。一个仪器不是超越于世界的某个东西，在世界之外，而是与自然发生因果作用的东西。这就是工具的角色。仪器及其涉身的其他相邻世界部分组成一个事物。

玻尔认为，看上去亚原子物理学的本体论悖论可能通过正确的实验仪器观加以解决。例如，通过把粒子现象和波现象处理为不同仪器/世界混合体运行的产物，就有可能看到自然如何既产生粒子又产生波。粒子和波是发生在这个混合体中的现象，而不是发生在自然中的现象。

玻尔关于实验的哲学被错误地改造成某种实证主义。无意争论科学就是仪器性质的研究，这是马赫争论的。在一个实验中，所"流逝"的恰恰不是仪器。玻尔没有提倡一种直截了当的实在论者的解释。在实验的分类里，物理学家并没有把仪器看作透明窗户，通过它可以看到的世界就是存在的世界（没有仪器就没有连通）。科学是对仪器–世界复合体的研究。没有哪一个成分可以被从这种产生现象的实在中分离开来。

实验室里充满了设备、仪器来自当地的全套器械。人们建造它，使用它，使得现象呈现出来。在某些境况里，仪器是物质上独立的实体，全部的相关因果过程完全发生在它内部如实验的果蝇。它与世界的关系是可以类推的。在玻尔的实验中，仪器是完全与世界混合在一起的。在这样的境况中，现象具有仪器–世界复合体的性质。这是世界的物质部分。自然界是否存在我们已经建构的玻尔式复合体，如托卡马克，与这类仪器关系密切，就如同它与比较简单的、物质独立的模型西奥多里克（Theodoric）的细颈瓶关系密切一样。这个细颈瓶保存了球形的水。这就是雨滴。

因此，我们有两个问题要进行检验。把仪器作为一种建构的物质对象，它联系着自然发生的物质系统。我们也必须检验由使用仪器而创造的现象的本性。或许还存在仪器的状态作为世界因果过程效应的状况。另一方面，它们或许是通过作为某些物质系统的仪器运行成为存在的现象的。如果仪器是世界中某些事物的模型，我们就可以问什么是我们在仪器中产生的现象与自然发生的现象之间的关系了。要记住，仪器被接通、加热或其他操作之前，它就具有其性质。

在深入思考实验活动的产物之意义时，重要的是要牢记，以玻尔式的仪器所产生的现象具有一种复杂的混合体即仪器–世界复合体的各种性质。玻尔是由于受到量子现象类型的二重性的驱动而有了这种洞察，但是这观点是相当的普遍。在本章，我将使用戴维（Hunphrey Davy）运用电解的方法在金属态中对钠进行隔离，作为我的玻尔式实验的最初示例。据我所知，在世界上并不存在任何类似的戴维的设备。自由游离的金属钠只存在于戴维建造的仪器–世界复合体的实例里。戴维使用电解方法在坩埚里熔化普通的盐，产生了金属钠然后点燃它。想想看在这个实验描述为"钠的发现"或者"钠的提取"中，有多少东西是被预想出来的。其实按照我的观念，在宇宙中并不存在金属钠。钠作为一种金属是某种玻尔式的现象。

这个实验与法拉第使用稀薄气体研究放电现象形成了鲜明的对照。这个类似的仪器装置存在于"自然之中"，存在于大气层上部放电的电子风中。因此，我们可以理解实验室的管子里的发光作为一种类似之物，它是北极光的大气层上部的一个驯化版本。

正如母牛和极光可以作为一种隐喻服务于仪器与世界的关系，一块面包的朴实形象也可以作为隐喻服务于玻尔式的仪器-世界复合体。一块面包是从小麦和其他并不存在于野生状况中的物质结构其他成分产生出来的，如面粉和烤炉。面包块并不自发地出现在自然里。

在欧洲核子研究中心（CERN）的实验室里，某种巨大的仪器-世界复合体把某种确定的轨迹产生出来，简单地说，我们可以想象它是记录在感光盘上的东西。其中，一个这种轨迹的记录设施被誉为"W 粒子的发现"。在宇宙中，或许并不存在自由游离的 W 粒子，它们作为某种交换粒子，中介矢量玻色子，是量子场论的假定。在 CERN 里，它们在瞬间被分离。位于"W 粒子的发现"之后的推理模式，似乎是有些像这样的东西：可以在光的传播中研究光量子，它们也在量子场论中发挥了交换粒子或者虚粒子的作用。这样，我们就有了虚交换粒子的自由版本。W 粒子就被引入到物理学里作为虚交换粒子成为交互作用的某种确定等级。同理，就可能存在类似自由光量子的自由 W 粒子。

欧洲粒子研究组织（原文为法文，Conseil Européen pour la Recherche Nacléaire）即欧洲核子研究中心（英文为：Center of European for Research Nuclear）。

在 W 粒子的发现和金属钠的隔离之间存在某种类推吗？我认为只有极少数化学家把钠原子解释为普通盐类的虚拟组成。于是，戴维的实验通过聚集足够的先前存在的钠原子使得金属钠燃烧。对于把这种案例的可能类推到 W 粒子的思考来说，如果该类推是严肃的，我们可能看到所争论的是量子场论中的虚粒子的本体论地位。这是一个很深的争论问题，不能在这个讨论中被解决掉，我们只能指出，粒子 W 只表征了粒子相互作用中一种可能的交换模式。很难制造一种情况，使得某种先前存在的粒子适用于任何交换过程（Brown and Harré，1988）。

从现象回推自然

在玻尔人造物品中创造的现象回推是有问题的，因为存在某种本体论问题需要解决。这种仪器-世界复合体与世界、自然的联系是什么？

这个问题的一般形式似乎是，按照亚里士多德术语分析此情况是否合法（参阅 Wallace，1996），也就是说，原则上，产生在仪器中的某种实际的现象是世界中某种潜在性的表现。这就允许一种回推，将完全归因于自然的倾向性或潜在性。无论自然的某领域与仪器有接触或因果关联，表现为实验现象。这听起来似乎让我们可以说"某种仪器在实验室使得自然中潜在的事物成为现实"。这仍然把仪器处理为一种世界之窗。

它忽视了仪器对于现象的形式和实质的贡献。对这个争论的反思使得我们更深地进入到玻尔解释中。玻尔式的现象既不是仪器的性质也不是由仪器所引起的世界的性质。它们是一种新的实体的性质：仪器与世界即仪器–世界复合体的无法分解的结合。

这就使得"在电解开始之前金属钠以什么形式存在？"这一问题变得不合理。在连接了戴维（Davy）的仪器后，自然才提供了金属钠，就像自然在联合了威尔逊（Wilson）的仪器后，提供了轨迹，因此也提供了作为粒子的电子。由此类推，"在云室实际起作用之前，电子作为粒子以什么形式存在？"的问题也同样变得不合理。

为了遵循这个分析线索，我们将进一步进入关于力量（power）、倾向（disposition）和供行关系（affordance）的形而上学分析，物理学的新亚里士多德形而上学包含在卡特赖特（Cartwright，1989）的著作中，也包含在华莱士（Wallace，1996）最近的工作中。在最后的部分，我将返回到这个论题上。

2.3.3　工具与世界的因果关系

仪器和工具的区分对于理解如何在实验室中获得知识以及获得了什么种类的知识是极为重要的。在许多关于实验的本性的讨论中，这种区别完全被假定为，某种工具的状态就是世界独立存在的一种效应。在理想实验里，设备和工具的效应的产生，并不改变世界的状态。有时，温度计需要一定的热量膨胀水银，会使被研究的液体明显地冷却。有技能的实验者知道如何补偿这些异常。压力表也会消耗一定的轮胎气压，但汽车轮胎的气压通常减少不多。

工具的种类

有两种主要的"因果性"的工具类。这两类工具可以通过老式但有效的第一性质和第二性质来区分。第一性质的观念正如感觉器官所领会的，是这些类似于物质实体的状态导致经验的东西。例如，"形状"就是一种物质东西的性质，不论它是否在被观察着。形状是由观察者依照某些投射规则所经验到的。第二性质的观念是一个机体的一些意识状态，而不是引发它们的物质实体的状态。快速的分子运动不是作为运动而是作为热被经验到的。

有点类似于第一性质和第二性质之间的区分，符合经验或者"观念"可以被用来确定两个主要的关系，即一个工具的状态可以承载制成它们的那个世界的状态。因此，关于螺旋星云照片的影像就是一个星云的形状，这个星云形状投射的影像。形状是第一性质，因为照片所表征的是一种意识存在经验的类推，它们都是作为星云本身的空间结构的同一自然。在物质实体中的分子运动的能量引起了温度计里水银圆柱长度的改变。温度计里水银圆柱的长度是某种类似于"第二性质的观念"，表征了引起它变化的运动能量但不是这种运动本身。

一些工具是被校准的，以便它们产生对可能发生不同程度的性质的数字测量。其他工具完全是探测某些自然状态、过程或者实体的存在。例如，石蕊试纸只是探测酸度的存在、自由氢离子的存在，而不指示 pH 值或者酸的浓度。

从基于因果的工具的状态回推

乍看起来，从工具的第一性质推论出通过操作导致它们的性质，所基于的原理必然不同于从第二性质探测与测量的回推。然而，我将主张，这些原理基本上都是一样的。两种工具都依赖于可靠性和相对因果关系的似真性，这些在某处发现的证据也可以在物理学和化学里找到。在某个气体样品内部的变化就是构成该气体的分子均方根速率的变化，从而引起了水银柱中的分子运动的改变。这个运动引起了水银柱的膨胀。如若这在本质上是一个事实，那么这就是物理学中的一个事实。一个类似但是更长的因果链条联系着某种影响，它就像被构想为一种病毒入侵有机体而出现一种抗体一样，这种抗体可以被化学地加以识别。如果它是一个事实，那么它就是一个生物化学的事实。

2.3.4 实验室设备的分类

基本分类

以树状结果展现出全套工具的组成部分，见图 2.1。

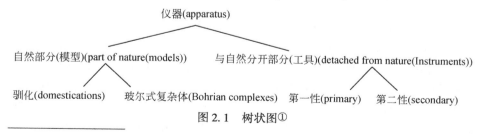

图 2.1 树状图①

---

① 原书图 2.1 没有图题文，图题文为译者根据前后文加。——译者注

两种回推图式

合理的回推可能来自于从实验室设备的状态到自然的相关状态，依靠其图式有两种不同的设备家族：作为模型的仪器（是它们的驯化或者玻尔式的）和工具。

对于作为模型的仪器，回推的图式不是因果的。它是本体论的。模型的相关状态并不是由自然的某些状态所引起。模型与自然的关系是类似于在本体论的一致性限定的一个框架中。雨滴倾泻和细颈瓶的架子都是"球形水滴的雨帘"这个本体论的图表类型。一个玻尔式的仪器就是物质世界其特性产物的一个部分。因此在物理学或者化学为回推寻求基础是没有问题的。

对于作为我上面粗略所说的工具，回推是完全和直接地基于某些因果规律之上的，这些因果定律已经建立在得到物理学和化学相关分支不同程度认可的基础上。这些可能包括相当理论化的物质，它们本身的基础在模型上。例如，存在一种因果定律，把其样品中的分子运动与其在检测器使用中物质的扩展或者膨胀联系起来。存在一种把电子在热原子里的振动与在分光计中觉察到光谱线联系起来的定律。

2.4 走向一种本体论以适合关于实验的玻尔理论

只要瞟一眼这种情况，就可提出这样的主张，基于以仪器–世界复合体所执行实验操作的各种归因将是有条件的：如果某物质设置被创造和使用，那么它将显示确定的现象。玻尔的实验物理学解释主张一种有意图倾向的本体论。这种直觉有其正确之处，但是对于以玻尔式的实验的精妙进行解释，就过于简单了。为了理解玻尔式实验能够揭示什么，找到其方法，我将从审视关于物理学和化学的形而上学基础开始。

2.4.1 物理学的形而上学

哥白尼式的形而上学在现代的成功，特别是在无机化学和气体物理学的发展，是19世纪的伟大胜利，它支持了将本体论和语法普遍化的英雄般的努力，在本体论和语法规则中，它是内在的、超越的。人们已经掌握了无数的物质事物，它们以其连续的时间性存在和基本性质而严格地定位于空间。在不同视野中，笛卡儿和牛顿分享了这种形而上学的景象。通过使用主/谓语法规则来描述自然世界，这种形而上学被自然地实现。

　　然而，也存在一些重要的分歧，特别是莱布尼茨（Leibniz）、博斯科维奇（Boscovich）、康德（Kant）和法拉第（Faraday）。他们赞成力和活力，它们遍布空间，围绕着作为场的源泉的电荷和极矩而结构化。这就是基于场本体论的形而上学。在建立以实体以太为框架的场物理科学中，主体-属性的假设会变得不自然。然而，我们已经宣告新的本体论，宣告在空间-时间点上与电荷和极矩联系的势能本体论。在这种形而上学里没有实体。场是电荷力和极矩力遍布得到证明的排列性分布。

　　我们将选择什么本体论？

　　有一些很熟悉的问题，与证明下述主张正当性有关，这种主张认为，存在觉察不到的物质，有觉察不到的性质，这是调用由永恒的或者准永恒的粒子可以定域的隐机制来加以说明，形成理论化传统模型的本体论特性。关于隐实在的替代说明如何被判定在其中？如果我们坚持按照物质和其正在发生的性质思考，那么在知识起源上，理解仪器在玻尔式仪器-世界复合体中的作用的确存在困难。通过使用工具，许多模型世界在实验室仪器上得以实现，以这样一种方式思考，隐含的形而上学则是很自然的事情。

2.4.2　场思想的结构

　　关于场理论的共识是从吉尔伯特的"论磁"到法拉第的"实验研究"开始的，其情况有点像这些说明格式的分类（表2.1）。

表2.1　说明格式分类

任务	本体论
现象的描述	兼收并蓄
可观察现象的说明	倾向
倾向性的说明等	因果力量

　　哲学家和逻辑学家已经投入巨大努力，在日常生活的各种语法的诸多选择中，仅仅发展出一种，即主体及其显现性质、它赋予主谓句结构以特权。在笛卡儿之后，这被集中关注的属性或多或少被限定在外延量上。然而，物理学继续发展其自身暗含在场概念数学分析中的关于品质和力量框架的版本。我主张采取这种框架，比起试图再次重新调整（re-jig）实体/显现性质的框架，它以更清晰的方式帮助我们揭示仪器作用。场物理学苛求条件句形式。

　　讨论倾向属性的实质内容是有价值的，它表现在仅仅是由可观察陈述所组成的一般条件句里。存在大量各种可观察真值函数，如"$p \& q$"、"$p \vee q$"

等。条件形式依靠我们表达简单倾向分布的手段，而"p? q"就恰恰是另一种类。倾向归因并不说明价值。然而，在这里，它的价值是使得人们首次了解了发生性质和不发生性质之间的差别。某种倾向不是一种发生的性质。[2]当物质无法明确证明它自己时，它可以被说成为具有某种确定的倾向。因此当药片还装在瓶子里时，我们仍然可以说阿司匹林是一种止痛剂。

力量和能量的概念

动力学的本体论，是一种基于活动性概念诸如"力"、"能量"等概念，被莱布尼茨、博斯科维奇、康德和法拉第以及现代的场理论家们所使用的形而上学框架，提供了与粒子解释相同的普遍形式的解释。他们调用不可观察事物去说明可观察现象。然而，这却不像微粒的不可观察，微粒是一种潜在的可觉察的东西，而动力学本体论的不可观察性是不可觉察的。力在其效应中是可以证明的，但它们同样是不可观察的。在微粒传统中，理论思考中的可见性约束似乎是如此自然，但在动力论者看来并不相关。[3]

最简单的动力学设计规划使用不可见的能量转换，来说明经过有关场的势能的可见加速度，也就是作为有倾向的描述。其结构是被概念化地共同紧固地束缚的，因为倾向特性描述了倾向于加速地把各个试验物体定位于各个特定的位置和把运动瞬间定位于正被讨论的场中。某种倾向特性的容度在整体上是可观察的，事实上也是可觉察的，但是作为性质，倾向并不是发生的。例如，一个重力场在某种可观察的水平被做加速度的试验物体品质的时空分布所描述，而在不可观察的水平则是通过势能的分布的术语加以描述的。在力学里，能量既不是物质也不是某种倾向分布，而是运用分布的状态加以说明的某种力量。能量就是用以做功的力量。

在别处我已经揭示了动力学框架可以被推广到量子场论上（Harré，1988）。然而，这里要形成一种新的倾向概念，就必须进行概念引入。这就是供行关系（affordances）概念，这对于玻尔仪器的意义是必不可少的。

提供物

吉布森的可供性概念，来自他使用这个概念来有效地说明感知的动力学过程（Gibson，1986），在分析实验时，它可以服务于类似的目的。一个实验显示了人们以什么特定的仪器–世界复合体来提供给那些有足够技能的人们来使用它。当然，任何事物的部分都可能提供所有种类的事物。冰提供行走、溜冰、冷饮等。所被调用的可供性依赖于人类打算做什么。

吉布森引入某种可供性的概念是为了区分某种确定品质的不同种类。某种品质的归属的一般形式对于某些事物是有条件的："如果得到某些确定条件，那么某种确定的现象将（可能）发生。"在许多情况下，倾向变化的结果并不依赖于任何特定的人类境况、旨趣或者建构。然而，在某些情况下，现象具有某种特定受人影响的方面。例如，比较某种特定厚度的冰每单位面积可以承担某个确定质量这种一般的结果，它表达了某种一般的性质，这也就伴随着这样的主张，即有一定厚度的冰可以供一个人在上面行走。

如果将某种可供性概念一般化，我们可以说，某种仪器–世界复合体可以为我们提供事物。例如，小麦、发酵粉和某个火炉为我们提供面包。车床为我们提供椅子腿，放电管可以提供伽马射线。

仪器–世界复合体也可以提供活动。例如，某种高速交通工具可以提供急速漂流，某种钻孔器可以提供钻孔活动，某个化学实验室可以提供比重分析。

在上述两组情况中，如果没有人类来实现，所提供的就不会存在。冰提供了行走，仅仅是如果有人行走和有潜在的行走者。第一组的异质性显示得很清晰，因为即使在自然里并不存在面包或者完美规则的圆柱木腿，但存在着伽马射线。然而，即使这样这也并不是完全正确的，因为存在着发酵，在某些种类的树上存在着相当规则的圆柱分支。或许卡文迪什实验室里的伽马射线与从云隙射下的阳光的形式并不完全相同。

从玻尔人造物到可供性归因的回推绝不回避来自人类的物质建构的领域。而且，它也不局限于这种支配。玻尔人造物是一种混种存在，部分是建构的，部分是自然的。产生在受激的玻尔物质系统中的现象是可供性的显示。这些就是共同产生两种因果力量的品质，它们是不可以被脱开的。这里也存在物质材料被组织为仪器的力量和世界实现在现象中的力量。对此，我们可能说些什么？玻尔式仪器展示了关联着仪器的世界的可供性。如果仪器不存在的话，那么在科学研究的更深层次就没有关于世界的清晰透明的窗口。

2.5　结　　论

区别两个包含多种实验室设备的家族是重要的。第一个家族是由设置在自然和在玻尔式人工制品中的驯化版本所组成的。第二个家族是工具所组成的，它所产生的自然知识是由关联这个世界之状态的因果关系的效用带来的。

设备的第一个家族，其中仪器是作为自然的部分，但是却孤立在实验室里，可以作为跳板服务于从实验室后推到实验室外部的世界。在通用的图表类型下，简单的建模依赖于图表类型，并且对图表类型只需要简单的本体论识别。我们停留在对日常的物质生活世界及其发生的性质的一个扩展上。在玻尔式的建模中，仪器也是自然的部分。然而，不像简单的模型，一个玻尔式仪器不能与自然相隔离，因为玻尔式模型与自然混合在一起。玻尔式仪器的状态、现象的解释，需要在本体论上从牛顿式的发生性质到倾向和力量的一个转化。这些倾向是可供性的，它许可去做一种有限推理，即从什么展示玻尔式人造物品到自然的因果力量的有限推论。

设备有各个不同的部分，其中一个是人们在第二个家族里找到的不同设备，与自然进行因果作用的工具，可以产生回溯推理的正当性的各种问题，如从工具的状态到世界的被假定的状态的各种问题。然而，通过做更多的物理学和化学实验，这些问题在原则上都是可以解决的，解决这些问题的实验也被认为是通过工具使用在辅助性工作中的一种似真反应。

注　释

[1] De La Warr 制造了诊断性"机器"，它是由零碎的东西组成的。它们被认为并无价值。
[2] 对于品性概念的极好说明，见芒福德（Mumford, 1998）。
[3] 在一般科学哲学中，当候选实在论的本体论是动力学的时候，实在论争论就会是一种相当不同的形式。

3 事物知识：唯物主义知识理论概要

戴维斯·贝尔德

3.1 需要一种唯物主义的认识论

3.1.1 事物知识

我在这里要概述一种知识的唯物主义理论，我称之为"事物知识"（thing knowledge）。这是一种认识论，其中我们创造的事物具有我们世界的知识，等同于我们所说的话语。我把我们创造的事物完全是工具性的认识论图景与以词语或者方程表达知识来清晰化和辩护的认识论图景加以对照。我们的事物不仅做了这个，而且它们做得更多。它们不仅带来知识本身，而且频繁、丰富地给予我们所说的词语，工具地服务于知识的辩护和精确化。

这很重要，理由很多。如果唯物主义的认识论没有沿着我勾勒的线条走，我认为我们就不能充分理解实验。同样，如果没有某种唯物主义认识论，我认为我们不能充分理解工业与科学的关系。实际上，没有唯物主义认识论，无法实现对默会知识的详细理解。

科学工具提供了独特用途的事物以供检验。工具对于发展科学知识是最为基本的，根据我们对关于科学的现有理解，这是不容置疑的。更有甚者，在许多事例里，工具的发展都先于理论的发展。我们或许知道某种工具起作用；我们或许知道如何发展、改进和使用工具。但是我们或许既错误地理解了工具，也没能在理论上理解工具。乍看起来，关于事物知识是基于其充分自主的发展。对于哲学观点而言，虽然强调自治是有用的，但我得承认，视工具和理论为依次发展是更为公认的观点，彼此加深理解。

第二个理由，工具也是可检验的一类有用的事物。事物知识，正如我下面要清晰阐述的，不是一元认识论。不同的事物，即使是同一事物的不同方面，都以不同的方式使用着认识论。存在许多不同的工具，在工具的多样性里，我们可以发现不同的工具，它们以不同的纯粹形式呈现了不同的事物知识、不同的认识论。聚焦工具就为分析和详述这些不同种类的认识论、不同种类的事物知识，提供了某种具有独特用途的交汇点。

尽管我聚焦于科学工具，但是我要促进对事物知识的理解。事物知识包含遗留下来改变的各种生活形式、奇特的药品、专家系统以及通常的科学和技术的物质产品。事物知识是一种知识的认识论，是由我们创制的、科学的、技术的、工艺的以及其他方面所带来的事物的知识的认识论。

3.1.2 事物和理论

制造（making）与说（saying）是不同的，制造使事物具有一种比表达句更为不同的一类知识。T. 达文波特，来自美国佛蒙特州一个铁匠家庭，几乎没有受过教育也没有受过电磁方面训练，在看到 J. 亨利的电磁样机以后，制造一个旋转电磁电动机。在 1837 年申请其专利时，达文波特宣称自己是制造此机器的第一人。达文波特的电动机工作得很好，能够为印刷提供足够动力。阻碍其发明在商业上成功的主要原因是缺少好的电池和其他电源。达文波特的智力成就在商业上是失败的（图 3.1）。

图 3.1　达文波特 1837 年模型电动机与他的专利申请（Davenport，1929：144）

该发明承载着达文波特的某些电磁学知识。其电与磁的关系的某些方面可以用文本术语表达为词和方程，而其他方面则以物质的术语表现在线、铁和木头上。这就是达文波特的方法。达文波特能够按照物质形式看到在亨利的电磁演示中表现出的关系。他可以在心灵之眼中熟练地操作这些关系，最后用手制造了某些新的东西。他没有按照方程和命题工作，而是用物质材料来工作。他从亨利的电磁示范样本中学习到的就是从物质对象学习到的。于是他根据所学习到的进行工作，用他的手和铁匠工作间的材料，造出了他的电动机。这就是他贡献给我们的电磁的知识。这是一种物质的贡献，不是理论的贡献。

达文波特的案例需要遵循如下认识论的类推。理论知识，我们习惯于的那种知识（哲学家惯于争辩的那种知识）——是求知的"记号"集合带来的，它典型地（或者现在公认地）存在于论文里。这些标志具有内容，由于语言学的习惯，允许我们"阅读"它们。事物知识也类似地工作，但在典型地（或许如众所周知地）替代论文中的标志，我们把精巧制作的对象安置在不同的物理关系——时空关系中。这些对象也具有内容，也"可以被解读"——就像达文波特解读亨利的电磁演示样本一样。这些具有物质意义内容的本性（和其他有意义的模型一道，也可见下面）与具有语言学意义内容的本性并不相同，对于"解读"事物的"物质约定"不同于解读文本的语言约定。最后，存在于这两种不同的媒介中的知识在种类上是不同的。而且这里人们很少怀疑亨利的电磁的物质性事物，对达文波特"更有意义"——正如物质性事物对于所有时代、文化和不同时期而言，对手艺人、工程师、实验科学家和"普通人"都"很有意义"一样。

这就是一种存在于物质性事物中的内容和知识，对于哲学家来说实际上是看不见的知识。我们看一个来自 Latour 和 Woolgar（1979）的图解（图3.2）。这就是实验室的功能。动物、化学药品、邮件和能量被输入，产出的

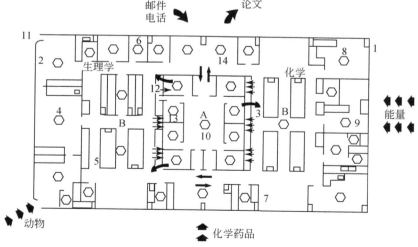

图3.2　拉图尔和伍尔加呈现的在实验室功能上的"建筑图景"
（Latour and Woolgar，1979：46）

是论文。在这个图景中，拉图尔和伍尔加是通过文献表现科学的。"自然"，在"铭写装置"（即工具）的帮助下，产生文献并输出给科学家，科学家利用这些输出，加上其他文献资源（邮件、电话、预印文本，等等），产生它们自己的文献输出。在拉图尔和伍尔加的研究中，科学家在调研中所发现的物质产品——一种材料被称之为"TRF"，在他们的解读中，只变成为一种合适的工具，"即被作为在长期研究纲领中利用的众多工具中的一个"（Latour and Woolgar，1979：148）。

这幅实验室功能性的图景是漫画式的。科学家对于物质的分享要比对于语词的分享的历史更长。汤普森（William Thompson）把一个电磁线圈作为对欧姆测量的一个部分送给他的同事们。亨利·罗兰的名声是因为他制好了光栅，并且把它送给同事。化学家分享化学制品。生物学家分享具有生物活性的化学制品——生化酶等，同样还有预备的实验动物。当驱动设备很难被分享时，科学家就以他们的相关经验去分享之；例如 E. O. 劳伦斯的回旋加速器要移出伯克利之外的运作方式。实验室并不仅仅完全产生词汇。同样，达文波特的名气也并不在他所说的词汇上。

要清晰地阐明这种认识论、这种事物知识是如何起作用的，还需要去做大量的工作。"约定习惯"是什么，"解读"事物是什么，在事物中承载了什么种类的知识？本章采取某些步骤寻求这些问题答案的任务。

一旦我们认识到，并且清晰阐明事物及其产物是如何负载知识的，我们就会处于更好的立场来理解实验，工业、科学与默会知识的认识论关系。除了普通的用法外，为什么我们会把"技术诀窍"（know-how）作为知识的一个种类对待？一种唯物主义的认识论有可能回答这个问题。知识如何在科学和工业之间来回流动？当然，词汇有助理解它，但不是词语教会了达文波特；伽利略用以改变天文学的望远镜，也不是透镜制造者的言语造就出来的。罗兰是最伟大的美国物理学家之一。但最好的纪念却是他的"实验结果"——与拉图尔和伍尔加相反，是事物而非词汇。罗兰的衍射光栅，分布在整个世界，改变了对天空和地面的光谱分析，它们也改变了实验者的实验室。

哲学家和历史学家用词汇而不是用事物表达他们自己的思想，这不值得称奇——尽管是不幸的，这些掌握了话语（词汇！）虚拟垄断权的人（特别是以他们所熟悉的知识种类来描述科学知识）把科学知识说成是词汇。这正如语言大师的偏见敲打着我。当我注意到德里克·德·索萨·普赖斯（Derek de Solla Price）所说"如此多的科学史学家和几乎全体科学哲学家都是理论家再生而非实际研究的科学家，这真是一种不幸"（Price，1980：75）时，普赖斯真是抓住了我的这种反应。20 世纪 80 年代，对科学和工程感兴趣的认识论者应该注意到什么是 MIT 媒介实验室的信条：不是"不发表就发臭"，而是"不演示就死亡"。

3.1.3 主观的和客观的

在我接触到关键点之前——仔细考察由工具带来的知识种类，我需要首先传递事物知识的轨迹。事物知识存在于事物内，而不在思维中。工具而非信念，是事物知识的携带者。

考虑一个问题，这是拉里·布希亚瑞利（Larry Bucciarelli）在《设计工程师》（1994）开始提出的问题："你知道你的望远镜是如何工作吗？"一个演讲者在技术文献的讨论会上警告说，不足 20% 的美国人不知道他们的电话是如何工作的。但是，布希亚瑞利注意到，这个问题是模糊不清的。有些人（尽管可能少于 20%）或许不清楚声波如何可以运动在振动膜上，如何通过在电磁场中来回运动的线圈产生电流，但电话技术并不仅限于这样简单的物理学。布希亚瑞利很想知道会议演讲人是否知道他的电话是如何工作的：

> 对于长途电话，他知道如何有效地建立最优路线吗？对于通信的回音和噪声的抑制，他知道其算法的错综复杂吗？他知道一个信号是怎样发送到一个在轨的人造卫星中并从中恢复的吗？他知道 AT&T、MCI 和本地电话公司是如何同时使用同一网络吗？他知道需要有许多接线员保持系统运作吗？或者他知道当修理工爬上电线杆时，他们事实上做了些什么？他知道在通信交流系统的扩张和非常复杂的机能中公司资金、资本投资战略、或者规则的作用吗？（Bucciarelli，1994：3）

实际上，布希亚瑞利总结性地问道："有谁知道他们的电话如何工作吗？"（Bucciarelli，1994：3）。

在这里，在会议演讲人之后，布希亚瑞利是在主观意义上使用"知道"这个词汇。他使用了一种有说服力的案例，在这个意义上，没有人知道他或她的电话是如何工作的。第一，对于一个个体的"主观知道者"而言，要理解的电话系统，实在是太大了。第二，那些研制了构成一个电话系统上硬件部分和软件部分的人们，可能会转向关注其他，忘记了这些软件和硬件是如何工作的，这些被他们发展了的部分是如何和为什么工作的。他们的"主观知识"已经失去了，而在他们帮助下得以存在的客观的人造物品仍然起作用。第三，复杂的系统有许多相互作用的部分，在细节上它们并不总是按照我们预见的方式行事。尽管已经创造了它们，但是计划制订者不能总是预言它们，在这个意义上，计划制订者没有"主观地知道"其复杂的计算机程序将做出如何的行为。

当然，参与所谓的主体认识论是好的、适当的，这种参与就是试图理解知识方面是主体信念的一个种类。但是如果我们想要理解科学和技术知识，这并非正确的地方。布希亚瑞利的电话告诉了我们为什么。如果没有人主观地知道电话系统如何工作，科学和技术知识的境况将急剧地变坏。对于一个个体而言，他要领会的科学和技术的认识论的世界实在太大了，人们变革了他们的研究焦点并将其忘记。专业知识系统超越了它们的制造者。但是谈及包含我们的技术和科学的客观知识，这仍然是有意义的。这种客观知识包括的材料不仅在出版的杂志的材料中，而且也包括在工艺事物中，特别包含在实验仪器中。或许没有人能够主观地理解这种客观知识。

3.2　三种工具

3.2.1　模型知识

我们所创造出来的一些事物，是被用来表征这个世界的。这种事物工作起来就像理论，但是它们使用这个世界的部分物质材料，而不是词汇来表征。由于这个原因，它们为我们的认知仪器提供了不同的进入方式。概念操作提供了一种进入方式，物质操作——"手-眼操作"提供了另一种进入方式。

沃森和克里克的 DNA 模型提供了一个物质表征知识的很好例子。[1]他们非凡地将金属盘和杆组合在一起表征了 DNA 的结构（图 3.3）。把物质模型理解为知识，沃森和克里克的 DNA 模型提供了两部分的论证。负面的部分：即按照其他方式思考沃森和克里克的模型几乎没有意义。他们没有把模型使用为教学装置。他们也没有完全地从中榨取信息。该模型本质上不是某些干预的一部分。它也不是实验的一部分。

正面的部分：沃森和克里克的模型用人造的物质世界替代语词执行了理论的功能。他们的模型具有标准的理论功效。它被用作说明和预言。它是由证据验证——X 射线和其他，它也可能被证据否认——例如，如果发现 DNA 具有明显不同的腺嘌呤和胸腺嘧啶的性质。尽管它是由金属而不是词汇构成，但是可以毫不怀疑地说沃森和克里克的 DNA 模型是一种知识。

物质模型（如沃森、克里克的模型）与通常理解为命题形式的理论之间是什么关系？还有些细节问题有待梳理。按照理论的语义观，这就是所能够做得最好的，因为按照理论的语义观，某种理论并不能直接描述世界。[2]它

图 3.3　沃森（左）、克里克（右）与他们 1953 年的 DNA 模型（Watson, 1981：125）

描述"一个模型"或者"一类模型"。因为某种成功的理论，模型或者类模型表征了世界的一部分。比起我的用法，这种对于"模型"的使用更为普遍。但是，我所关心的物质模型是这种普遍模型概念的个例。[3]

　　R. I. G. Hughes 为模型如何表征世界提供了三个部分的说明。他称它为"DDI 说明"，所指的三部分：指示（denotation），证明（demonstration）和解释（interpretation）（Hughes, 1997）。首先，模型指示世界的某些部分，为了适当地理解模型，人必须知道它的哪一部分指示什么。于是，在沃森和克里克模型中的那些棍棒就指示了键长，而不是刚性的金属连接。那些金属板就指示了"基群"——腺嘌呤、胸腺嘧啶、鸟嘌呤和胞核嘧啶，也就是说，原子分组可以按其自身特性形成单元。

　　模型也考虑到证明。用物质模型做证明，可以是人工的。当沃森在 DNA 中发现碱基对（base-pair bonding）时，这是不可思议的时刻。他用各种不同的剪贴纸来表示各对碱基以及碱基对之间的距离。通过这些手工操作方式，他发现两个嘌呤基对（腺嘌呤，adenine）的一个氢键与另外两个嘧啶基（胸腺嘧啶，thymine）中的一个结合起来，而另外的嘌呤（鸟嘌呤，guanine）氢键与另外的嘧啶（pyrimidine）（胞核嘧啶，cytosine）结合起来，A 与 T 结合，G 与 C 结合。结合键的间隔是，当一个双绳骨干缠绕在一个没有扭曲的双螺旋上时，碱基可能结合在 DNA 的链条的内部。

　　模型也是解释性的。沃森和克里克 DNA 模型的一个直接的结果是，需要说明腺嘌呤与胸腺嘧啶数量的相同，鸟嘌呤与胞核嘧啶数量的相同。化学分析证明了这一点。当然，最有意义的解释是它表达了基因复制的可能性。

3.2.2　工作知识

把物质模型视为某种支撑性知，识并不太困难，因为它们以一种非常类似于词的方式通过表征做这种事情。然而，这并不是达文波特如何"解读"亨利的电磁机。在这里，我们已经有了一种与物质相互作用的不同种类和在物质中具有的不同种类的知识。我称它为"工作知识"。[4]在这种新语词的创造中，我提倡我们使用"工作"来描述一种可以规则地和可靠地执行的工具或者机器。我也利用了短语"掌握一种工作知识"（to have a working knowledge）。具有某事的工作知识的人具有足够的知识去做某事。我的新词"工作知识"，将把注意力放在知识与有效的行动之间的联系上。

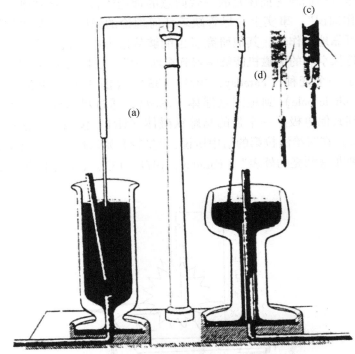

图 3.4　法拉第 1821 年电磁电动机的两个版本①（Faraday，1844：plate 4）

法拉第 1821 年电磁电动机提供了一个很好的例子（图 3.4）。当他第一

———————————

①　图 3.4 中的两个版本，指图（a）为法拉第电磁电动机的一个版本，图（c）和图（d）为法拉第电磁电动机的另一个版本。——译者注

次制造电动机时，在电动机所展示的现象的说明上存在相当不同的意见。但是，没有一个人争论仪器能够做些什么：它将一种旋转的运动展示为电和磁适当地共同配合的结果。它也展示了一种现象，即当时还没有适当的理论语言描述它。[5]

当法拉第第一次制造电动机时，不论就电动机的争议有多大，在事实面前，就是在今天也有许多人并不知道怎样说明它是如何工作的，但是没有人否认它的工作这一事实。当法拉第建造电动机时，这个现象就极为惊人，后来被证明对于科学的未来发展实在是太重要了。任何关于"电磁运动"本性的说明现在都不得不承认是以法拉第产生的旋转。我们并不需要理论（或者任何"真"的理论）的负载就能从法拉第设备的建构和展示中学到些东西。

这是因为法拉第和他的科学的同时代人能够可靠地创造、再造和操作这种现象，尽管他们缺乏描述它的一致同意的理论语言，因此我把电动机本身作为"工作知识"。事实上，尽管缺乏任何理论的说明，但是法拉第的电动机却足够可靠地工作着，其他研究者也能够从这个电动机本身学到东西，正如达文波特从亨利的电磁机能够学习到东西一样。法拉第制造装置 6 个月后，巴罗生产了一个变种（Faraday，1971：133）（图 3.5）。电流的运行是从"电极"（voltaic pole）到星式悬浮体（abcd），通过星状体到水银室（fg），并且从此到其他电极。一个强的马蹄铁磁体（HM）包围着水银室，正如巴罗（Barlow）在写给法拉第的信中所说，"星轮开始以惊人的速度运转，于是展示了一种非常漂亮的外表"（Faraday，1971：133）（信件日期为 1822 年 3 月 14 日）。

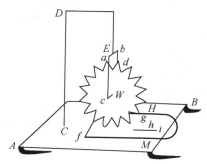

图 3.5　巴罗的星式：巴罗 1821 年的法拉第电动机的变种（Faraday，1971：133）

这是描绘出如何不使用水银来创造这种旋转的电动机的另一个步骤。因此，我们可能拥有一些有用的东西。这是很有意义的事，不仅仅关于我们的词汇和方程演化的故事，而是关乎物质操作。这个故事包括很多参与游戏者，包括达文波特和其他不能用讲述完全在这里表达的（King，1963；Gee，1991）。然而，物质创造、再造和法拉第电动机的操作方式，显示了卷入其中的科学家、工程师和思想家们具有法拉第现象及其后续现象的工作知识。他们创制的这种事物承载着这种工作知识。

法拉第以其发明的电动机，贡献给科学一种紧密结合工具的结构性事实：处于理论混乱的海洋中的技术性确定性，并成为未来工具进一步发展的基础。法拉第的电动机是一个工具的例子——物质世界的人为部分，创造着、展示着物质力量的元素。尽管关于描绘这种力量没有什么一致意见，不可否认的是力量本身。皮尔士（C. S. Peirce）使用了这样的词汇描述了这种情形："当一个实验家说一个现象时，如霍尔现象，塞曼现象，……他并不是指任何特定发生在某些人身上的已经逝去的过去的事件，而是的确指其活生生的未来、发生在任何人身上、能够实现某些条件的事件。该现象是由这样的事实组成的，即当一个实验者按照他心中确定的框架去行动时，某些事情就将发生，打破怀疑论的怀疑，就像圣火点燃在以利亚的祭坛上一样。"（Peirce，1934：vol. 5，para. 425）理想的现象具有一种神圣的光芒般显著的和令人信服的性质，由此以利亚使得迦南的 450 个先知陷入尴尬，但是它必定是不变的和可靠的，一种永恒的生生的未来。

如法拉第和他的追随者所做的电动机，制造、操作、适应和发展物质力量的能力，是对力量之知识的充分证明。按照某种主观意义，人们常常陷于占有"知道如何"（know-how）的必要性——工作知识中，去产生某种有生未来的可靠稳定的东西。而在客观意义上，人类制造的设备展示着我们对现象的物质控制，而非语言控制。它们就是工作知识的物质承载者。

3.2.3 测量

测量仪器告诉我们一些关于"样本"的事情；它们按照某些方式测量。为了成功做到这点，它们的创制者必定要综合混合在仪器的物质形式中的模型知识和工作知识。在某种基础水平上，测量需要控制物质的力量。在一个水银温度计中，水银随着温度变化的线性膨胀是一种物质现象——经过数十年的工作，我们发展了控制。在这里是我们把工作知识植入到了水银温度计里。但它是一个工具制造者对各种可能性选择的结果，这种可能性与装置的信号生成有关，它转化为信号，成为"测量"。工具制造者将可能性领域构建成仪器的物质形式。就如我们在温度计的玻璃管子刻上刻度，以利用温度计来展示温度的可能性。这是一种关于温度的结构性的表征。它是模型知识。

当两种物质知识被整合，工具仿佛从自然中吸取信息，并且我们已经进入工具模型和工作知识的物质形式中。

另一个例子更能阐明我的意思。一个指示器性质的图表（简称指示器）即可以附属于热机工作汽缸的工具。在汽缸内部，当热机运行一个循环时，它产生某种压强和体积变化的同步轨迹。它可以被用来显示从热机通过的热能做了多少功（图 3.6）。大约是在 1796 年的最初几个月，瓦特和他的助手 John Southern 发明了这个指示器（Baird，1989；Hills，1989：92）。它的重要作用是既改进了蒸汽机功能，也发展了热力学的现代理解。[6]

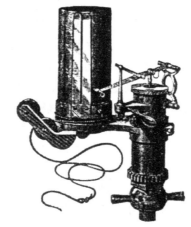

图 3.6　指示器图解：用来产生蒸汽机循环的
同步压强和体积的轨迹（Roper，1885：251）

正如我们现在所看到的各种事物，这种指示器给出一个关于热机每一次工作的图示说明。由指示器图表所包围的区域就是蒸汽热机在一个循环完成所做功的总量（图 3.7）。[7] 当活塞压缩汽缸里的空气时，它对气体做功；当汽缸中气体膨胀时，气体对活塞做功。如果当气体膨胀比最后压缩气体还大时，有更多的功被吸取，那么循环就产生一个净的有用功，或者运动动力。在指示器图表里，气体压缩过程的压强-体积曲线下的面积（图 3.7 *FKC*）下测量了压缩空气所需要的功。在气体膨胀的曲线（图 3.7 *CEF*）下的面积测量了气体对活塞所做的功。两者之差，即由指示器图解曲线所包围的面积，就是热机在一个循环中吸取的有用功。

模型和物质知识被综合在指示器中。首先，它表现了一种现象。工具利用物质力量的实例来产生动力，蒸汽机汽缸中的压强和体积行为变化正好经历了一个循环。瓦特和他的助手 John Southern 的能力以及后来的蒸汽机工程

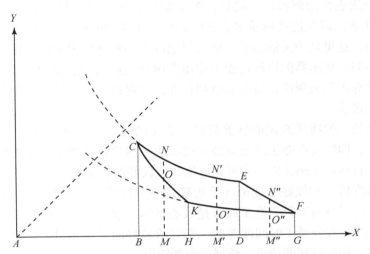

图 3.7　克拉贝龙 1834 年指示器图解原理（Mendoza，1960：75）

师们设计发明这种装置，使得它工作得更为规则和可靠，恰恰反映了一个工具是如何负载这种物质力量之工作知识的。与此同时，指示器也表现了信息。一个可能的领域将可以按照指示器所"铭写"压强–体积曲线图的术语加以构造。这里是模型知识，即对于一个热机执行过程而言，它表征了各种可能性。在指示器"铭写"里，一个二维曲线图表现热机工作过程可能"真"的空间。这与沃森和克里克的工作是相同的，在那里也有一个各种可能性的空间，它被化学子群（支架和骨架）的几何学所详细说明，也被沃森和克里克在这个空间发现的特殊几何学——DNA 的结构所详细说明。有了这个指示器，我们也有了由二维的曲线图所给定各种可能性的空间，其特定的执行过程显示在特定规定的曲线图上。

　　对于指示器的表征空间的理解已经得到改变。现在我们按照做功的方式理解指示器的输出。图表所示的被包围的面积是热机沿着单一循环所做功的总量。然而当瓦特和 Southern 扩展这个图表时，他们并没有我们现代人"功"、"力"等类似概念去理解它的测量。他们使用指示器去测量热机的"蒸汽耗用量"（steam economy）或者"能率"（duty）。通过在循环的膨胀部分测量压强的几个点，他们能够估计整个循环中吸取的平均压强。瓦特和 Southern 想要知道他们需要从多小的蒸汽量中获得多大的"平均"压强。通过改变蒸汽不再进入汽缸的时间并用指示器测量活塞上平均压强，他们能够取得蒸汽使用时平均压强的最大值。物质模型知识，就像命题知识，其意义的呈现依赖于它的语境。当语境改变时，意义也随之改变。这个事实指出了某种物质表征的解释学。但是，关于测量，这种"物质解释学"不同于文本解释学，因为这些物质的表征同时是工作知识的行动领域。

然而，这里最为关键的是，指示器把握了一种物质力量的实例——工作知识——与在指示器的执行过程中使用者理解展示其中的模型空间无关。这就允许就算不知道理论，指示器继续存在，并促进今天与其相结合的物质进步和理论进步。

这也是一种物质知识能够促进科学进步的方式。工具呈现了一种现象，工作知识，即便没有办法或没有公认的办法来用语言描述工具在做什么。做事，把工具知识压缩其内，才可充分地导致较好的物质创造（手边较好的案例就是蒸汽机）和较好的理论（手边较好的案例就是热力学）。这就是为什么发展新的工具对于科学进步而言是核心目标。理论来来往往，而新的工具所创造的现象却经受了时间的考验。它导致较好的工作知识——较好的物质知识，然后导致较好的理论，较好的命题知识。

3.2.4　论证

我这里呈现的故事旨在提出哲学论证。为了避免论证丧失在历史细节中，我重述其要点。首先，存在着来自类比的论证。物质模型如沃森和克里克的 DNA 模型的作用类似于理论。它们可以提供说明和预见。通过经验证据，它们可以被经验证据所确认或者否认。物质模型知识在认识论上类似于理论知识。

工作知识不同，支持它的类比论证也是不同的。当他或她能够始终如一地并且成功地骑自行车从而完成这个任务时，我们就说其知道如何骑自行车。一个现象，如法拉第的电动机所展示的，具有这种始终如一和成功的特征，通常被称为"知道知识"（know-how）。过分人格化这一情形，人们可以说法拉第的电动机"知道如何去旋转"。而我宁可说，电动机承载着物质力量的某种知识，我称其为工作知识。

这个类比可以推进得更深。我们不能总是说，例如，如何去骑自行车。其知识是默会的。从两种不同的观点看，法拉第电动机也是如此。电动机本身不能清晰明白地用词汇来说。而且对于法拉第也很难说清楚这个现象是如何发生的。同样，作为骑自行车的案例，它是清楚的，即这个工具在工作。在工具规则控制行动中，工具承载着这种默会的工作知识。

我的故事也呈现了一种不同论证的集合，我称之为认知自主。达文波特从检验亨利的电磁设备学习到了某些东西。他尝试他所学习到的，并且使用它去发展另一个有潜在商业用途的设计。他在做这个的时候理论上是无知的，不能用词汇表达亨利的电磁设备告诉了他什么，他依照的知识是什么。我们可以在认知上按照不同的和自治的方式与其物质交互作用，就像我们可以认知地与理论交互作用一样。沃森所玩的 DNA 模型支架的纸板，证明了同一现象。认知内容不能被理论所穷尽。基于同一理由，认识内容也不是被理论所能够穷尽的。

我的故事来自历史，但是我想从它们之中获得现代意蕴。当代的工具和设施是模型知识和工作知识的串联和联合。各个层次的复杂性进一步增加了它的维度，但是物质知识潜在结构仍然是相同的。这些历史例子提供的是简单，而真实的案例则更加在认识论上示例了事物知识的重要种类。

最后，关于工具的认识论位置的基本论证是我对工具如何能够做出认识论工作的清楚表达。尽管我呈现出每一个论证旨在说服读者认可工具在认识论上可以被理解为与理论等同的东西，全面的图景才是必须最终实现的。

3.3 使它成为知识

3.3.1 问题

迄今为止，我已经概要地勾勒了三种认识论上不同种类的工具：提供物质表征的工具——模型知识、表达现象的工具——工作知识、测量工具。综合了模型和工作知识。我认为这些物质产品负载着我们的知识。但是这一主张产生了几个紧迫性的问题。知识的概念通常与真理、辩护和超然等概念相连。这些概念很好地适用于我们关于命题的讨论，而不适用于我们关于工具的讨论。这里，我勾勒了可替代的概念，它们可以具有相同的认识论功能，如真理、辩护和超然。

3.3.2 物质性的真理与工具性的功能

哲学家习惯于按照命题或者陈述的方式思考真理。他们忽视了给我们指点正确方向的话语的转变。考虑"一个精确成型的轮胎"（a true wheel）这一表达。在 true 这个词义解释中，除了较为哲学的普通意义上的"真"（true）外，词典里也包括"9. 精确地成型或安装：一个精确成型的轮胎（accurately shaped or fitted：a true wheel）。10. 确切地放置、发送或投掷的（accurately placed，delivered，or thrown）"（《美国传统大学词典》，1993）。而"精确成型的轮胎"并不是完全真实的，因为它只适应特定的形式；精确成型的轮胎能够顺利地、可信任地、规则地转动。一个"不精确成型的"（out-of-true）的轮胎是摆动的、不可靠的。最终它会失败。于是，对"真"这个感受理解就有了我称之为"工作知识"的精心设计的一系列物质的东西。在某种公共的、规则的、可靠的现象上，我们对其物质的掌握负载着对该领域的工作知识，并且在这种真理的物质感受理解的意义上，使其"真正运行"。

轮胎正常运转这件事完全表明了应把物质真理直接与规范性的功能观念缠绕在一起。以命题表达的知识，为进一步的理论化反思提供了素材。这些资源——具有内容的句子是以语言学的、逻辑的和数学的方式操作的。理论家们是"概念–工匠"（concept-smiths，又称为概念的文字工作者，或者概念的文字铸匠）们，只要你愿意，你就能从给定的命题材料里关联、并列、一般化和派生出新的命题材料。在物质世界里，功能是被操作的。在一个光谱摄制仪里，照相胶卷是用来记录光谱线的。一个分析家，就能够从光谱照片胶卷上聚焦的各个线条中确定基本浓度。在直接读取分光计的过程中，照片–倍增管取代了照片胶卷，透镜的电子器件取代了分析家。这些都是功能置换。一种物质真理由具有相同功能的另一种所取代。照片–倍增管，替代照片胶卷，执行敏感记录的功能。透镜电子器件执行着确定基本含量的功能。"工具制造者"就是"功能–工匠"们，从给定功能里发展、取代、扩增和联系新的工具功能。

用人力设法控制全部物质力量——工作知识——与工具制造者对想要开发利用现象的旨趣联系，提供了功能的最好的初步分析。一个工具制造者或许对于他或她操作的现象，拥有细致的理论理解——工作知识。在直接的读取分光计中，透镜被用来采集由光电倍增管产生的电荷。对于电容、电阻和放电时间的理论已有很好理解，这使得直接读取分光计的最初设计者，詹森·桑德逊（Jason Saunderson）建造了一种电子器件，它将能使用放电时间去测量储存电荷的总量（Baird，2000a）。但是，一个工具制造者或许并不需要关于他或她操作的工作知识的详细理论理解。詹森·桑德逊就并不知道为什么光电倍增管的输出对光线正好照射在阴极的地方敏感。无论理由如何，情况就是这样。他用水晶片，"模糊"光线对于整个阴极的照射，通过这种物质平均，他从管子里获得可靠的规则的输出（Baird，2000a）。

工具有目的，工具各个部分也有目的，这些目的贡献给工具更大的目的。于是，要分析一个工具功能的概念，"工具目的"必定要结合工作知识的概念。这就允许我们用一个现象置换自然中完全不同但是却具有完全相同功能的另一个现象。光电倍增管的电子现象与照相感光乳剂的化学现象是不同的。人类辨识能力也不同于电子透镜。然而，光电倍增管和照相乳剂都可以用于感光；人类视觉和电子透镜都可以用于辨别光的相对总量。

3.3.3 辩护

为了对工具性的功能进行完全满意的分析，必须解决存在的一些敏感和重要论题。在这里，我并不试图解决这些困难[8]，而是使用一种较为粗糙的分析，以满足我的认识论目的。对于我的目的，工具功能最重要的方面，是它把"工作知识"压缩到其中。此外，工具性功能是在使用工具的语境中实现目标。在个体的案例和在一般的分析性问题中，这些目的如何被准确地理解，在这里并不重要。重要的是，对现象进行引出、稳定化处理、常规化甚至黑箱化，这是困难的工作。这就是推定工具物质真理的辩护工作。Galison（1987，1997）已经在一般性和迷人的细节上证明了这点。哈金（Hacking）、布赫瓦尔德（Buchwald）、古丁（Gooding）、拉图尔（Latour）、皮克林（Pickering）和其他人的工作也是同样的观点。[9]

物质真理——模型知识、工作知识和精确测量——的辩护是发展和表达物质的、理论的和实验的证据的重要事情，它把某种关于真理的新物质主张的行为与其他物质和语言学关于真理的主张联系起来。在某种意义上，一个现象完全强迫着它自身。法拉第电动机也是如此。但是，更为一般的是，把工具展示的现象与其他工具、实验/理论知识联系起来，这是最为重要的。它使新工作知识定位于物质和理论知识领域。这种连接工作为新知识提供了深度和辩护。在直接读取分光计用于钢铁分析的首次商业使用报告中，就有表 3.1。

表 3.1　理想的标准偏差

要素	化学分析	最大分光计	光谱摄制仪	分光计
锰	0.55	0.54 ~ 0.56	1.82	1.35
硅	0.28	0.27 ~ 0.29	1.97	2.46
铬	0.45	0.44 ~ 0.47	1.92	2.06
镍	1.69	1.68 ~ 1.71	1.85	0.79
钼	0.215	0.21 ~ 0.22	2.66	1.68

资料来源：Vance，1949：30

表 3.1 表明：第一，有 5 个要素被测量，集中于浓度的分光计提供了浓度的读取范围，这是由湿度的化学分析建立的。第二，该表显示了对于锰、镍和钼，分光计的精度，正如按照标准背离百分比所理解的，是优于光谱摄制仪的。而对于硅和铬则相反。表 3.1 把新工具的行为与其他技术（湿度化

学）、工具（光谱摄制仪）联系起来。

如表 3.1 报告的工作为新工具的后续使用辩护。分析家可以使用工具，通过表 3.1 中的数据证明不同信任程度。另一种思考方式，是这种工作证明转化为不同的物质形式知识是正当的。它确保在变化中可以获得适当的稳定性。相对于其他物质的和概念化的知识，工具被校准，在它适当（值得信赖）的范围使用。

这就是创造工具功能或者物质真理的工作。一个工具制造者不得不生产、精制和稳定化某种现象——工作知识——实现某些工具目的。于是为了讨论中的工具的全面目标，这些工具功能就有可能被操作、连接、联合、适应和更改。因而物质装置的行为与已建立的仪器、理论和实验相联系。其结果就会导致物质知识的增长。

很难在物质上建立工具功能，这一现象有其必然推论。正如真理是理论建构的规制性理想、现象的规制性与可靠性是工具建构的规制性理想。这就是物质意义上的真——摇晃的车胎就不真——它指给我们正确的方向。物质真理——工作知识联合工具功能——是物质知识的规制性理想，恰如理论真理是理论知识的规制性理想一样。

3.3.4 分离

如果我想要得到钚的某些信息，我可以从百科全书中查阅：

> 钚，锕系放射性金属元素，元素周期表第三组，原子数 94，符号 Pu。除了作为自然界的热中子捕获和作为 ^{238}U 的 β 衰变产物，它只存在瞬间外，这个元素不在自然状态下存在，它的所有同位素都具有放射性，其相对原子质量表列出的相对原子质量为 242；其最稳定的同位素质量数半衰期是 $t_{1/2} = 3.8 \times 10^5$ 年。其最稳定的同位素半衰期是 ^{244}Pu（$t_{1/2} = 7.6 \times 10^7$ 年）。——《电子的构造》（Considine，1983：2262）

但是我不必读有关 Glenn Seaborg 1940 年在加利福尼亚大学通过 60 英寸回旋加速器以氘核轰击铀找到该元素的发现。我也不必读关于所有的已经使用过的探知和确证信息的各种方法。这个信息已经与其发现的语境分离开。这是命题知识的一个关键特征，至少是某些命题知识的关键特征。"黑箱"的概念起着与物质知识相关的类似作用。

1955 年，詹森·桑德逊（Jason Saunderson）引入一种新工具，"分光计"（spectrometer），它可以被很好地用于未经过化学分析或者光谱学训练的人员做浇铸研究（Baird，2000b）。分光计是按钮的，操作很简单。一个基础研究人员在钢铁浇铸中就可以使用熔铸的样本，制作一些初步的样品，然后把它放入工具中，一会儿，工具就会提供关于各种重要元素在合金中凝缩的百分率的信息。该信息很快获得，从而可以在预制时改变钢铁成分。人们不再必须做事后的分析和去掉废掉的金属。

分光计是一个黑箱技术的例子。在《潘多拉的盒子》里，拉图尔把"黑箱"定义如下："来自科学社会学的术语，它指的是科学技术的运作方式因为自身成功而变得看不见。当机器有效地运转时，当重要的事实被解决时，人们只需要聚焦于它的输入和输出，而无须聚焦于其内在的复杂性。因此形成悖论，科学和技术越成功，它们就变得越不透明和模糊。"（Latour，1999：304）在某种意义上，这是非常正确的。分光计操作的内在复杂性是不可见的。事实上，即便是它"被切割开，使得它可见"，它的绝大多数使用者也可能仍然不理解它。而一旦建造和安装完成，分光计的操作就能够为人们提供有用的信息，尽管它的操作并不被理解。

但是，我与拉图尔对科学的这一特征有着不同的理解。分光计压缩的知识可以形成新的座架——一种新的基底——并且被使用。用在这个语境中的知识是默会在工具中的，在这个意义上，这些使用分光计的人可以不具有个体的（"主观的"）分光计光谱学的理解。回忆布希亚瑞利（Bucciarelli）的电话案例。但是，有了这种工具和它所压缩的知识，他们可以为自己的目的使用光谱化学。这种光谱化学的知识，已经变得与其发现的语境分离开了，现在以一种类似的方式服务于其他技术和科学的目的，这类似于理论知识多少可能与其发现的语境分离一样。

最近爆发的关于"现成非定制的"（off-the-shelf）科学工具的中心特征之一就恰好是知识被封装到黑箱中，与其创造的语境分离开来，并被用于其他技术和科学的需要。在1946年，穆勒（Ralph Müller）就预见和提倡了这种发展："开尔文爵士说过：'当人类去做一种计算机器所做的工作时，人类心智绝不可能发挥最高功能。'这句话同样也可用于化学分析家和他的那些杂事。现在，在工业发展的推动下，我们处于机械化扩张的阶段。这个过程不可能停顿下来，无论多少经典分析家哀叹物理学家和工程师闯入我们的神圣领域。人们希望，它将给分析家提供更多的时间和更好的工具，去探索这些模糊和疏漏的现象，当它已经发展了，这就将是分析化学的明天。"（Müller，1946：30A）科学的机械化进入一种分离的黑箱，这就允许科学和技术去探索各自的领域。如果没有分析的自动方法，没有封装到分离的黑箱中的知识，自命不凡并且广泛报道的人类基因组的绘图将是不可能的。医学技术已经达到这样一种境地，在那里只有极少数医生理解其产生的图景与疾病诊断有关的生物物理学。这种境况可能带来这样的可能性（并且事实上是实际情况），即误诊，因为没有理解这种图景是如何产生出来的。然而，我们的疾病诊断能力无疑已经被这些新的黑箱改进（Cohen and Baird，1999）。

存在着这样一种取向，就是把黑箱操作的概念与绝对可靠性或者可能的必然性联系起来。许多科学社会学最近的工作可能都被理解为打开科学的黑箱，以显示其内容既不是确实可靠的，也不是必然如此的。事物——在我的案例里，本义上的"事物"可能会有所不同。会犯错误。会采纳不明智的交换。因此不管出于什么理由，或许已经采纳了某些选择。于是，必须强调下面的事情，即我提及的分离知识及黑箱操作并不意味着科学和工程学是绝对无误的，也不意味着不可以（物质或者概念）修订科学和工程。这同样也不意味着事物不可能是不同的。一种工具的黑箱可能被发现是欠缺的。它所导致的结果并不符合已经接受的理论；它或许达不到想要的可靠性。它或许产生的数据没有想到的精确或者产生无用的数据。它也可能花费太高。新的设计或者新的理论或许都能够回应这种觉察到的失败。这就是我们制造和重制我们关于世界的知识的方式。

还有关于分离的最后一个特征，它来自关于分光计操作的简短故事。知识，或者存在于物质形式里，或者存在于概念形式里，不能简单地分离和自由漂浮到任何地方。原初的、直接的对分光计解读把光谱化学知识压缩到分光计里。在合适的环境中，它们会被操作得很好。它们需要合适的环境——知道如何把光学和环境联合起来排好的操作者将不会扰动这种结盟了的光学。而这些并不产生出分光计发现其自身的环境，它们就不会工作得很好。分光计解决了这些问题，但是不能指望分光计本身在任何条件下工作。分光计操作可以确定唯一预选元素的集中情况，而操作者必须为工具预备样品。就是电子仪器也不得不对其做定期检查等。分离黑箱的可靠性是一个调整和完善工具及其使用与境（它的生境）的无尽开放的过程。调节发生在两端。工具及其使用的语境也产生着相互的符合。拉图尔（1987：249）告诉我们这样一个类似"巴斯德实验室扩展到农场"的故事，它就关乎实验室外移的事情，它也是一种共同适应的端口开放和可错过程。

3.4　客观事物知识的一种新波普尔图景

3.4.1　波普尔的客观知识

迄今我已经论证了我们需要把工具本身理解为知识的负载者，它等同于理论。我也已经说明由工具产生的三种不同种类的知识，并且，我还提出了几个以事物为中心的替代概念，以替代真理、辩护和分离这些认识论的关键性概念。虽然如此，我预料到对事物知识仍然会有抵触。任何唯物主义的认识论马上都要面对这个问题，即事实上所有的认识论在信念或者命题——一般称为思想上，都存在一个基础。不论它们是什么，工具不完全是思想或者命题。我因此要更紧密地给出一个讲述客观知识的更为一般的认识论图景，是由包含在其他事物之内，事物——科学工具带来的客观知识。

物质工具引起的某种客观认识论的需要，波普尔（Karl Popper）的"客观知识"或者"没有认识主体的认识论"是明显地与此符合的（Popper，1972：chap. 3）。然而，这里存在一些重大的问题，正如波普尔（1972：118）把他的认识论限制到"语言的、猜想的、理论的和争论的世界"。于是，我这里至多不过是提出了一种新波普尔主义客观知识的观点。

波普尔的本体论包括三个明显在很大程度上是自治，但相互作用的"世界"（Popper，1972：vii and chap. 3）。第一个世界是石头和星星的物质世界——"第一世界"或"世界1"。第二个世界是人类（或者可能是动物）意识、信念和意愿的世界——"第二世界"或"世界2"。第三个世界，是波普尔提出的"第三世界"或"世界3"——客观知识的世界。波普尔的第三世界组成里有命题的内容，构成了科学话语流。每一个世界涌现于并且在很大程度上自治于它的前一个世界。意识状态需要物质实例化，但是它们并不以纯粹的物质术语来说明。客观知识或许依赖于人类意识，因为有意识的人类（典型地）生产知识，但是客观知识也并不纯粹能够按照精神术语加以说明。

波普尔的第三世界可能听起来让人怀疑是形而上学的，但是他假定的这些对象也可以接地气。这些客观知识包括"出版在杂志和书籍以及储藏在图书馆里的理论知识；对于这些理论的讨论与这些理论相联系的困难和问题等"（Popper，1972：73）。波普尔指出，它不是杂志论文中的物理记号，而是这些物理记号所表达的东西。

在波普尔所构成的世界3的语言产物与我关心的物质产物之间存在两个至关重要的区别。第一个区别是真理。"由于人类语言的描述功能，真理的规范思想涌现，也就是说，符合一个事实的描述"（Popper，1972：120）。我们应该寻求真的理论，Popper（1972：chap. 2，sects. 8-10）提出了一种似真性的缜密理论，作为他的"系统的批判理性主义"方法的核心组成部分。但是，波普尔的似真性理论遇到了经验与概念上的问题，变得没有说服力了。科学仍然保持着精确的规范性理想。我们想我们的理论要能够精确，真实地能够加以学习那些他们主张加以描述的对象。事物并不需要描述；但是我们想要它们被操作得好，来承载我们的工作知识，可以服务于我们的工具功能。这个问题就是 3.2 部分的主题。

第二个区别是物质的，事物是物质的，而命题不是。这使得某些意义可以以非物质的术语加以思考。由句子诸如"不存在最大的素数"所确切表达的命题是非物质对象。思考命题是相当自然的，其在本体论上如某些类似柏拉图的形式。而我所最关心的科学和技术的物质产物是物质的，"事物的观念"不能等同于事物本身。按照波普尔的术语，物质创造的世界将被视为占据着世界 1。

3.4.2　再论主观和客观

波普尔强烈地批评他称之为的"信念哲学家"。有一些哲学家，其"研究过的知识……是在主观意义上的——在'我所知道'的词汇的平凡使用的意义上"（Popper，1972：108）。按照这种关注，波普尔认为这是引导人们进入了枝节问题。我们的关注点应该不同："在某种客观意义上的知识或者思想，其组成包括问题、理论和论证等。知识在这种客观意义上是整体独立于任何人关于知道的主张；它也独立于任何人的信念，或者倾向性意见；或者断言；或者行动。"（Popper，1972：108-109）拉卡托斯（Imre Lakatos）的科学研究纲领的理性重建再现了一种极端的版本：某些经验论和历史主义思想的学者或许说它对波普尔的客观认识论提议形成了归谬推论（Lakatos，1970；Hacking，1983a：chap. 8）。

我提议一种不很极端的客观认识论版本。波普尔集中于问题、理论和论证，其素材或许发现被保存在图书馆里。在绝大多数情况下，组成了这些问题、理论和论点的句子也联系着信念，它们被句子的作者所单独或者联合掌握着。人们认为其主观信念几乎总是包含在一种或者另一种客观知识中。波普尔的由机器产生而决不由人产生的对数表的例子是一种例外，但是在二阶分析中看起来它仍然与信念相关。在许多案例中，保存在图书馆里的句子是一种理解行动者的信念方式。因此，我对于瓦特关于其指示器图表之价值信念的简要重构（Baird，1989）就基于已经书写的历史记录。但是，它已经超越了这个记录里的特殊的那些句子，它是在瓦特的信念上固定了的一种有用的历史种类的重构。

在我们制造的事物与人类各种能力的混合体（如技能、实际知识、形象化的能力，事实上还有信念常常联系着被作为"默会知识"）之间存在类似的关系。古丁（David Gooding）（1990）讨论了法拉第创制其电动机的工作，这提供给我们一个很好的洞察这种关系的考察。古丁对于法拉第研究的重构，利用了记录直接重现了这个研究，提供了很有价值的洞察，使得我们洞察了法拉第的电动机和它与法拉第的技能、能知等的关系。这与我对于瓦特的指示器图表的重构平行，都体现了一种客观的认识论的对象——法拉第的电动机和同时代人对于它的重构以及更主观的认识论对象——法拉第的技能等。把得到的这种洞察力带入其他、能够帮助我们理解其他。

我虽然同意波普尔力主集中于客观认识论的对象，但是记住这是对于波普尔批判的让步。对此也存在几种理由。客观认识论的对象、句子和事物，是公共的。原则上，它们对任何人的检验都是开放的。由于这个理由，它们可以提供洞察，从而进入更私密信念和技能的领域。为什么人工智能的工作能够提供对自然智能的洞察，这也纯粹是多种理由之一。人工智能是公共的，面向详细检验开放的，可以按照某种方式加以详细审查、操作，而自然智力不能。柯林斯和库什（Collins and Kusch，1998）的行动理论把公共行为的理论呈现为一种理解技能和"知道如何"（know-how）以及我们与机器关系的方法。

在类似的脉络中，历史的重构必须依赖可以被检验的证据。对于大部分而言，这些证据都是文本，尽管人工制品已经变得越来越重要。施陶贝尔曼（Staubermann，1998）的工作已经呈现客观和主观认识论对象之间有趣的辩证法。他开始按照公共记录——写下的记录和人工制品重新创造了19世纪卡尔·费里德里希·策尔纳（Karl Friedrich Zöllner）的天文照相仪（astro-pho-tometer）。他制造了公共的对象，并且利用它重做了策尔纳的实验。其结果是在制造和使用工具中洞察到了策尔纳自己的技能。但是施陶贝尔曼的工作也使得他的洞察加入到这种主观认识论对象里，这反过来为作为早期天文物理学基础的那些公共性物质材料、书面材料和人工制品提供了更为深刻的理解。[10]

按照历史重构和当代的建构理论，客观认识论对象扮演了基础性角色。而我们也不必与波普尔一起放弃主观认识论对象，事实上，这些可能被共享的客观对象就是最为基础性的重要部分。

客观认识论对象也是极为重要的，因为它们是可以具有科学知识的资格的。对于科学知识，个体信念最多可以被称为对科学知识的"候补主张"。[11]个体技能或许可以导致可靠的工具，但是它们本身不能证明具有科学知识的资格。正是共同体决定了什么是科学知识，共同体不得不按照公共、客观的对象去行动。

关于这点，这是事实，科学知识超越了任何个体的主观信念和个体技能。在简单意义上，"所知"比任何个体能够主观地知其真实性更多。但是，这也是真的，即在更为复杂的意义上，我们所具有用来使得信念变为公共的工具——说话、写作和参与会话——允许我们去清晰明白地说明信念的方式都不可能是纯粹主观的。例如，我关于瓦特指示器的信念，按照我所写的瓦特指示器得到了发展和确定。写作提供给我们一种把更多的内容写到我们的信念里的能力，在此过程中创造客观认识论对象。

一个关于我们发展用来研究物质的工具的类似观点也可以建立起来。它们显著地超越了我们的技能和实际知识的水平。正如我写过的，当波士顿人重建他们的城市时，起重机塔超过了波士顿地平线，他们把它叫作"大挖"（big dig）。它是一个巨大的计划，是一个在城市下面建造隧道，要把街道交通移动到下面的计划；高架的高速道路也是这个部分的事物。[12] 当然，就像这个巨大的计划包括许多政策。它们也包括以极高的价钱把波士顿的未来出售给怀疑论者。它们还包括极大扩展了我们制造事物技能的机械。如果想要理解我们制造事物能力的增长，我们就必须理解我们做事的工具的发展。这个大挖就是真实的和财政上极不平凡的计划。我们制造工具的能力有可能在精确和可靠性装备的程度上工作得好上加好。例如，数不清的成千上万的晶体管变成越来越小的综合电路板，产生越来越大的影响。事物知识建立在巨人的肩上，建立在巨大机器的肩上。只有处于危险中，科学和技术的认识论才会忽视这些客观认识论对象。

3.4.3 事物知识的形而上学

我接近由事物知识构成的本体论问题。波普尔的世界 3 不是一种事物的领域。对波普尔而言，我们的物质性的创造物是世界 1 应用了世界 3 理论："不能否认，数学和科学理论的第三世界对于第一世界有巨大的影响。例如，可以这样做，即通过技术专家应用这些确定的理论干预第一世界而有效地改变第一世界"（Popper，1972：155）。把技术的成果视为理论化知识的应用或者例示，无法经受历史的详细检验。法拉第的电动机不是他的电磁理论的例示。相反它是极其复杂的东西。包括在波普尔的客观知识的世界 3 产物的世界 1 的对象似乎也产生了本体论的混乱。人们喜欢了解这里有什么不同，即便有，也是要了解我的"第三世界—第一世界"对象与正规的第一世界对象之间有什么不同。

第一个要实现的事情是理论本身需要物质表达。波普尔详细地提到图书馆是世界 3 的仓库。任何一个只动过一点藏书的人都知道，它们是使人烦恼的物质！Popper（1972：168）在解题中也写到"纸与笔操作"（如 777 与 111 的乘积）的作用。纸和笔是在物质世界里操作。当然，波普尔可能会说，这些操作是以世界 3 意义的语言来操作的，是他所谓的"第三世界结构单位"。它们有"能力被把握（或者解释，或者理解，或者"知道"）"（Popper，1972：116）。人类独创的工具、手段和其他物质产物，并不都是相同的。它们并没有与波普尔所陈述那样具有相同的意义，但是有可能抓住物质对象的"意义"。达文波特这样做了。当莫里斯·威尔金斯（Maurice Wilkins）和罗莎琳德·弗兰克林看到沃森和克里克的 DNA 模型时，他们也这样做了。

但问题依然存在。怎么区别既是世界 3 也是世界 1 的一个部分，它从哪里就不是世界 3 了呢？河床、蛛网和我称之为"事物知识"的事物三者之间的区别是什么？首先，我坚持这些差别。不论怎么分析它们，我们都能够区别人类操作方式的事物（不论语言的还是物质的），与其他生命的自然产物区别开来。两者都可以从纯粹物理力的产物方面加以区分。月亮表面不同于地表景观，它又区别于该景观的绘画。而一个艺术的历史学所写的关于景观的描绘也是不同的。[13]

第二，我想起哈金关于现象的观察：自然发生的现象是非常少见的。尽管天空的各个方面提供了各种例子，而且这可以说明为什么天文学是一个最为古老的科学，最为普遍的说法是："在自然中，存在的仅仅是复杂性……现代物理学的现象的绝大多数都是人工制造出来的。"（Hacking，1983a：226，228）工具的"表达性"——它们如何既是世界 3，也是世界 1 的共同部分，是它们包含着的现象即工作知识的一种结果。

注意到哈金和波普尔在生物学现象上都有一些闲聊的东西。波普尔（1972：145）把许多生物学制品看作类似理论的："动物和植物试验性解决合并在它们的解剖学里，它们的行为是可以进行理论生物类推的。"然而，他并没有把它包括在他的世界 3 中。哈金写道（1983a：227）："植物和动物的每一个物种都具有它自己的习性；我认为它们中的每一个都是一种现象。或许自然史就充满了现象，如同黑夜的天空。"在更早些时候，他写道："有人主张世界充满了明显的现象。就如重新回忆那些田园牧歌式的评论。而最主要的议论是由居住于城市的哲学家做出的，在他们的生活中，或许决不曾收获过玉米，也没有挤过奶。（每天一大早我在挤奶的时候都与我们的山羊'美狄亚'进行交流，我对世界缺乏现象的反思很多都来源于此。关于美狄亚，多年没日没夜的研究是无法给出任何真实概括的，可能除了说［它经常发点脾气）之外］。"（Hacking，1983a：227）

在关于自然史的推定现象方面，哈金和波普尔两人对自然历史的公认现象之间的矛盾暗示出进一步的区别。事物知识，存在于更为精制的结构性空间，展示更多的简单性，尽管可能在适应自然历史的活生生的创造性方面缺乏活力。或许更为重要的是，我们物质的创造，通过我们各种校准的行动，它们既相互联系也与理论相互联系，比起波普尔视为理论化的动物现象，辩护起来具有更大的深度。在许多环境里，蜘蛛以蛛网覆盖是为了更好地适应来抓取蜘蛛的食物。但是它们从不曾与其他可能性和实际的探究进路建立联系，以抓取蜘蛛的食物。我们不但可以，而且实际地去做出这些直接读取分光计的、联系着其他光谱仪，联系着测湿度的化学技术，也联系着光谱化学理论的行动。

最后，我们有了一种关于事物知识的物质领域，其易错性和动力学特性像波普尔世界 3。在这个领域里，我们可以思考和利用事物去变革我们的物理环境——一个与世界 2、世界 1 交互作用的领域。这是这样的一个领域，在那里，我们封装各种知识——理论的、技巧的、默会的和物质的，使之成为知识的陈述、执行和物质的运送者。它是物质的领域，同时也是认识论的领域。

注　释

这篇论文是在我的著作《事物知识：科学工具的一种哲学》（即将由加利福尼亚大学出版社出版）的原初论题基础上浓缩而形成的。这篇论文和我的著作关于物质知识的讨论也都来自我的其他出版物。本文有一个长期的酝酿，为此许多人花费了大量时间，帮助、批评和评述了本文。以防忽视和疏漏，我要明确感谢某些人（同时我也要为此致歉），我要感谢我的 MIT 科学和技术史 Dibner 研究所同事，特别是 Ken Caneva, Yves Gingras 和 Babak Ashrafi。我也要感谢参与 Hans Radder 主办的 2000 年 6 月"走向更加成熟的科学实验哲学"讨论会的参与者们，特别是 Hans Radder 和 Henk van den Belt，他们在会议上提供了关于我的演讲的非常有意义的评论。

[1] 这里我简短的评论可以被许多很好的关于 DNA 发现的历史所补充（Olby，1974；Judson，1979；Watson，1981；Crick，1988）。

[2] 关于理论的语义学观点，见 Supper（1961，1962，1967）、Van Fraassen（1980）、Giere（1988）和 Hughes（1997）。

[3] 依照理论的语义学观点看，一个理论的确定，或者在某些版本里，是可以与模型的某些种类具有相同的限制的。我所集中关注的模型是单称的，它们并不是模型的分类。这也就是说，它们并不能被它们本身确定为理论，而至多是模型分类中的单一因素——一个理论。然而，我们是否必须把知识主张限制为理论以及不能把它们扩展为单独的模型上，这并不清晰。语义学的观点并没有持这样的观点。在这里，我把知识主张扩展为单独的模型。

[4] 我关于"工作知识"的讨论与 Hans Radder 的"物质实现"的讨论有很强的相似性，

见 Radder，1996，特别是 chap. 2。

[5] 关于法拉第电磁发动机的资料来自 Faraday（1821a，1821b；1822a，1822b，1822c；1971）、Gooding（1990）、Baird（1995）。

[6] 关于指示器更细致的讨论在 Baird（1989）里。关于指示器的发明和发展，包括它在热力学发展中的作用讨论的一手资料是 Robison（1797）、（1822）。好的二手资料是 Cardwell（1971）和 Hills（1989）。

[7] 压强是单位面积上的力，$P=F/A$，因此，力就是压强与面积的乘积，$F=P{\times}A$。做功则是力与给定距离的之积的总和，$W=\int F{\rm d}x$。而 $F=P{\times}A$，所以，$W=\int P{\times}A{\rm d}x$。因此，活塞的面积与它运动的距离的乘积就是变化的值，所以 $A{\rm d}x={\rm d}V$。结果是，一个运动的活塞所做的功就是压强与其体积改变量乘积的总和，$W=\int P{\rm d}V$。这个功的量就是由指示器在压强-体积曲线下描绘出的面积。

[8] 然而，我要指出由 Peter Kroes 所做的关于这个论题的研究是非常有用的和值得奖励的；见 Kroes（1996，1998，2001）。

[9] 见 Hacking（1983b）、Latour（1987）、Gooding（1990）、Buchwald（1994）和皮克林（1995）。

[10] Otto Sibum 的研究表现了一种类似的辩证法（Sibum，1994，1995）。

[11] 关于这点见 Gooding（1990）、Pitt（1999）。

[12] Thomas Hughes 在《拯救普罗米修斯》（1998）中曾经写过关于 big dig 的事情。

[13] 存在混合的案例，如对于森林进行管理的保护地。一旦我们考虑这种较少困难的案例，我们似乎更应配备能详细处理的案例。

4 物理学、实验和"自然"概念

彼得·克罗斯

4.1 关于自然和人造的初步评论

我主要关心现代实验物理学下的"自然"概念的问题。我的策略是在物理学实验中用人工实验的基础设施（技术的人工制品，人工条件）比较自然对象和现象研究，以便揭示自然和人工领域的差异。我们首先对这两个领域的差异做些初步的评论。然后在物理学实验的语境中讨论针对这两个领域不同线索的传统观点。其后，我将呈现一种对于这个传统观点的批评分析。首先，我们将指出"自然"的现代概念是基于目的论的方法论的，因为要使用实验。其次，传统观点认为，现象是被发现的，哈金对此极力反对，这一观点也在本章中加以检验。与传统观点相反，他坚持认为，现象是在实验中创造的。这就引发了这样的问题，即这些现象是否仍然被视为是自然现象，且如果确实如此，那么它们在何种意义上是自然现象。我将论证，哈金围绕观点在做出适当解释后，决不会破坏关于实验里自然现象与人工现象区分的传统观点。我的观察结论是，现代物理学中的"自然"概念仍然模糊不清。

自然与人工之间的差异直观地看上去是没有问题的。从自然对象或者过程（如鸟、树、云和潮水）以及人工对象或者过程（如椅子、汽车、电视和无线电传送等）的典范例子开始，这点似乎是不证自明，即人工事物是人类制造的，而自然的东西不是。但是很难把这种直觉转变为对于自然和人工之间差异的清晰一致的概念（Fehér，1993）。取决于人类存在是否被认为是自然的一个部分，人工物质都可能要么变成自然的子范畴，要么变成与自然范畴并列的某种范畴。然而，不管这种区分是否详尽，换句话说，不论任意的对象/过程可能被分类为自然的或者人工的，这都不是清晰的。而且它是否总是能够描绘一条明确分界的线，也是不清晰的：转基因有机体是自然的还是人工的对象？而且，"人类制造"的概念众所周知也是含糊的。人类留在海滩上的足迹是人类制造的，但是它是人工的吗？是否有必要对于某种人工东西寻找一种有人类行为意向性的结果？以更为严格的检视，这些区别显得相

60

当复杂。

为了我们的目的，要有足够清晰参照的观点，就要涉及人工领域，即把它作为澄清自然观念的试金石。技术性的人工制品，如汽车、自行车、电视设施，等等，可以支持这点。它们是意向性的人类行动的结果：它们被设计、制造，并且用于执行某种实践性功能。这个对象范畴或许可以被刻画为这样的对象，即其执行功能的物理结构是由人制造的，并且基于人的设计。而设计是由显示一个特定功能如何能够实现的框架或者计划组成的。把如下的东西牢记在心是极为重要的：技术的人工制品有双重性（Kroes，1994；Kroes and Meijers，2000）。一方面，它们是物理对象，服从所谓的自然定律；也就是说，它们的行为可以按照非目的论的方式因果地加以说明。另一方面，它们是一种设计的物化，具有目的论的特征；其整体构造倾向于执行某种实际功能。这种功能是一种技术人工制品的综合部分；不考虑它的功能，其对象就不能被作为技术人工制品而加以很好的理解。把对一个技术人工制品的事情想开了，所被遗弃的就不再是技术人工制品而完全是人工制品，也就是说，一个人类制造的对象，具有确定的物理属性，但是没有功能属性。

某种特定的对象范畴是由"技术人工赝品"（technological pseudoartifact）所组成的,这是些具有实践功能的对象；这就是称呼它们为"技术的"理由。但是作为物理的对象，它们并不基于人类设计，也并不由人所制造。其例子是，贝壳用来做喝水杯子，或者岩石用来做锤子。正如技术人工制品，这些种类对象也具有双重本性。一方面，它们是物理对象，但不是真正的人工制品，因为它们的物理结构不是人类行动意向性的结果。作为物理对象，它们的性质没有一个是人类制造的。如若没有某种功能，它们完全就是自然对象（在没有人类制造的意义上看）。另一方面，这些对象是工具，因此，这些对象有功能（在活动的特定语境中看），它们执行其功能的基础是它们的物理性质。它们作为工具执行的功能是由人类活动的意向性的功效决定的。按照这种特定双重本性的观点，这些对象因此被称为"人工赝品"：在它们作为工具的领域，它们是人工制品；在它们是物理对象的范围，它们不是人工制品。

上述评论远非已经解决了关于如何按照一般方式区分自然和人工的问题。[1]按照亚里士多德对于自然刻画的线索，这些评论后面的基础性思想是，在自然和人工之间的区别主要是发生论的。[2]概略地说，自然的领域组成了这样的领域，其中对象行为按照它们自己的原理变化，而不被任何人类所干预。自然对象不是人类制造的，自然过程是没有人类干预的过程。当对象或者过程是（有意图的）意向性的人类行动的结果时，它们就是人工的：因为它们是人造的，它们并不按照自己的原理变化。现在让我们集中于实验，看看这些论述自然和人工的思想是如何与实验中的自然和人工之间的区别相互配合的。[3]

4.2　在实验中自然与人工的传统观点

在实验物理学里，对自然的研究是通过技术的帮助进行的；自然是通过"技术的视野"加以观察的；各种各样的技术人工制品被运用，不仅用于一般系统的研究也用来进行测量。按照传统的关于物理学中实验作用的观点，这种技术的（人工的）基础构造完全是用来产生新数据的。一旦新数据产生了，技术就已经完成了自己部分，真实的科学研究、理论化和给自然建模就可以开始了。技术可以按照三种不同方式为新数据的产生做出贡献：

（1）通过提供测量工具，它或许有助于克服人类知觉的非完美性和局限性，也就是说，它可以拓展和改进我们的感觉器官。

（2）它在特殊人工条件下可以为研究自然条件下不会自然发生的系统行为提供工具。

（3）它可以为准备或者产生一个要研究的系统（又称为"对象系统"）提供工具。

按照传统观点，技术/人工制品的关于自然数据获得的方法和过程并没有在我们的自然观中留下痕迹（Lelas，1993：423－424；Tiles，1992：99）。这并不意味着技术在实验中的使用被视为是没有问题的。由于一些原因，技术设备并不简单地递送可靠的事实，也没有告诉我们自然看起来像什么。

首先，实验主义者经常把测量仪器或者实验设施说成是"人工制品"。因此他们谈到由人工环境或者观察处于研究中的自然现象的人工手段产生的结果（Franklin，1986：3）。当他们在对对象进行研究时，如果无法传送信息，或者有不可靠信息，数据就被称为"人工的"，以区别于真正的数据。许多测量仪器都产生人工的东西；例如，早期的望远镜就产生了彩色的边缘，其原因是色差。当然，在实验中，最重要的就是区别人工与真正的结果。一个实验的结果总是对象系统的输出与人工环境相互作用的结果，因此总是有必要筛选结果的成分，以告诉我们哪些东西是对象系统的。虽然在实践中，这或许是非常困难的事情，或许其中包括着很长和错综复杂的因果链和算法计算过程，传统观点仍然坚持认为，总是有可能在实验结果中筛选出技术运用的所有效应。换句话说，存在着某种实验的认识论，也就是，"有一系列策略可以为一个实验结果提供理性信念，这些策略区分了正当的观察或者测量和仪器创造的人工现象"(Franklin, 1986: 192)。

其次,由于仪器的故障,或者由于仪器的错误处理,实验的结果或许是靠不住的。实验的操作通常需要实验者具有大量的(技术上的)技能,这些技能不仅要求能够使用"现成的"工具,而且要求能够把合适的工具用于特定需要的境况。

最后,如同科学,技术也受到理论的支配;因此,对于实验结果的评估和解释或许还包括许多理论的运用。由于这些理由,实验实践中的实验证据(事实,数据)的创造就不是直截了当的事情。但是,按照传统观点,当有了适当的执行和解释后,在技术的帮助下,实验就将导致可靠的事实。这些事实构成了发展和评估说明自然世界理论的那些证据。实验物理学家确实是通过技术的视野来观看自然,但是在原则上,这些视野完全是某种透明的东西:它们对于自然图景没有任何的影响。正如 Lelas(1993: 432)表明的,在实验里,"任何人工的都可以被摘除,它的痕迹被抹掉,所以自然的全部光泽都照耀出来,照在科学仪器的玻璃般的本质上"。

这个传统观点是基于物理实验中某种严格的自然与人工两分。该系统要进行研究,其条件也要进行研究,其测量工具或许都是人工的(人制造的),但是在其人工环境里,通过人工测量设施所观察到的该人工系统的行为却仍然被视为是自然现象。其理由就是,该行为被看作自然定律支配该系统的结果。实验现象本身不能被认为是人工的。当以特定的设施观察它们时,它们之所以能够变得显然,只是因为它们是在特定的人工条件下,借助技术的帮助,科学家获准进入按照别的方式不能看到的自然部分,因为人类的感官的局限或者因为我们的宇宙中各种随机条件的局限。

一方面,在实验的语境中,这种自然的概念总是很接近亚里士多德;另一方面,它又远离亚里士多德。从亚里士多德的概念出发,它继承了这一观念,即自然无论如何都与运动或者变化的内在原理相关的思想。在实验里,对象系统的行为是初始条件和边界条件的结果,也是包括系统在内的内在动力学的结果。一旦初始条件和边界条件确定,系统就把事情留给自己处理,从那时起,它就建立起内在的动力学——支配这种系统的定律来确定它的行为。这个行为被视为一种自然现象,因为这些定律是由系统运动的内在原理支配的。它们是系统的自然定律:作为这种系统,它是由它的适当定律所支配的(一个由牛顿定律和万有引力定律支配的引力系统,一个由麦克斯韦定律支配的电磁系统等)。另一个与亚里士多德关于自然和科学的观点类似处,是在实验的概念中,科学家处于被动观众角色来关心自然;他只能为自然准备舞台(初始和边界条件),而一旦这样做了,他就重新恢复了观众的角色

（虽然以一组测量和数据处理装置）。[4]

然而，与此同时，这种关于自然和自然现象的观点与亚里士多德的观点相去甚远。依照上述观点，对象系统的任何变化都是一种自然现象；包含在其中的初始和边界条件并不重要。例如，不论初始和边界条件是人造的还是自然产生的，它都与之无关。对于亚里士多德则不然。就拿重物的下落来说，亚里士多德区分了下落物体的自然运动和受迫运动。当按照运动内在的原理发生自然运动时，做自然运动的重物趋向它的自然位置，也就是它运动趋向宇宙的中心。当一个重的物体被投掷到与宇宙中心相对的方向上，它的运动是不自然的，是受迫运动。作为重物，它不是按照运动的内在原理所做的运动，它的动力在重物之外。于是，只有在特定的境况下，也就是，在特定的初始和边界条件下重物才做自然运动。从当代运动物理学的观点看，这个区别没有任何意义。不考虑大量的初始和边界条件，一个重物总是会按照运动的内在原理去运动，因此，它的运动是一种自然现象。

在什么构成了一种自然运动（变化）的观点上，对于产生这种差异的更深层次原因，关系着这样的问题，即不管运动内在原理是否存在，它们都被目标所定向。对于亚里士多德，一个对象运动的内在原理，它的本性，是直接趋向目标或者对象的终极目标的。例如，山毛榉树的自然进化，也就是，它的进化是按照它的内在原理运动的——将变成为一个发育完全的山毛榉树；它的目标，就是成为山毛榉树；而不是被斧子所砍，变成为一张床。[5] 按照亚里士多德的四因说，每一个自然物体都有目的因，它是促使事物运动的目标。现代物理学已经抛弃了这个思想。16 世纪和 17 世纪凸现出来的机械世界观，在描述自然时拒绝了每一物体暗含的或者清晰地与目的因有关的思想。这个观点不给目的因在说明自然对象上留有任何空间。在现代物理科学的本体论里，这仍然有问题。于是，对象或许仍然具有运动的内在原理，规律支配它们的行为，但是这些原理不是直接趋向去实现对象的某种内在目的（或者无论什么外在目标）。自然的规律不是目的论规律。

实验中，自然和人工的传统观点产生了某种有趣的关系到物理科学本体论和方法论功能（更一般地，目的论概念）有何作用的问题：一方面，功能并不扮演描述自然的角色；另一方面，在分析实验时，它们是绝对不可缺少的。

4.3　实验中的功能和结构描述

如上所述，我们将谈到世界的描述，其中参考功能作为"结构"的描述被认为是不合法的（无意义）。"功能"描述是这样的一些描述，其中归因于目标的功能或者过程发生并且具有意义。

毫无疑问，物理世界的现代描述是一种结构化的描述（特别是在最基础的基本粒子层次），几乎所有的经验数据都是建立在这种结构描述基础上而被搜集在实验中的。然而，这是一个显著的事实，即这些实验其自身（实验的建立和实验的操作）由物理学家按照功能术语加以描述和分析。每一个实验都有目标（去测量 x 或者去发现 y，或者去揭示现象 z，等等），与这个目标相关联，每一个实验部分的设计都可以归因于一个功能，如同在实验期间操作的一样。为了描述和理解实验，对功能的提及是不可避免的。相反，一个实验结果（观察、数据、测量）的描述至少是与功能无关的。同样，在对象系统中，是按照物理过程的术语说明实验结果发生的方式，这也是真的。因此，尽管实验按照功能的方式描述，实验结果和基于这些结果构造的物理实体的描述却是结构类的。这意味着物理实体的结构描述隐含地依赖于对于至少部分世界的功能描述（Kroes，1991）。

就其自身而言，这种境况并不一定带来问题。仔细区分过程的性质和过程的结果的性质，是极为重要的。化学过程可以产生具有易燃的性质的产物，但是要把该性质归因于化学过程，这就是范畴错误。这或多或少同样可以运用于实验和实验的结果。后者可以按照结构的方式加以描述，前者则可以以功能的方式描述。

但是，这在实验中似乎是有很大危险的。一个功能描述的特性特征是，它允许对功能的执行做规范陈述。[6]一个功能可以执行得好或者糟糕；设备零件或者测量设施零件可以有故障或者运行得很糟糕。这里我想要讨论一个远没有研究透彻的关于把功能性质和结构性质归因于对象之间的差异。就结构性质而言，做出规范陈述没有任何意义。而从某种方法论的观点看，关于功能的功能和规范性陈述的参考在实验上都是极其重要的。任何可靠性的估计和实验结果的有效性的估计，都需要对实验设计和行动执行做某种功能分析和功能评估。换句话说，从实验的方法论观点看，世界的某个部分的功能描述（实验的技术基础设施）为物理世界结构化的描述产生可靠的观察（数据）是不可避免的。从本体论观点看，物理科学或许已经在物理世界中排除功能；从方法论的观点看，涉及功能是不可避免的，因为这是物理科学的实验本性。[7]我们面对的问题是，对于功能话语的方法论依赖与对于物理世界的结构本体论的思想之间是否存在真的冲突（或不融资）。[8]

任何回答这个问题的努力都将不得不详细处理这一问题，即如何将世界的两种概念化与相应的描述模型调和起来：把世界的部分概念表达为通过因果关系相互作用的物质（物理的/化学的）系统；这些系统按照结构语言所描述；把世界的部分概念表达为通过意向性表征世界的人类存在所组成的世界，其中人类的行动是基于理性，并且把功能归因于世界的对象；这种意向性的世界表征是利用功能语言描述的。

以其自己的描述模式的两种不同概念化的存在有其自己的描述模式，只要当它们适合世界的不相重叠的部分时，并不引起问题。然而，并非如此。找一个对象如水银温度计。这个对象就可以按照纯粹的物理（结构的）观点进行分析和描述。这个对象的结构描述就要详细说明它的"静态"性质，如玻璃的几何形式、质量、重心、玻璃的化学成分和水银的化学成分、水银的蒸发压强、水银和玻璃的电导率、玻璃的惯性运动等。但是它也可以按照动力学性质进行描述，也就是按照玻璃和水银的行为和它们在各种物理条件下的其他部分的动力学性质进行描述，如在温度变化下或者在随时间变动的电磁场里等。该动力学行为依次可以基于物理定律和理论，按照纯粹物理的方式加以说明，而这些定律和理论本身是按照纯粹结构的语言描述的。这种结构描述不仅没有涉及对象或对象之部分的任何功能性质，而且在其本身的结构描述没有一点指出了对象的特定功能（即它是水银温度计）。

让我们改变视角，用意向性（功能）的观点描述"同一"对象。功能描述看起来非常不同，因为简单的事实是，现在对象有功能或者被归因为功能。它把对象表现为想要特定目标的手段，也就是要去测量一种特定的叫作"温度"的物理性质。它集中设计这个对象。它假定，水银的高度就是被测对象温度的一个测度。装载着水银的玻璃仪器的尺寸被这样设计，以致放置在玻璃管底部的球形管里的水银比放在管子里的水银要多。可参考其功能对此设计特点加以解释：这是要确保水银值的高度是温度的可靠的指示。该功能描述也保持着指南性的操作方式。它假定，在某些条件下，温度计是如何被应用于确保用这个温度计测量的温度是正确的（它详细说明，例如，温度计要接触被测物体多长时间）。

第一个要注意的是，功能描述也要利用结构概念；它要涉及对象的结构性质，不但要在描述上而且要在对象设计的说明上涉及对象结构性质。功能描述可以被考虑为结构描述的某些扩展种类。[9]第二个要注意的是，从结构的观点和从功能的观点去说明事物是非常不同的。例如，从功能的观点看，包含水银的玻璃设施的尺寸，特别是玻璃底部的球体大小与玻璃管圆柱的长度值，都是需要加以说明的。只通过功能就可以将玻璃管装置设计特征加以说明。但是从结构的观点看，该设计特征只是对象的某些物理特性，也就是其几何形状。物理学没有说明这个几何形状的资源。从一个结构的观点看，对象的几何特性的刻画完全是对象的偶然特征。

于是，我们对"同一"对象有两类不同的描述，即结构的和功能的描述。结构描述把对象表现为物理系统，而功能描述把对象表现为技术的人工制品。对于被称为"水银温度计"的对象的这两种不同的描述对象在实验中可能起的两种不同的作用做出回应。一方面，在物理实验中，温度计可以是被研究的对象；而结构描述就是这种对象分析的结果。另一方面，该对象也可以作为测量设施在物理实验中使用；分析该对象作为测量设施的结果是功能描述的。相当奇特的境况是，虽然物理学旨在对世界做纯粹的结构描述，但是它却不能没有功能描述，只要它需要测量装置，如实验中水银温度计。被称为"水银温度计"对象的结构描述和其功能描述对于物理学研究都是不可避免的，但是只有结构描述与物理学家关于世界的本体论概念是兼容的。

前面的分析不仅适用于水银温度计，而且适用于物理学中的任何测量装置。同样可以假定，用于实验的工具，为了能够估计它是否功能上适合于实验，对于工具部分的物理操作的详细理解是必要的。从方法论的观点看，实验工具和测量装置的使用需要对象功能和结构的描述；而从本体论的观点看，只有结构描述才有意义。换句话说，把确定物理系统作为技术制品加以描述是不可避免的。在实验物理学中，自然的描述需要预设某种技术人工制品的描述，反之亦然，实验物理学中对于技术制品的使用需要对这些制品的结构描述。

我们似乎陷入了恶性循环。一种办法是把功能作为宇宙未来的一个部分加以接受，承认功能相对于物理实体的独特风格的实体。于是，功能描述变成为世界相对于结构模型的描述的自治模式；更准确地说，它变成为结构描述模式的自治拓展。[10]在这个进路内，世界的结构描述（这是物理学的目标）基本上是一种不完备的描述。从方法论观点看，世界还应该建立在功能描述上。方法论和本体论之间张力消失了，但是代价很大，我们并不清楚使用两种描述模式得到的二元世界图景如何才能结合在一起。另一个选择是否认描述世界的功能和结构的模式之间存在着根本性的差异。如果论证，这是一个正当有理可以辩护的立场。例如，描述的功能模式并不是结构模式的一种自治的延伸，而是可以还原到后者。于是，功能陈述的意义可以按照结构概念的术语加以分析。不论这个选择是否可行，都相当可疑。[11]

随着现代物理学的诞生，目的论（功能的）要素可能已经从其本体论的舞台上消失了，但是因为它有其实验特性，所以仍然保留在方法论的舞台上。在实验物理学中，自然世界的描述（描述的结构模式）和人工世界的描述（描述的功能模式）似乎相互很深地根植于对方。

4.4 实验和现象的创造

关于自然和人工在实验中作用的传统观点假定了自然现象是在实验中被发现的。[12]按照这种观点，在实验中，物理学家基本上是一个被动的观察者：一旦舞台建立好了，他就观察（发现）着正在发生什么即可。这个观点已经受到哈金的强烈批判。在《表征与干预》中，哈金认为在实验中，现象是被科学家创造的（Hacking，1983a）。他拒斥实验科学家是在世界中发现现象的思想。按照他的说法，"做实验"，"就是去创造、产生、精炼和稳定现象"，一个现象是"某种公共的、规则的、可能类似规律的，而且也或许是例外的"（Hacking，1983a：222－223）。通过对于霍尔效应的讨论，他陈述了这一效应不是被霍尔发现的，因为霍尔在实验室里成功产生它之前，它根本不存在。它是严格地被他所创造的，因为如果没有适当操作实验设施，就没有这个现象。如果科学还有另外的历史路径，霍尔效应就可能决不曾被创造。注意，按照哈金所言，现象的创造并不包括卷入这些现象中的物理对象的创造（Hacking，1992：37）："我认为电子不是被创造的，而认为它是正在被创造的、处于纯粹状态里的光电效应。"

根据哈金所言，现象被创造的思想并不暗示"一切皆有可能"的主观主义和相对主义。实验者并不能随心所欲地创造现象。在他与世界的交互作用中，他受到各种约束：相对主义被这样的事实挡在门外，即世界很少做实验家想要做的事情（Hacking，1989a）。

哈金把实验中创造现象的思想与关于不可观察或者理论实体的"固执的"科学实在论联合在一起。按照他的观点，不是因为我们成功地做出实验，这些实体才是真实存在的。它们成为真的，只要它们可以被操作以便产生新现象："实验研究为科学实在论提供了最强的证据。这不是因为我们检验了那些关于实体的假说。而是因为这些在原则上不能观察的实体被规范地操作以产生新的现象并研究自然的其他方面。它们是工具，不是思考，而是做事的仪器（Hacking，1983a：262）。按照这个思想线索，电子存在的最好证据是日常的电视机，它们应用了阴极射线管（CRT）。在 CRT 里，通过电子枪产生电子、加速和偏转，只要在电视屏幕的适当区域扫描，就会在这里引起一种众所周知叫做场致发光的现象：电子射出某种物质，因此开始产生确定波长的光。事实上，这里电子变成了工程的要素，从一种工程的观点看，它们是真实的，因为在 CRT 里直接观察到了偏转线圈。

哈金观点中最著名的特征，是其主张在实验科学和技术之间有相当强的平行类似的关系。这两者之间的差别关涉到这一传统观点，即工程师搞创造，而科学家搞发现。[13]按照哈金的观点，不仅工程师创造事物（技术的人工制品），而且实验科学家也创造事物（现象）。不仅技术制品是用来做事的工具，而且科学实体也是用来做事的工具。更进一步，工程师和科学家都不可能各自独立地、随意地创造人工制品和现象。他们在做这些事情时，受到所有种类的约束。这一平行是否暗含着实验现象仅仅在同一意义上作为技术制品也可被创造？实验现象因此也是人工现象吗？按照哈金的观点，一个类似的问题也提出了，即科学实体是"工具"。这个主张似乎很难与科学实体是自然实体这一主张兼容，工具是具有功能的实体，而功能却在自然世界的本体论中没有位置。如果科学实体确实是工具，这是否暗含着它们与技术人工制品是同一种类？哈金的观点存在的问题是，要维持自然与非自然之间的区别变得很难。

科学家的传统角色是世界中的观众，哈金把实验科学家的角色推演到是这个世界的创造者。观众和创造者的角色如何才能结合到一起？一方面，科学家把自己视为这个世界上的观众，在此意义上，他们旨在尽可能地正确描述和分析他们认为是独立于他们自身表现和行动的物理世界。一个物理世界绝不是他们自己制造的世界。另一方面，在他们的实验里，科学家又操作和干预着物理世界；在研究该世界时，他们的行为根本不像观众，而是经常地干预世界。在他们实验输出的基础上，他们构造了物理世界的描述（表征）。他们干预世界这个事实在多大程度上影响了他们对世界的描述？确实独立于科学家行为或其自身（部分地）制造的世界是描述的结果吗？这个世界是独立于科学家行动的世界，还是他们所制造的世界的一部分？按照关于实验的传统观点看，答案是科学家应该保持观众的角色，实验现象不是创造而是发现。但是，就像哈金所主张的，如果现象确实是创造的，那会怎样？

让我们把涉及的问题搞得更清晰些。有各种理由说明，之所以可以保持我们的物理世界的表征，在于它包含了给予这些要素的意义，并没有涉及物理实体本身的方方面面。例如，由于物理科学的经验性质，对于科学家，要研究物理世界的唯一方法就是建立在世界如何通过感觉展现。结果，由于我们感觉器官的具体本性，拟人化的元素悄悄进入关于物理世界的描述。科学家并没有能力从"上帝之眼的观点"来观察世界。他们的意向性或许是避免拟人元素，但是他们无法确信自己能够成功。[14]从这种视野看，科学家对于物理世界的描述总是保持着拟人元素，因此这个世界是部分地被他们建构的。但是这是一个推论，不是现代物理科学的实验本性，然而，很简单，观察是物理实体描述的基础，总是由人做出的观察。这给认为科学家是观众的观点的那部分科学家提出了一个问题。如何从拟人元素的呈现分离，已经被彭加勒、迪昂和莱辛巴赫所讨论。例如，他们认为约定在表征物理世界中扮演着某种重要角色。这些约定是人类构建起来的，因此在我们表征物理世界的表现方面或许仍然维持着人类创制的要素。如果哈金所主张的我们关于物理世界的表征是部分地有我们自己意义的建制，它们包含着在主题知晓方面所能找到起源的元素，而不是在物理世界本身，那么他的主张并不是非常令人兴奋的。这种认识论主张一直以来就在哲学（科学哲学）中广泛地加以讨论了。

正如我对哈金的解释，当他主张实验中的现象是被创造的，他并没有提出一种认识论主张而是提出了本体论主张。在实验中物理现象被严格创造出来，结果我们对于这些现象的表征是我们自己制造的事物的表征，正如一个房屋的表征是表征了人造事物一样。他拒斥这样的观点，即实验现象是给定的、等待发现的。这里的"给定"意思是先前已经存在，未被科学家的行动所影响。科学家仅仅作为观察者或者观众与这些给定的现象相联系。他们绝不是它们的制造者或者创造者。在这种情况下，现象可以作为"经由自己，来自自已"的存在来研究，而不需要任何人类的干预。在哈金看来，实验现象是被创造的，这或多或少具有与技术制品或者艺术品是被创造的意义。是科学家的活动性使得实验现象得以存在。如同技术品和艺术品，它们都是人类制造的，实验现象也是人类所创制。哈金对实验的解释，也会出现这样一个问题，即实验中研究的对象是否仍然是自然对象？科学家能够创造自然对象吗？在什么意义上，可以说科学家研究着自然或者实验中自然现象？

在我们进入这些论题之前，注意哈金的立场与现代物理学的角色相关的问题有一种有趣的联系，是非常重要的。对于哈金而言，（不可观察）物理实体存在的关键性标准是他们能够被操控产生其他现象。不是实验中的理论检验导致最终判决实体的真实性与否，而是工程决定此事。一个假定的实体能否可以在工程师的手上变成有效的工具，实验者就能够决定这个实体存在真实与否。换句话说，假定的实体是实验中研究对象的一个部分，因此它是按照结构的方式加以描述的。而实体的真实仍然保持着可疑性。同样，假定实体一变成实验设施的部分，其中它变成为某种工具去实现确定的目标，并且在其中在它变成为工具时，被以功能的方式描述，它就变成真实的。这意味着我们关于物理世界构成部分真实性的知识，它们本身是按照结构的方式描述的，是建立在同样构成部分的功能描述基础上的。正是工程，而不是理论化或者方法如最佳说明推理，提供了关于物理实体真实性的知识。理论化和最佳说明推理就直接停留在了结构领域内。哈金的立场，加强了上面讨论的问题：虽然物理学的目标纯粹是对于世界的结构性描述，然而功能描述起了不可或缺的作用。

考虑到现代物理科学中的自然概念，哈金提出了两个有趣的主张：

（1）实验现象是被创造的；这个观点破坏了实验里的自然与人工的传统观点：科学家不仅创造某种实验的基础设施，而且创造实验现象本身。

（2）科学实体是做事的工具，不是思考的工具，这个主张破坏了功能不能在物理真实描述中起作用。

我在别处已讨论了哈金关于创造现象的观点，它或许可以按照非常接近传统观点，对实验中自然和人工区分的方式加以解释（Kroes，1994）。所有这一切依赖对"创造现象"这一表达的解释。这可以从强或弱的意义加以解释。在弱的意义上，现象的创造意味着创造现象的发生，也就是，为现象的产生创造适当的原初和边界条件。换句话说，现象的创造意味着某种现象的实例化。这导致哈金立场的解释非常接近传统观点。在强的意义上，现象创造不仅意味着现象发生是由创造适当条件这一行为发动的，而且意味着所有的现象本身的性质都是由实验者所创造的。虽然哈金在他的观点里强调现象是严格地被创造的，但是存在着强暗示，即这种表达也可以在弱的意义上被接受。否则，他就会被驱赶进入"某种终极唯心论，其中，我们生产了现象"（Hacking，1983a：220）。如果"创造现象"的表达是在较强的意义上加以解释，自然（自然现象）的概念就是有问题的，因为这些现象不论它是否具有技术功能都是人工的。

在这里，我有机会通过比较实验现象创造与技术人工品，更细致地澄清分别在强弱意义下创造的区别。再次考虑被称之为"水银温度计"的物体。作为一个目标系统被接受，为了研究特定的物理现象，也就是水银的膨胀作为温度的功能，这种物理对象功能的几何刻画就是一种边界条件（对于水银是一种特定的容器）。很清楚，包括在这个实验中的初始条件和边界条件（物体的几何形式、各种温度条件等）都是被科学家所创造的；大概真实的情况是，这些特定的条件并不自然地在我们的世界里发生。因此，可以这样主张，水银膨胀这个现象的发生作为温度的功能在这个物理对象里是由科学家创造的。但是，很明显，这并不意味着作为气温功能的水银的膨胀现象，其自身是科学家的产物。这仅仅意味着这个现象的创造是在这样的意义上被创造的，即科学家能够为这个现象发生而实现适当的初始和边界条件。所有这些都与传统实验解释是一致的。

现在，让我们把这个与运用技术制品相比较。我们再一次运用"水银温度计"这个物体，但是这次它被认为是一种测量装置——具有功能的技术制品和基于某种设计的技术制品。首先注意，在实验中不论物体被考虑为一种技术制品还是一种对象系统，只要条件严格同一，就会有同样的物理现象在其中发生。同样，就像科学家在实验中可以实现适当的条件而创造现象那样，仪器制造者也可以通过创造和运用测量仪器创造现象。因此，在弱意义上，操作水银温度计基于的物理现象也是被仪器制造者和科学家共同创造的。

然而，这种物理现象的创造，不应该与技术制品的创造混为一谈。创造技术制品比实现特定边界条件从而引发特定物理现象的发生要更多些。水银温度计的功能，即测量温度，是这种物体作为技术制品的基本方面。但是这种人工制品的功能性质（作为整体或者它的部分）和它的设计并不是在某种物理对象中由实现其适当的物理现象来创造的。一种创造性或者发明性的行动对于开发一个物理现象（对象）是必要的，对于把它转变为实现目标的工具也是必要的。[15]在水银温度计被发明的意义上，潜藏在水银温度计之下的设计和它的功能是由人类创造的，其意义在于它们为人类所创造并成为物理物体。这种创造活动性的类型是在强的意义上被称为创造。它不同于弱意义上创造，在于所创造的事物的某些属性是因为人类。

考虑强意义上的创造，必须区分两种状况，它们依赖于被归因的性质的种类。当自然（物理）性质被包括进去时，在强的意义上主张现象是被创造的观点，或许可能与某些种类唯心主义（或者相对主义）接近，这就违反了物理定律。自由落体现象的创造是在真空里，在实验室里。强意义的创造暗含着真空中自由落体的某些性质应直接地归因于人类。例如，在并非所有物体都以同一方式落下的境况里要创造一个自由落体的现象就是可能的。如果被包括的性质是功能的（也就是非自然的）性质，则境况是相当不同的。当技术人工制品被创造的时候，这就是所发生的：功能性质被归因于人造对象和现象。把一种技术功能归因于一种物理对象（现象），对象（现象）及其功能就是根据物理世界范围内的事实［行为］本身得出的，进而转为某种技术制品的。注意，正如被归因到物理性质的案例，功能性质归因中没有绝对的自由。在技术制品里，在功能和物理结构之间存在着较强的耦合。

毫无疑问，哈金并不想在一种较强意义上主张现象是被创造的。正如哈金所谈论的，现象不能随意地创造。因此，我们似乎不得不在弱意义上解释创造的概念。但是，如上所述，哈金的主张就失去了更多的新奇性，在弱的意义上主张现象创造的观点与传统的实验"发现观"兼容。

现在让我们简短地转向哈金的第二个主张，科学实体是工具。对于哈金，不是理论而是实验研究为（不可观察的）科学实体的真实存在提供了最好的证据。电子是真实的，因为它们是工具。给定描述世界的结构性和功能性模式之间的区分，这个主张就显得相当奇特：科学对象被刻画为工具——具有功能的对象，但是，功能的概念在物理世界观中并没有位置。简单地说，哈金的论点线索如下所述：科学实体是真实的，当它们可以被用做工具来做事时（或者做实验时）。然而，从这点并不能推出，它们就是工具。[16]

哈金关于科学实体的真实性的观点，在技术人工赝品的概念的帮助下，可以被改述为以下方式。如当电子在某些行动的语境中可以转而（有效地）成为类似技术人造品时，电子这样的科学实体是真实的。就像贝壳，电子并不是人类制造的；它是自然物体，是由它的物理性质（或者"因果能力"，按照哈金的观点）的效力决定的，它也可以在特定的行动语境中转而成为技术功能的对象。贝壳和电子的不同是作为自然对象的贝壳的真实性决不依赖于其作为类似技术拟态人造品的使用。按照哈金的观点，评估电子真实性的至关紧要的标准是在特定的行动语境中它们作为有效的技术人工赝品。作为技术人工赝品的电子具有双重本性：一方面，它们是伴有物理性质的物理对象；另一方面，它们是具有特定功能的对象（在某种特定行动语境下）。电子作为科学实体的真实性，其评估是建立在存在其作为工具的标准基础上的，在某种行动的语境中这一事实不能暗示着电子，作为科学实体，是这样的工具（技术拟态人工制品）。只是在它们在某种特定的行动语境中执行了某种特定功能的范围内，电子是人工物。它们能够执行该功能也是因为它们具有这样的物理性质。在这点上，在电子和被称为"水银温度计"的物体之间似乎并不存在根本的区别。当我们牢记技术人工赝品的双重本性时，在某种特定的行动语境中，科学实体被用做工具，就不会引起对于传统的自然与技术人工品在实验中的区别之观点的威胁。

4.5 结　论

在现代物理科学的语境中，自然和非自然现象（对象）之间的区别失去了它的意义：任何种类的系统的行为（不论自然的还是人造的）在无论什么条件下（人造的或者自然的）都是自然现象。同样，所有对象，人造的或者非人造的，都可以归于同一范畴里：一个氢原子、一个碳60球、一个蒸汽机——从某种物理学的观点看，它们都是同一种类。在前科学的思考里，氢原子可能被认为是自然对象而蒸汽机可能被认为是人造物体。在物理宇宙的本体论中，自然与人造对象/过程之间的区别并不适当，因为在物理科学中没有物理世界功能描述的空间。然而世界的部分的功能描述在物理实验的语境中是必要的。从某种方法论的观点看，把特定的物理系统描述为技术制品，似乎是不可避免的。

在结尾部分，必须强调的是，包括在现代实验物理学中的自然概念仍然相当的模糊。在任何条件下（人造与否）的任何系统的行为（无论是人造与否）是一种自然现象，这一结论没有意义，缺乏做出这样的结论："自然"的观念已经在物理中失去了其所有意义。如果每一个行为都是自然的，那是因为它与物理学定律相互一致，定义将这些定律的违反算做例外，无需清楚地宣称某种特定行为是自然的。自然和人造的区别失去了意义。然而，实验物理学又不能没有自然和人造的区别，不管事实上物理学不能为这种区别提供坚实的基础。

注　释

我感谢 Larry Bucciarelli 和代尔夫特理工大学哲学系的同事对于本章早期版本的有价值的评论。

[1] 关于这个论题更为详细的讨论，见 Dipert（1993）。

[2] 亚里士多德区别了按照自然本性存在的事物和那些按照其他原因存在的事物。按照自然本性存在的事物（也就是自然事物）由这样的事实所刻画，即它们自己具有运动变化的原理。按照亚里士多德的观点，自然是一个事物内部"存在运动和静止的源泉或者原因"，在其内部，它是由事物的存在的品质所具有的（Physica, bk. 2, 192^b）。换句话说，一个自然的事物是这样的事物，由这样的事物之存在，在其内部具有自我运动或者变化（或者存在处于静止）原理。这个运动原理被称为事物的本性。

[3] 下面的部分特别基于 Kroes（1994）。

[4] 对于亚里士多德，科学基本上是一种沉思的、理论的活动；而科学家是一种试图抓取关于世界的必然性和永恒真理的被动的观察者。

[5] 亚里士多德（bk. 2, 193^a）："如果你要放置一张床，如果是将要腐烂的木头，想要获得其生长的新枝所提供的力量，那就不是一个马上可以得到的床，而是木头。"

[6] 对于功能概念的分析以及它的规范性方面，除了别的以外，见 Wright（1973）、Cummins（1975）、Bigelow 和 Pargetter（1987）、Preston（1998）。

[7] 或许同样的结论也可以在一般意义上应用到经验科学上，即便它不是实验性的；要评估无异议的观察的可靠性或许需要对于感官组织的功能的分析和评估。

[8] 似乎真正的冲突发生在物理学家-还原论者立场的语境中，当然完全的错配是在本体论和方法论之间：从某种本体论的观点看，功能对于描述世界的整体是多余的；但是，从方法论的观点看，功能是不可避免的。

[9] 注意，一般地说，对于对象的纯粹功能描述是可能的。

[10] 这个研究进路暗示着对于物理学–还原论立场的拒斥。

[11] 关于对象的功能性质的规范陈述对于还原构成了一种极大的阻碍；更细致的研究，

见 Kroes（2001）。除此之外，还有其他的问题，如见 Mumford（1998）；他细致地讨论了类别和配置性质之间的区别，这非常接近我们关于结构和功能性质之间的区别。在其第 8 章中，他分析了赞同或者反对配置概念与类别概念（反之亦然）的还原的论点，他的结论是"对于任何形式的还原论，都有其不足的证据"（Mumford，1998：190）。

[12] 这节的内容采自 Kroes（1994）。

[13] 很明显，或许发现的技术制品在同样意义上也是物理现象：一个考古学家或许发现了一个到目前为止未知的古代技术制品的现象就是这样。考虑到那制品是独立于考古学家而存在的，就像物理现象独立于物理学家而存在一样。但发现是技术制品却又暗含着那对象是作为一种人工制品由人类存在所发明（制作）的，而不是被发现的。

[14] 对于拟人原理的角色一个有趣的分析是包含在 Planck（1909）里的。

[15] 注意，对于技术赝品，这也是真的；对于把自然对象转换成为技术赝品，如把贝壳转换为一种饮用的工具这样一种创造性的活动，是必要的。

[16] 更细致的研究见 Kroes（1994）。

5 实验、因果推论和工具实在论

吉姆·伍德沃德

尽管有大量的关于实验的哲学文献和更为大量的关于因果、因果推理的文献，但是这两者之间却很少联系。尽管这是一个常见的观点，即在科学的许多领域，实验是找出因果关系、从相关关系里区分出因果关系的特别可靠的方式，而且在生物医学、行为科学和社会科学中，研究人员常常倾向认为于实验是建立因果关系的"黄金标准"，他们倾向于贬斥性地区别实验所支持的因果主张与仅仅基于被动观察获得因果主张。而且，大多数关于实验的哲学讨论，几乎都没有说明利用实验验证特定因果的主张，与没有特定因果内容主张之间的关系。类似地，大多数因果关系的哲学讨论使得因果主张的内容和实验的作用之间的关系变得完全模糊。许多哲学家（如 Von Wright，1971；Menzies and Price，1993）致力于寻找因果主张和实验操控（在所谓的对因果的行动性和可操作性说明）之间的联系，这大大推进了对因果的人类学和主观性说明，但是这些说明似乎也没有把握住科学中的各种因果主张的内容。

5.1 因果关系的操控性理论：基本观念

因果关系的操控性理论的基本观点是，原因是潜在的操控和控制效果的手段：大致是这样，假设 C 引起 E，那么，如果我们以恰当的方式和在适当环境下，能够改动 C，E 也将会改动，如果以恰当的方式和在适当环境下，对 C 的改动与 E 的改动相关联，那么 C 引起 E。大体而言，哲学文献对此理论评价一直受到否定：普遍认为此理论是天真的人类学的或不清晰的循环的主张。操控性理论的哲学批评家几乎好像没有意识到在实验设计和生物医学、行为科学和社会科学的因果推断方面存在着大量的强调原因和操作性之间关系的文献。在这些文献中普遍存在这样的主张，在某种程度上，因果关系仅仅潜在地利用于操控和控制目的。这里列举几个典型的引文，库克和坎普尔（Cook and Campbell）在启发性文本《准试验》（1979：36）中写道："在因果关系中的典范性（paradigmatic）认识，是对起因的操控将导致效果的操控。

因果做出这样的暗示，我们通过改变一个因素能使另一个因素改变。"统计学家弗里德曼（David Freedman）也表达了相似的观点，如下文所述："描述性统计学告诉我们，在数据中存在着固有的相关性：假如改变了 X，因果模型将告诉你，Y 将会发生什么"。非常相似的观点可以从经济学家那里找到。例如，胡佛（Kevin Hoover, 1988：173）在他的《新古典经济学》中写道："因果的定义是被广泛地认可的……如果控制 A 导致 B 的可控，那么 A 引起 B。"

这种主张是完全天真或令人困惑的吗？还是比哲学批评者说得更多来支持广义的操控性因果理论？在下文中，我将赞成后者的立场。

由哲学家和统计学家拓展的可操作性理论的各种看法以及由上述所引的实验设计理论家所拓展的操控性理论的看法有着完全不同的目标。操控性理论的哲学辩护者们典型地是试图将因果和操控性之间的关系转化为某种还原分析：他们的策略一向是将操控性的观念（或某些相关的观念如力量或像自由行动引起的后果）看做是原初的观念，以论证这一观念本身不是因果的（或者至少不能提前预知我们正在试图分析的因果性的所有特征），并且试图利用这一观念以构建什么是因果关系的非循环的还原定义。哲学批评家普遍把这样一些进路评定为只是一种愿望，并且发现成功还原的看法是不可信的。与此形成对照的是，探求因果和操控性之间关系的统计学家和其他非哲学家，一般没有还原的愿望，取而代之的是，他们的旨趣一直停留在揭开如下问题上：因果主张意味着什么？在推理方面他们如何通过探寻因果观念和操控性观念的关系，进行运作而不是主张可操作性看法其本身是与因果无关的看法。哲学批评家认为操控性理论的还原性版本是不成功的，对此尽管我完全赞同，但是我设法要说明的是，如果我们愿意放弃还原目标，我们将可能发展出真正富有启发意义的、且不被认为是人类学和主观主义的操控性概念。我相信存在着与统计学家和社会科学家所引用的已经铭记的概念非常相似的东西。

5.2 因果主张和干预

作为某种出发点，让我们考虑以下高度概略性的因果推断问题。某研究人员观察到两个变量 X、Y 是相关的，她能排除这种仅仅是偶然的相关，但也可能是 Y 引起 X，她不能确定 X 是否导致 Y 或者 X 和 Y 的相关性是某个或某组共因 Z 作用的结果。[1]一个常见的哲学例子是，X 和 Y 可能分别代表着：气压仪的读数 B 和暴风雨发生概率 S 这两个变量。这里研究人员关心的可能是，这一相关性完全由大气压力 A 这一共因所致。或者 X 可能代表某人能否接受某种药物的治疗，Y 代表康复，那么研究者关心的可能是，X 和 Y 之间可观察的相关性是由于医生施药于那些更健康或更容易康复的病人所带来的。另一个例子是，在美国人口统计中，入学于私立学校的人的学业成绩要比公立学校的明显的好，这有着显著的相关性（Coleman and Hoffer，1987）。正如许多研究人员认为，这种相关性是否显示出，入学于私立学校就会提升学习成绩？还是这种相关性完全由于第三种因素作用的结果且第三种因素是导致其他两个因素的原因？例如，是否这种相关性可能完全出于这样的事实：那些把孩子送进私立学校的家长通常较为富裕，更加关注孩子的教育，胜过将孩子送入公立学校的家长。这些变量会影响学生择校和学业成绩吗？

研究者面对这一问题显然会做实验。例如，在气压计/暴风雨相关性的案例中，人们可能想象一个实验：气压计所指示的位置 B 时受到某种方式的操作，此种方式与诸如大气压力等可能共因无关，然后观察是否气压计所指示的位置和暴风雨 S 发生的可能性，看在再次运作下它们是否保持相关性，正如短语"以恰当的独立方法操控"意味着的将是下面我们要讨论的一个问题。目前，比如，让我们先注意直观的这套独立操作或许是通过顾及某些随机仪器的输出得到完成的，而这些输出是在因果和统计两方面与大气压数值无关，仅仅依赖于仪器结果，机械地将气压计读数的位置用这样的方式固定，不能自由运动，以应答大气压力的变化。与此相似的是，入私立学校会提升学业成绩，对这一说法我们可能测试的方法是，通过一个实验，在这个实验中，学生被随机地安排到两组中的其中一组，这样，他们进入私立学校还是公立学校，完全取决于这种随机安排，这样，两组学生的学业成绩就可得到测量。

我们如何对在这些实验中所发生的进行概念化？为什么它们被认定是因果推断在调查下正确的好方法？将因果主张的内容看做是与下述看法密切相关的，这是非常自然的，这个看法就是，如果上述所描述的假定的因果变量 X 的实验操作实际发生的话，那么假定的效应变量 Y 就将会发生。例如，假设气压计读数的位置的变化是以上述所描述的方法进行操作而实现了，假设我们发现暴风雨发生改变的概率，依赖于读数位置，这将是一个极佳的证据，证明 B 确实导致 S。相反地，假设在所有这种操作 B 的情况下，S 没有相应的改变，这样有一个非常有力的明显（prima facie）证据证明 B 的确事实上没有引起 S 的发生。相似地，上述这样的情况也发生在其他实验操控中。我想这种可操作性理论说明了这种联系，即测试可能的因果论断。因此，讨论中的此类案例，说 B 引起 S，就意味着仅此而已，即如果 B 的一个适当设计的实验操控被做了出来，那么 S 的值（或者 S 的概率）就将做出改变。假设

B引起S这一看法至少没有暗示出这一条件，就会很难看到为什么上述实验将会是检验这一看法的恰当方式。如果B引起S这一看法附加的内容超出了实验操控的结果所暗示的内容，那么也会很难看到我们（就像我们事实上那样做）为什么会在操控B的方式下把这看做是B引起S的理由，来呈现出S中的变化。

通过恰当的实验设计对B进行实验操控是什么意思？在这一点上，我们是非常清楚的：使B发生改变的某些方式并不适于确定B引起S这一目标。例如，大气压A引起B和S，假设这是真的，我们用操作A来操控B，这就将导致S的相应变化，即便B并不引起S。类似地，经由某些直接改变S的进程来操作B，经由与B无关且不通过B因果路径操作B，也是不恰当的。假如我们形成了对可操作理论的初看起来明显（prima facie）似是而非的看法，我们需要按照这样一种方式，即要排除此类情况发生的可能性的方式来刻画"理想的实验操作"这一概念。我将沿着最近相关的研究因果并且涉及理想操作概念的文献中提出的重要思路，寻找与此相关的"干预"概念。在最近的文献中，存在相当可观的试图刻画干预这一概念的研究，包括卡特赖特和琼斯（Cartwright and Jones，1991），斯皮尔特、戈里莫尔和斯凯尼斯（Spirtes，Glymour and Scheines，1993）和佩尔（Pearl，2000）。我（Woodward，1997，2003a）也提出了自己的观点。为了便于讨论，我认为下面这种非正式的刻画是可行的：

（IN①））对与Y相关的X的干预I（目的是确定X是否引起Y），是外源性的因果进程，它完全用来以此方式确定X值，即如果Y值发生任何变化，且这一变化仅仅是因为Y与X的关系而非其他方式引起，这就意味着：在其他事物里，I不关联其他可以引起Y的任何变量，不依赖I—X—Y的因果路径（如果此路径存在的话），并且I经由不通过X的路径时不引发Y。

这一基本观点通过上述的气压计读数的实验操控显示出来：在先前的环境中，气压计的读数外源性地取决于新条件下的具有不同因果结构大气压，干预要做的事情是代替先前的环境，大气压读数外源性地完全由随机化的程序决定。此程序本身以这样的方式被精心设计：任何发生于S变化，一定由B的变化所引起，且不能以某种其他方式创造出来。

干预被用于描述因果关系，对此做几点评论与澄清，将是有帮助的。

第一，在此讨论中的"因果关系"这一概念是关于变量X的，如果给定

---

① IN是Intervene的缩写，即干预。——译者注

一些不需要清晰描述和表征的其他因果因素或背景环境，X 值发生的变化将导致某一其他变量 Y 值的变化，这种联系有时被称为 "局部的" 而非 "全部的" 原因。因此，在大气压计例子中，除了其他因素以外，大气压力 A 在因果联系上与大气压计读数的位置相关；操作 A 能建立起 A 是 B 的原因之一，但是 A 一定不是引起 B 的唯一原因。

第二，注意这种联系，即我已经明确形成的关于因果关系的主张是在某些而非全部的条件下，将会发生怎样的干预：假设 X 引起 Y，那么存在着对 X 干预的某种方式（某种对 X 的可能干预），它在某些适当的背景情况下将改变 Y。如果存在着这样的干预，那么 X 引起 Y。我并不主张（并且它显然不是真的），如果 X 引起 Y，那么所有对于 X 的干预都将改变 Y。首先，即使 X 引起 Y，X 通常将会出现这样的情况：X 值的某些改变并不改变 Y 值，因为前者的变化是在 X 和 Y 固有的因果联系范围之外进行的，即我在其他地方（Woodward，2003）所谓的 "不变性的范围"。例如，尽管在某一特定范围内，弹簧的拉伸 X 的变化将引起回复力 F 尽可能的变化，根据熟悉的胡克定律 $F = -kX$ 的关系，如果我们将弹簧拉伸得过长，这个关系将不再适用了。在足够长的拉伸下，弹簧将被拉断，这将切断 X 和 F 之间的任何因果关系。通过以上对 "某些" 干预所做的明确的简述，可以得出正确的结论：X 和 F 之间的关系是因果关系，只要对 X 进行某些操控将改变 F。[2]

我们要面对的一个 "干预" 概念描述的选择。[3] 让我们再次思考对 X 的操控导致上例中弹簧的断裂的境况。一个可能的观点事实上已被几个作者采纳（Cartwright and Jones，1991；Pearl，2000）：这样的操控不应该算做是真正的干预。总体而言，通过改变或破坏 X 机制的操作使得 X 影响 Y，不应该作为 "目的是为决定是否 X 引起 Y 而采取的变化 X 的可接受方法"。这些作者暗示我们，应该将此要求成为干预观念的组成部分，要求对 X 的干预不应该改变或破坏 X 与 Y 的因果机制或关系（若有）。这称做机制保护性要求。显然（IN），正如上述所阐明的，并没有加上该要求。

机制保护性要求的动机可能似乎是明显的：假如我们操控 X，破坏了 X 和 Y 相联系的因果机制，以至于 Y 没有在 X 操控下发生变化，那么我们可能被误导进入这样的考虑：当事实上 X 和 Y 之间存在因果联系时，以为在 X 和 Y 之间没有因果联系。[4] 然而，仅当我们将因果和操作之间的关系解释为在 "全部" 而非 "一些" 干预下所发生的一切的看法，才可能会做出错误的推断。如果我们以 "某些" 干预阐明此种关系，我们将不能证明这样的结论是正当的：X 并没有导致 Y，仅仅是因为对 X 进行的某些干预（破坏 X 与 Y 关系的机制的一种操作），并没有改变 Y。

采纳机制保护性要求的一个明显结果是：为了确定我们是否实现了对 X 的某种干预，我们必须为确定对 X 的操作是否切断了 X 与 Y 的联系（若有）这一机制准备一些基础。这一切反过来似乎要求我们已经具备关于 X 与 Y 因果关系（若有）的定量信息。这将导致对"循环性"的担忧。如果不同情地理解这一问题，看起来仿佛我们已经了解了 X 与 Y 之间因果关系（若有）的品质，之前我们通过干预 X 才能理解此联系。当我们以这种大胆的方式表达时，我认为对"循环性"的担忧是陈述过分的。首先，人们可以有时认可对 X 预期的操控可能打断 X 和 Y 之间的任何因果联系（如若存在的话），不知道是否事实上存在着这样一种关系[5]，以至于我们所描述过的循环性不总是或自动是恶意的。而且，我认为这也是正确的：我们有时发现是否在 X 和 Y 之间存在着因果联系，发现这种关系的特征，是通过相对"黑箱"实验的方式——通过在我们很少拥有关于因果联系的先验信息的情况下（若有的话），部分是由于这个原因，部分是因为不清楚怎样确定是否假定原因的干预打断了与其效果相连的机制，部分是由于在我们先前段落的讨论中，不存在对采纳机制保护性要求的压倒一切的原因，因此我不愿意将这一要求变成干预特征的组成部分，而是坚持表征（IN）的观点。假设我们采纳了如（IN）的干预观念，并且不加上机制保护性要求，那么，比如说，我们将会说，弹簧拉伸导致断裂，可能是真实的干预。它恰恰表明了 X 和 F 的普遍化联系是可变化的，或并非在这样的干预下继续保持不变，尽管在其他情况下保持不变。然而，我也认为，事实上我本章中关于因果和干预联系的所有想法，也可以在一个框架中表达出来，在这个框架中，我喜欢的干预观念与机制保护性要求相互适应，只要此要求以某种方式被理解，即此方式允许人们有时能确定是否对 X 的操作是机制保护而非一定要知是否 X 引起 Y。正如我们看到的，不同的干预概念不仅与将某些有归纳风险的描述或者概念化的不同方式相联系着，而后者则与实验相联系，或许在其他方面是可互换的。

第三，注意表征（IN）完全是按照概念的术语框定在诸如原因和相关性的概念上，没有涉及人类，或者没有涉及人类能做或不能做。由人类所做的某些实验操控将有资格作为干预，但如果是这样，这将是因为它们的因果和相关关系而不是因为它们涉及人类行为。其他有人类进行的操控将没有资格作为干预，因为它们缺乏在（IN）情况下所描述的特征。此外，不涉及人类行动或设计的过程将有资格作为干预，同样是由于它们具有正确的因果/关系特性。的确，非常重要组在哲学上被忽视的"自然实验"范畴，都在本质上典型地涉及这些过程的发生，这些过程具有某种干预特征但不涉及人类行为或至少不被人类有意设计所引发。正如我们将在下述文字中能够看到更多的细节那样，在干预的特性中，通过避免涉及人类行为，我们可以避免在因果可操控性叙述的哲学看法上的拟人说和主观主义。这不是某种特设的运动，其唯一动机就是避免这些困难。我们需要有关干预的因果/相关性特性（而非诸如"人类自由行动"的特性），如果我们使实验设计的基本原则有意义，如果我们能把握关于自然实验的理念，也同样把握住那些关涉有意的人类发明物（contrivance），就能够让我们了解因果联系。

因为表征（IN）带来了因果信息的使用，我们就不能使用它服务于这样的计划，像传统的操控性因果理论，求助诸如力量和操控等概念，对于 X 引起 Y，按照非因果概念的方式来给出还原分析。虽然如此，如果我们采纳了表征（IN），主张 X 引起 Y，当且仅当 Y 值在某种关于 X 的干预（在适当的情况）下引起变化，那么 X 引起 Y 这一看法不是恶性循环的，因为对 X 的干预的刻画所要求的因果信息没有给 X 与 Y 之间的因果联系的在场和缺场提供参考。取而代之的是，所需的因果信息是有关其他因果关系的信息。比如，关涉 I 与 Y 除 X 之外的其他原因的关系的信息。换句话说，在我们讨论中的、基于实验干预基础的上述例子中，为了可靠地推断出 X 引起 Y，人们必须具有相当的因果背景知识，但是人们并不必须已经知道他正在试图建立的东西，即是否 X 引起 Y。[6]

第四，正被提议的因果关系和操控之间的联系是可调节的和假设的，明白这一点很重要。它们之间联系的形式大致是这样的：X 引起 Y，当且仅当假设存在着某些可能的对 X 的干预，如果它实际发生了，那么 Y 将会发生变化。我的观点并不是说仅当对 X 的干预真正发生，X 引起 Y。而且，尽管我不愿在此解释在"存在着某些可能的干预中"，"可能"意味着什么，但是我还是清楚，可能性的相关理念与目前可用的技术无关，或与人们所能做和不能做无关（见第六部分）。这也一定比"物理上可能"具有更为宽泛的意义。因此，关于月球轨道对潮汐影响的因果主张完全是合法的，即使人类目前不能操作月球的位置，而且可能永远也办不到。与此相似的是，关涉过去的因果主张也是有意义的，甚至有着某种显著的意义，按照决定论的假设，如果相关的干预在过去没有发生，那么这些干预就不可能发生（因为它们的发生与自然法则是矛盾的，也与事实上正在发生的初始条件不一致）。[7]

由于相似的原因，因果主张只能基于实验建立起来这一看法并非是我推介观点中的组成部分，我的主张是，提议因果关系和操控之间的联系为因果主张意义的某种解释（或者它们必须是真实的某种案例）。该理念是，有意义的因果主张必须解释在假设的实验中即将发生什么，如果某因果主张是真的，在相关假设实验中预测发生的事件，在实际中也将发生。因此，当某人致力于基于非实验数据做出因果推断时，或基于非理想化实验操作且不能满足干预条件所产生的数据做出因果推断时，人们应该认识到自己正在基于这些数据的假设，设想在理想的干预条件起作用的实验中，将会发生什么。当研究者试图建立（如他们所做）纯粹的观察证据，如入学于私立学校是否使学业成绩得到提升，我们应该认识到，他们正试图在上述此种假设实验中预测到将会发生什么，在此实验中，学生被随机安排至学校。只有研究中观察数据和其他似乎可信的假设为此种假设提供基础，我们才应该接受研究者的因果结论。

将因果主张解释为假设实验结果的主张有利之处有若干处。第一，正如已经暗示过的，它为实验和因果推理之间的关系提供了一个自然的说明。许多替代的因果哲学说明都未能做到如此。[8]第二，特别是在生物医学、行为科学和社会科学中，当研究者宣称存在不同因果联系（见5.5节）时，他们意指什么是不太清晰的。在这种语境下，因果的可操控性观点有助于使研究者澄清并确定因果主张的意义是什么，而且还能将因果主张与其他相关性主张、描述性主张或分类性主张区分开来。从这个方面看，我认为，可操控性观点具有启发意义，这就是为何上述研究者所引证的对于他们具有吸引力的主要原因之一。同样非常类似的理由，可操控性观点对于哲学论证也更可取，哲学论证将因果关系作为一种未定义的原初东西或一种"温和的混乱状态"（Skyrms，1984）或不同语境下的标准不同的、分量不同的"群集的概念"。对这种群集理论的明显反驳，至少来自于实践方法论的观点，它们允许或甚至鼓励研究者不要清晰或者不去明朗他们原想要弄清楚的因果主张。最后，尽管下述观点不是我提出的理论的组成部分，即状态或性质在操控时是不可能有实际问题的，但是它们对于因果是有缺陷的，但是，我认为下列情况也是真实的（见5.5节）：我们甚至在原则上都不能按照假设实验的术语对因果主张做出解释，这常常缺少清晰的意义（例如，因为操控假定因果的概念，似乎在概念的定义上是有问题的；或者，因为我们无法给出随操控之后的任何信息）。

以上我所述的 X 引起 Z，即当且仅当存在着某种可能的对 X 的干预，在某种适当的情况下，这将改变 Z。斜体短语必须被理解为包括其他事物以及可能对其他变量的附加干预。思考下列的例子：经由两个路径 X 引起 Z ——一个直接的路径、一个通过 Y 的间接路径，如图5.1所示（我运用直接图示的方法，在此采用了表征因果关系的熟悉的图示—从 X 指向 Y 的箭头，意味着 X 是 Y 的直接原因，见 Spirtes、Glymour 和 Scheines（1993），Pearl（2000）的其他讨论）。

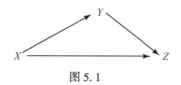

图 5.1

假如这一情况发生，对 Z 的施加直接影响的原因 X，完全被中介的、间接的原因影响 Y 所取消，以至于 X 对 Z 的净影响是零。[9]（这种案例似乎像是人造的，但是事实上，就解释对违法者的罚款效果的测度的社会实验的著名争论，就依赖于这一结构的存在）。[10]在此类案例中，存在着认定 X 是 Z 真正原因的强制性理论原因（在某种意义上的"原因"），即使不存在仅仅对 X 的干预，Z 也将被改变。正如我在其他地方说明过（Woodward，2001，2003），有可能通过讨论诸多干预因素结合在一起，其中之一是对于 X 的干预，在这种情况下，Z 是如何变化的，来把握 X 引起 Z 这一主张。特别如图 5.1 所示的结构，只有当可能的各种干预因素结合在一起，其中一干预因素改变了 X 值，另一个涉及其中的干预因素固定了 Y 值以使其独立于 X 值，最终将改变 Z，这样的结构会伴随其精确取消所呈现的，而可能成为因果事实的准确表征。其他复杂的因果系统，诸如涉及那些当某些主要机制被打断时替补机制发挥作用的系统，按照干预因素结合的方式也可得到处理。[11]追问在其假设实验中将发生什么，使得更多复杂的结构也可以得到揭示，而不是把有疑问的实验搞得比上述实验更加复杂。

5.3　实验和因果推断

将这些考虑作为背景，让我们返回到先前的问题，即在因果推断中实验干预图景如何。沿着珀尔（Pearl，1995），Spirtes、Glymour 和 Scheines（1993，2000）提出的思路，让我们将注意力限制在与那些可能以下列图表所表达的干预因素上：[12]对变量 V 的干预打断了先前指向 V 的所有箭头，取代它们的是用一个干扰变量 I 指向 V 的箭头。这是对以下理念的应答：V 值目前完全由 I 确定，同时按照系统的旨趣，维护在此系统中的所有其他箭头，包括那些从 V 指出的箭头，如果有的话。后者的箭头，依照伍德沃德的术语（2003a），应该是干预下的常量。因此，假设在干预之前，这个 ABS 系统已经具有图 5.2 所呈现的结构，对 B 的干预就将取代这个结构，而应被图 5.3 中的结构所置换。

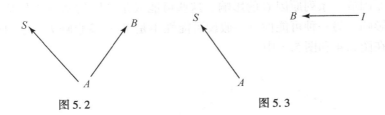

图 5.2   图 5.3

干预打断了从 A 指向 B 的箭头，但是不应该打断从 A 指向 S 的箭头（它不应该打断 A 和 S 之间的因果关系）。因为如果确实如此，在对 B 的某种干预下，S 值可能会变化，即使 A 值固定不变，这一切将使其看上去好像对 B 的干预改变了 S。因此，即使这样的已有联系没有了，在 B 和 S 之间好像还存在着因果联系。相比之下，对大气压变量 A 的干预将保存从 A 指向 B 和 S 的箭头，这意味着我们将期待着 B 值和 S 在此干预下发生变化。

这套实验的基本逻辑可在下列生物例子中展示出来，它们选自罗斯和劳德（Rose and Lauder）所写的《通过操控来检验适应》（1996）这一章。道纳霍尔（Thornhill，1992）在实验中操控雄性蝎蛉（scorpion flies）的前翅非对称性 W 和信息素的释放因子 R（通过用胶水盖住分散的腺），以确定影响雌性伴侣选择因子 F 时发现，相对低水平的非对称性与高水平信息素有相关性。雌性偏好雄性具有这样两种特征。道纳霍尔发现，当信息素释放在实验中受阻，雌性就不再偏好前翅对称性大的雄性。当信息素不受阻，并且翅膀的非对称性是实验地可被操控时，雌性不偏好对称性更大的雄性。当然，W 和 R 之间存在相关性，被动观察并不能告诉我们这些变量中的哪一个因果地影响着雌性的选择。相比之下，这些实验似乎揭示出 R 而非 W 具有因果影响效果。罗斯和劳德以更为普遍的方式对此类实验的重要性做出评价，他们写道：

> 对表型的操作在研究单一接受者的关系方面尤其有用，因为可以改变一个个体的单个特性，以便确定是否只有一种特性是性别选择的目标，并且影响了适应性（fitness）。操作雄性信号的一个重要的实验优势，是兴趣特性和其他雄性特性之间的表型的和基因的相关性可以被打破。在许多案例中，对表型的操作使得那些在其他地方很难评估的假设得到检验。例如，当雄性性状共变（covary）时，就不可能识别所有对于雌性可能重要的性状，雌性回应雄性和雄性性状之间的统计联系，就可能误导雌性选择的目标的推断（Rose and Lauder，1996：163–164）。

我们可以图 5.4 和图 5.5 的方式呈现道纳霍尔的实验。在原初的系统中，信息素的释放 R 的水平和翅膀非对称 W 是相关的，其相关很可能因为两者受到一个原因或一系列原因 G 的影响。这些可能或是共同的基因或是某些共同的环境影响。另一种可能性——假设可能性小是 W 直接影响 R。这两种可能性呈现在图5.4和图5.5中。

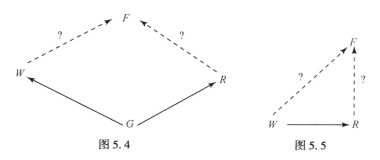

图5.4 图5.5

R 和 W 反过来与雌性的偏好 F 相关。问题是，是否或 R 或 W 在因果关系方面影响 F（我们通过虚线箭头表现，该箭头被从 W 到 F 和从 R 到 F 的问号打断。如果图5.4是正确的结构，有理由假设对 R 的实验干预将打断 G 和 R 之间的因果联系。因为 R 的水平目前已被实验者所固定，相似的情况是，如果正确的结构是图5.5，对 R 的干预将打断 W 和 R 之间的联系。在这两个案例中，假定这又一次具有相当大的合理性（plausibility）对 R 的干预既没有影响 W，也不相关于 W。在这种条件下，如果事实上在这种案例中，F 在 R 的操控下发生变化，我们就可以合理地得出 F 的变化可能仅仅因为 R 的变化。因此 R 因果地影响着 F。注意，正如以上所提出的，得出此结论足以显示对 R 的某种干预改变 F，而非所有这样的干预改变 F。

现在让我们转向讨论前翅的非对称性 W 影响 F 的可能性。如果图5.4是正确的结构，我们期望操控 W 的干预影响将打破 G 和 W 之间的因果关系并且也与 R 没有相关性，使得如果 F 在此干预下没有发生变化，我们可能得到此变化是由 W 引起的。如果图5.5是正确的结构，我们需要在原则上考虑干预 W 也能改变 R 的可能性（我们可从以上的实验中得知，也影响 F）。但是我们看到此种可能性不能实现，因为实验的结果是 F 在对 W 的干预下没有改变。注意因为我所提倡的干预下的原因和行为之间联系，在对 W 的单一干预下，F 未能改变，不是在于其本身决定性的证据，即 W 没有导致 F，而是因为存在影响 F 的其他对 W 的操控因素，这一点与可能性是相容的。要得到 W 并没有因果地影响 F，人们需要检验对 W 的一系列不同的操控，显示出这些操控与 F 的改变没有联系，以及/或者提供了在实际对 W 的操控中，F 未能改变一个原因的思考，将为其他对 W 的干预提供支持。至少由于某些生态自然范围内的干预因素。[13]另一种情况是，如果人们采纳干预的机制保护要求，人们需要考虑这样的可能性：尽管在实验中，实验者实现的对 W 的干预没有使 F 改变，W 依然影响 F，但是（与实验者所提出的看法相反），对 W 的实验操控的已选方式在某种程度上干预了 W 影响 F 的机制或手段。无论采纳哪一种干预概念，似乎对此担忧的适当应答大致都是相同的。探索其他操控 W 的方法，看看它们是否联合地与 F 的变化有关，并且思考是否存在着任何理由，能够猜想到如果已经实现的对 W 的特定干预并没有改变 F，那么就没有其他干预因素能够改变 F（由 W 可能影响 F 的方式或机制的信息，即假设它在根本上影响 F 的信息，将与后一个问题相关）。

当然，是否任何实际的实验操控都具有某种干预的所有特点，这是一个完全经验的问题。对与某些推定效果 E 有关的某些变量 V 的实际操控，在干预因素刻画所要求的方式下，不是"外科的"；并且，除 V 之外，这种操控方式也会影响其他变量（从它看，这些是它因果的下游），这些变量反过来作用 E 或者由经某个不通过 V 的路径以干预影响 E，上述情况是完全有可能的。在某种程度上，这就是如此，并且如果实验者没有意识到这些附加效果，或者实验者未能对它们做出更正，从实验中得到的因果推断就可能是误导，这就会发生在上述的例子中，操控就是这样的，即实验者认为只改变 R，就在某种程度上改变 W，并且事实上，是 W 而非 R 因果地影响了 F。像每一个其他实验一样，道纳霍尔其余的因果背景假设可能被证明是错误的。

由于这个原因，除其他外，这样的主张不是似是而非的，正如方法论学者所做的那样，那些实验是确实可靠的，它们或是可以自动地弄明因果关系的可靠方式，或是总是优于那些基于补充了适当背景假设的被动观察的因果推理。我们宁可站在因果推断的实验应用立场上这样认为：当我们局限于某种被动观察并且没有机会操控时，实验有时可以为我们提供关于不可到达的因果联系的证据。通过物理上改变或按照某种方式重新排列自然界，实验就可以提供给我们关于因果关系的证据，而此证据不是自然界以不能改变的或不能操控的形式能够为我们所提供的。而且，有真实性的背景假设要求可靠的因果推断建立在实验基础上（也就是说，它是关于实验操控方式的因果特性的假设），它常常不同于那些背景假设，这些背景假设来自非实验数据，却要求可靠因果推断。对于假设而言，前一种推理比后一种推理更加可靠，这是常有的事情。并且在此情况下，实验将是发现其因果关系的高级方式。

在《表征与干预》一书对实验的经典讨论中，Hacking（1983a）强调在新现象——以前可能未存在过的现象的创造中，物理操控自然力量的作用。我一直设法要强调的观念，是在一方面与此有紧密联系而在另一方面则与此有所不同。我的主张已经被上述例子阐明，通过箭头破坏来表征干预的影响，也较好地把握了我的思想。我的想法是，在自然里，因果因素通常将以这样一种方式排列来发生作用，即由相关性构成的纯粹观察证据可能会误导那些因果关系。当翅膀非对称和雌性配偶偏好之间的相关性错误地暗示前者影响后者时，相关性的出现可能暗示着事实上不出现的因果联系。也有这种可能，即相关性的缺乏也可能暗示因果联系是没有的，而事实上它们却存在着，正如在图5.1中描述的那样。在这两个案例中，实验的某种重要作用就是打破或打断某种自然发生的因果关系，并以这种方式改变其相关关系，以便在非误导性相关性证据中，使其他因果联系能够展示其自身。这就是这种想法，就是我们找到的表达在上述所引用的段落中，是以性别选择研究中的表型操控所利用的优势来表达的想法。

一方面，正如哈金所言，实验的特性涉及创造新事物，或至少是破坏旧事物，因为相关性联系的模式随着实验操控而改变，并且一些先前已有的因果关系也被打断了。但是，正如我所见，在该方式里，我们应该构想实验的目标或潜在点是，其所有一切都是服务于揭示假定已经存在在那里的因果关系——实验要揭示但不能创造的那些联系。就是说，实验的目标不是对称地创造一套完全新的因果联系，而是打断一些已有联系，保护其他联系，并且按照这种方式使后者变得更容易检测。被打断的箭头所表征的，再次告诉我们将干预认做打断某些箭头而保存其他箭头，会使得这一观点更为清晰。当然，正如以上所强调的，任何特定的实验系统是否具有这种与运用这种打破箭头观点所描绘的未操控系统的联系，这是一个经验问题。但是，如果总是存在这样的案例，即在操控系统中所有的因果联系被干预因素所创造或改变，或者如果操控系统与非操控系统的任何系统都没有联系，那么确实很难看出实验怎样成为一种探明因果的有用方式。利用实验了解因果，需要某些联系保持稳定或保持常态，或者跨越操控系统和非操控系统。

这里要以一种稍稍不同的方式指出其相同点：当我们致力于上述所描绘的实验，我们认为我们能够通过创造系统或发现系统（即它们是"人造的"或者曾经以不同的方式被"打断"的系统），并且通过观察其中发生过的事件，获悉在自然系统中发生的因果关系。我们认为，尽管这样的人工系统缺少在自然或未操控系统中把持的某些特定的因果联系，并且可能在此方面远没有那些系统精确，然而它们会仍然包含其他相同的或相似于自然发生的系统中的那些运作的因果关系，其运作可以在实验座架中得到揭示。这一假设，至少某些评论家将它看做是自伽利略开创的现代实验科学特性的关键方法论变化之一，与此观念相比，如有时描述的亚里士多德的观念那样，人工系统是由操控所创造的，它很少教给我们自然发生的过程。[14] 因此，我一直为之辩护的伽利略观念认为，并不是所有操控某一变量 X 的干预方式会自动地打断与 X 和其他效果之间的因果关系——因为如果它这样做的话，通过操作 X，对 X 的因果力量进行实验调查将没有任何意义。相似地，它假设对 X 的干预不会自动地创造一种 X 和 Y 之间的从未存在过的因果关系。[15]更为一般的是，讨论中的实验方法论，总是要符合某种自然图景，根据此图景（或者至少这些自然的部分易于受到研究中的实验调研的种类的影响），实验方法论是由不同的机制或不同的因果关系所构成，这些机制或关系可能按照并不自动地打断其他机制或因果关系的方式在局部上受到干预。[16]在这种范围内，系统就会缺乏此类模块性或可分解性（至少在我们建模和调研它们的层次上），在此程度上，我们想要通过实验方式了解存在于它们之间的因果关系，就将有了局限性。

5.4　两个推断问题

我可以通过区别两类在有关测试和归纳证据讨论中常常融合起来的问题，比较清楚地解释实验的作用。考虑下列的因果结构。

所有系统能够引起 X、Y 和 Z 之中有相关性的相同模式。的确，即使我们对连接因果与条件的独立关系作标准假设——共因的效应独立地依赖于共因[17]——我们不能根据图 5.6 和图 5.7 的纯粹相关性信息确定它们中哪一个是正确的。尽管我们能从图 5.8 中区别这两者。在图 5.6 和图 5.7 中，Y 和 Z 将是相关的，且成为与 X 无关的条件。假设现在一研究者观察到 X、Y、Z 之间的相关性，但不清楚到底干预进入了什么系统导致这种相关性。研究人员面临的一个问题是：存在什么原因（如果有），使此相关性在未来继续得以保持？这是标准的归纳问题，正如许多哲学家所理解的，为什么我们应该期望（并且在什么方面它是真的）未来将像过去？我们现在观察到的哪一种相关性是可投射［在 Goodman（1955）提出的意义上考虑］进入未来？这是一种特定的"预测问题"——一个给定假设的预测问题，即假设在因果结构中不存在任何干预或其他类型的变化，假设无论何种因果结构都导致我们看到保持稳定的相关性。

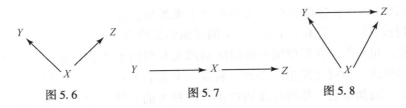

图 5.6　　　　　　　图 5.7　　　　　　　图 5.8

这种预测问题基本上不同于确定在观察模式下哪一种因果结构是正确的，或者哪一种因果结构是负责产生相关性模式的那种探查问题，理解这一点是重要的。为了使得基于观察的 X、Y、Z 之间的相关性模式的信念有很好的基础，相信这种 X、Y、Z 的相关性能够持续到未来，我不必知道怎样的因果结构导致了这些相关性，我仅仅需要有好的理由相信，不管什么结构对此有责任，它将持续不断地进入未来，并且我观察到的相关性是以某种适当方式可表征的。对此类预测问题的一个例证，需要考虑一个基于少量随机样本所做出的预测，对此的描绘来自美国总统选举一周前的美国人中抽取的样本，其目的是预测选举结果。尽管没有任何关于人们为何选举某人的因果理论的陪伴或者支撑，这种预测却出乎意料的精确。或者我们考虑与哥白尼的某种原则相结合的、相对局域的天文观察所做出推断的效应，在一定程度上，观察者就可以得出的结论说，在作为整体的宇宙的各向均匀性中不存在我们位置的特殊性（如在足够广阔的范围内物质/能量的分布）——各向均匀性本身不是定律。或者我们考虑凸显出来的规则模式——如四季交替的例子，在缺乏此交替的因果理解时不是也走向未来了吗。

正如这些例子所例证的，即使我完全知道哪一种相关性将坚持走到未来，或者即使我知道我局部观察的相关性也将在其他空间地域广泛存在，这种信息不需要（并且基于似乎合理的假设将不会——见以下）告诉我哪一种因果结构是正确的（也就是说，哪一种结构导致这些相关性）。这是因为，基于上述发展了的操作者的因果假设是正确的假设，确定正确因果结构的问题也是与预测问题相当不同的问题，预测问题是问将发生什么的问题（我们会观察到怎样不同的相关性），假设无论怎样的结构正在形成，可观察的相关性注定以某些方式被打断或者改变。如通过某种干预。因此，因果的可操控性说明，即图 5.6 主张存在着对 X 的干预，将改变 Y 和 Z，但对 Y 的干预将不改变 X 或 Z。相比之下，图 5.7 主张对 X 的干预将改变 Z，但不改变 Y，并且对 Y 的干预将改变 X 和 Z。尽管图 5.6 和图 5.7 同意我们将观察到统计依赖和独立关系，从而假设没有干预因素发生，并且两个系统将继续不间断地运作；但图 5.6 和图 5.7 有分歧存在，即在如果不同的干预因素发生，将会发生什么现象上，它们存在分歧。只有当我们做出十分强有力的假设，即在图 5.6 和图 5.7 中，假设存在正确种类的干预类型，并且其他类型的变化发生（或者我们做出关于图 5.6 和图 5.7 的其他假设的方式碰巧被包含于更大的相关性模式里）[18]，我们就能够确信区别图 5.6 和图 5.7 的相关性证据将会出现。当然这一切可能发生。例如，假设一个实验者具有干预愿望和做事的正确技术，或如果自然界恰好碰巧产生正确种类的自然实验，但没有什么担保这一切一定发生。在这种程度上，需要干预因素或其他能产生区别不同因果结构的相关性联系的变化，仍然仅仅是可能的而非真实的，推断出因果结构的问题不可能与确定哪一种相关性联系可凸显的问题相同。更为一般的是，它完全是一个错误，尽管在科学哲学里它是已经普遍深入的一种观点，即把确定普遍化的因果联系描述的问题，与确定哪种普遍化是可投射的问题视为一样。对因果的可操作性说明的优点之一是，它使我们清楚看到这一切。

图 5.6 和图 5.7 的对比展示这篇论文的两个中心观点。首先，我们能提出（cash out）关于因果联系内容的不同主张，按照不同主张的观点术语，这些主张都提出了在不同假设干预下可能会发生什么。其次，实验有时使研究者可以区分不同的因果结构，而在被动观察的环境下这些因果结构是无法区分的。

5.5　作为预测假设实验结果的因果主张

可操控性理论要求因果主张能够解释为关于假设实验结果的主张。这一切反过来暗示了形成对照的因果（或者，如果你愿意，也可以说是说明性的）理论和仅仅是描述性或分类性理论进行区分的方法，它也暗示在某种程度上，与因果主张相联系的假设实验是有不清晰之处的或是因为相关的操控没有被很好地定义，或是因为对操控下所发生的事件的主张并非具体。该因果主张本身就将是不清晰和模棱两可的。虽然我们不应该怀疑因果主张，仅仅是因为与之相联系的操控在技术上是不可能的，而当我们在原则上不能具体指出在某些联系假设操控下所发生的事件时，我们就应该怀疑这样的因果主张。

描述性理论和因果性理论之间区别的一个标志是后者而非前者提供了潜在的与操控相关的信息，这一观点在一些社会科学领域是司空见惯的（见本章开头部分的引语），而且还存在于分子生物学中。这种观念的一个典型的生物学版本的陈述可以在温伯格（Weinberg, 1985）对最近分子生物学发展的讨论中找到。他告诉我们"生物学在传统上一直是一种描述性科学"，但是由于最近的进展，特别在工具和实验技术方面的进展，目前很适合将分子生物学认为是提供"说明"和识别"因果机制"的科学。描述和因果机制识别之间的对比存在于什么当中？分子生物学提供了原则上可用于操控和控制目的的一类信息，温伯格以此事实清晰地将分子生物学的能力与辨别因果机制连接在一起。按照温伯格的观点，生物学现在是说明性科学，因为我们已经发现的理论和实验技术，提供了关于如何在生物系统中进行干预和如何操控生物系统的信息。早一些的生物学理论如传统的植物和动物分类系统未能提供这样的信息，由于此原因，它们都仅是描述性的，正如温伯格提出的，分子生物学家正确地思考"他们研究的不可见的亚微观行动者，能够在基本层面上强调生命的复杂性"，因为通过操控那些行动者，现在是"有可能按照意愿去强调生物蓝图中的关键元素了"（Weinberg，1985：48，斜体内容是我所强调的）。这些谈论例证可操作性理论的因果（和说明）特性的观点。[19]

在此意义上，生物科学和社会科学中的一些理论是描述性的，它们甚至并不声称因果主张。然而在许多其他案例中，一些理论似乎可能提出了因果主张，然而还不清楚应该如何将设定很好的假设实验与那些主张相互联系起来。确实如此，如将因果效应归因于特定生物物种、种族或民族的数目的主张就是如此。因此，根据某种可操控性理论，成为乌鸦这一事实是"因为"某种特定动物是黑色的这一主张，就缺乏清晰的意义，它给出了似是而非的假设：不存在界定明确的干预操控将特定的乌鸦变成某些其他种类的成员这种情况。将此主张代之以另一种论断，才会更为清晰明白：参照乌鸦的特征（基因、规范的网络、生物化学路径），以便给出界定更为明确的操控观念，通过改变这些特征将改变色素沉着。

在其他案例中（例如，成为女性是引起人们在就业雇佣/薪水方面受到歧视的原因），这个问题与其说在推定原因（成为女性）的所有解释方面，我们都缺乏对可能操作它的任何原因的清楚认识，不如说存在着若干种相当不同的事物，它或许是由"成为女性"的操控的方式所产生的（也就是说，当我们讨论成为女性是一个原因时，我们头脑中已经有了几种相当不同的变量），而且，对于每一种变量的操控而产生加薪歧视的结果或许是相当不同的。区别这些不同的假设实验可能有助于澄清原初的因果主张的意义。例如，一个自然的提议是，在以上例子中预想的因果变量不是真正的性别而是诸如对预期雇主的信念和态度之类的东西，我们应该将原初的因果主张解释为此种主张：如果某人愿意干预，将雇主的信念——候选人必须是男性（女性）改变为候选人必须是女性（男性），以一种不同于雇主认为候选人应具有资格、信誉、背景等不同的方式，其结果是降低（增加）候选人受雇佣的可能性，降低（增加）候选人所要求的工资的可能性。但是另一种解释是预想的因果变量类似雇佣做法，类似于将合法性、体制和文化结合在一起的框架。此框架可能是歧视性的，或非歧视性的，操控这些因素将改变薪水和受雇人。不必说，这两个假设实验相互不同，且两者反过来与设计性别的书面操控假设实验不同，其本身可能采用了几种不同的方式（变性手术，依照以 Y 染色体代替 X 染色体的基因操控)。

尽管我缺乏详细的讨论空间，但是我认为在行为社会科学中的许多其他理论，也未能做出清晰的因果主张，因为我们没有意识到，如果他们诉求的联合因果因素被操作，什么将会涉入或什么将会发生。这确是事实，例如，许多以内部表征系统为基点的声称能够说明某种行为的心理学理论，如果它们那样做了，就没有对那些表征将会改变的所处条件或者行为如何改变提出任何具有价值的信息。这也的确是事实，许多发展理论，无论在个体层次还是在社会层次，提出了似是而非的"常态"发展阶段，但即使从原则上也没有说出关于包括"非常态"发展因素的有价值的信息。[20] 这样的理论缺乏了温伯格所关注的——它们不能分辨（至少没有具有任何精确性的）这些因素，如果我们能够改变这些因素，我们就能改变其他结果。因此，根据可操控性理论，它们未能显明地辨别因果联系。

5.6　因果的作用理论

在先前部分，我曾假设如果不同的假设实验或干预发生会发生什么（因此是因果主张）的真值条件，能够独立于是否实际上做过这些实验。此假设提出了关于因果的可操控观点和关于因果关系的"实在论"之间更为普遍的论题。这个论题有几种不同的分支。人们不得不提及这个问题：无论操控主义因果观的说明怎样，我们都将认为在某种情况下该主张是真或假，都与不或不能进行操控相关。更一般地，这里存在着因果主张真实性的问题，此问题是沿着操控主义的线索构思出来的，且独立于人类活动或思想。

许多哲学家一直提倡因果说明是反实在论或主观主义的，他们认为因果联系是由两种有区别的成分构建出来的———一种成分在客观上、在本质上"出自这里"（这通常是不得不按照存在的确定规则性或联系去做，或许要以时空关系的事实加以补充）；另一种成分在某种程序中为我们在自然之上所弥补、增加或设计且与我们心理学或心智组织的事实有关（比如，我们期望某种确定的规范而非其他规范要坚持，或我们倾向于以某种特定方式组织我们的经验而非其他经验）。这种说明的核心观点是，反映因果联系的规范，不反映因果关系的规范之间的差别，不是固有的客观性的差别，而是与我们自身差别有关，即关涉这两种规范的我们的信念或态度。

可操控性理论的哲学辩护者一直普遍认为这样的理论直接导致了主观主义。例如，门兹斯和普赖斯（Menzies and Price，1993）采用他们的可操控性理论的观点暗示因果是在我们人类力量的经验世界上的一种"投射"，而因果因此是像颜色一样的"第二性质"——他们论证道：当人类作为行动者活动时，正如"红色"必须基于人类感知者亦有的特性经验才能明白一样，如果不基于人类行动者采纳的立足点，就不能理解关于因果关系的主张。有意思的是，批评家也认为可操控性理论效忠于主观主义，并且以此作为强有力的理由而拒绝这些理论。

与上述两组认识形成对照，我认为，最合理的观念是说因果关系是这样一些关系，它们潜在地可用于操作目的，在上述描述的意义上，直接导致并非主观主义的因果概念，而是实在论的因果概念。的确，根据可操作性理论，这类关于因果的主观主义的描述，看上去不仅是错误的，而且是疯狂的。

再次考虑 5.2 节讨论过的例子。我们想知道 X 和 Y 之间可观察的相关性是否可以归于 X 引起 Y 这一原因，或者相反地完全是由于作用于 X 和 Y 的共因的操控。根据我提出的说明，我们应该将 X 引起 Y 的主张解释为关于某种假设实验输出结果的主张。我是否可以认为这一主张存在着一种明显的直觉意义，在此意义中，这是关于世界如何的事实而不是关于我们期望或计划性的各种活动的事实，它决定了哪种主张是真或假。不是实验者的信念或期望决定了是否操控气压计刻度盘将影响暴风雨出现的可能性，或是否操控信息素的释放水平将改变配偶的偏好。的确，似乎很难使拿进行实验的有意义活动来评价因果主张的正确性，如果那些主张的真实性在某种程度上是实验者信念或期待的产物，或如果关于实验结果缺乏真实价值，如果没做这些实验？如果这一主张内容的"客观性"核心 X 引起 Y，仅仅是主张 X 与 Y 是相关的，所有其他别的则是某些行动者计划活动的产物，那么，我们设计实验去从 X 和 Y 的相关上区分出 X 引起 Y 的主张可以获得什么意义？是因为某些共因的运作，还是因为 Y 引起 X？这样的实验仅仅是弄清楚实验者（或科学共同体）计划活动的迂回方式吗？在这一主观主义的框架中，上述描述的实验设计的特征的基础是什么？在上述描述中，我们关注的事就是确保对 X 进行的实验操控与其他引起 Y 的原因没有相关性以及其他吗？当然我的观点和期望将会影响我对实验结果的信念，这确实如此，但是这并不是说它们将影响实验本身的结果，如果此结果能够做出来的话。[21]

再次聚焦干预和不变性等观念的结构问题，我们或许直接切中要害。思考一个案例，从普通的、无问题的意义上讲，该案例没有涉及心理原因，在此案例中，行动者想改变 Y，但是不是"直接"改变 Y，他可以直接改变 X 并知道，通过改变 X，他可以改变 Y。虽然（我们假定）在某种意义上，或许有很多行动者对是否对 X 的操控将改变 Y 感兴趣（并且因此依赖他的信念和态度），是否他的选择导致了 X，但是这只是他的深思熟虑的某种假设，不由他决定这一事实是否真实，即如果 X 发生，Y 也会发生——是否 X 是达成 Y 的手段。取而代之的是，他深思熟虑的假设是，如果有可能通过干预 X 而改变 Y，那么一定存在着在 X 与 Y 之间独立的、不变的关系，当行动者改变 X，他可以利用这种关系，通过这样做来改变 Y。此关系就将存在并且具有它所具有的任何特征，即使行动者不能够操控 X 或不愿意操控 X 或行动者不存在。换句话说，行动者的活动、操作或其他活动，并不以某种方式创造、影响或建构 X 和 Y 之间的关系，不论这种关系是否允许我们通过操控 X 来操作 Y，因此这一切被建构进操作这一整体观念中。通过对 X 的干预操控 Y 的想法，要求存在着某种情况下 X、Y 的关系，它是独立于行动者以及行动者的思想的，并不被行动者及其思想所创造与构建。例如，当我慎重考虑是否在交通拥挤的街道冲过马路，并且反思到如果这样做了，我会被从我身边快速驶过的汽车所撞，我会严重受伤。我就会假定，这最后主张的真值与我的选择、深思熟虑的活动和心智的状态无关。因此，尽管似乎令人吃惊，与许多哲学家一贯的认识相反，对某些因果实在论的版本的承诺（在这样的意义上，即因果关系独立于我们心智，也独立于我们对于操作的受限能力），似乎正是建基于可操控性理论的合理版本。

当我们担忧是否 X 和 Y 之间的关系是因果的，我们是按照思考操控的哲学重要性的方式，而不是以某种作为（各种可操控性理论主张的传统版本）因果关系产生或构建的方式去服务于还原这种基础，作为行动者的我们的实践旨趣，可以说是，挑选 X 和 Y 之间我们感兴趣的那种（独立存在的）关系。我们命名为因果的关系具有共同点，即它们都支持按照以上方式描述的潜在的操控性。

这种关于可操控性理论的版本与一些哲学家如赖特、普赖斯和门兹斯（Von Wright，Price and Menzies）看法一致，我们提出的因果性理念被发展在回应区别这些情境的需要中，即：在前种情境下，X 和 Y 是相关的且操控 X 是改变 Y 的方式。在后种情境下，X 和 Y 是相关的且操控 X 不是改变 Y 的方式。然而，与这些作者不同，我认为，即使我们不或不能操控 X，或假设我们的信念和态度是不同的，或即使我们根本不存在，只要按照这种方式构建支持操控关系的理念，这种关系就将继续呈现。如果问及为何此类独立于行动者的概念构建进入我们的因果观念中，我的回答是，任何其他重要的观念，都将卷入包括奇怪和神奇的思考，就会根据我们操控 X 的能力，或我们对操控 X 的实际兴趣，或我们关于操控 X 的信念，来形成它，使得手段—目的的联系进入 X 和 Y 之间而存在，在那里假如我们没有大可质疑的能力、兴趣或信念，这种联系或能力将不会存在。

可操控性理论的客观主义版本的优越性可以通过更细致的审视由普赖斯和门兹斯提倡的主观主义的版本进一步得出。这些作者主张："某种事件 A 是区分事件 B 的原因，仅仅是因为在这种案例里，A 的发生，导致的将是一种有效的手段，这将是由自由行动者可能引发 B 的出现带来的"（Menzies and Price，1993：187）。他们也主张："从早期起，我们都有作为行动者的行动性直接经验"，正是这种"司空见惯的经验许可把'产生'的观念按照事物例证定义的方式加以说明。换句话说，这些案例提供了以产生某种事件的概念的这种直接的非语言学方式的感性知识；这种熟识的感性知识并不依赖任何因果观念的先前获得物"。他们建议采用这种方式，"即因此可以逃避循环论威胁的行动者理论"（Menzies and Price，1993：194，195）。这一建议存在的基本问题是，要把握 A 的效果我们需要假设 A 通过干预实现，而非"A 作为自由行动而实现的"，前者的观念不能被非因果地刻画。假设 A 经由自由行动得以实现［在"自由"不是与温和决定论相关就是与自由意志论（libertarianism）相关的意义上］，并且与 B 保持着相关性，当按照这种方式实现时，而 A 也与 C 相关，那么 C 就是引起 B 的原因。这样 A 引起 B 就不必是真的。假设我们通过给自由行动增加刻画以回应这样的困难，那么这观念就是，A 本身不必与 B 的任何其他原因相关（1991 年普赖斯的段落中暗示了这样的附加限定，尽管条件是有问题的，似乎与通常对自由行动的理解没有关系），即使按照这个限定条款，当 A 由自由行动所产生，A 引起 B，假设 A 与 B 相关，这种情况不必是真实的，因为产生 A 的自由行动也有可能直接引起 B（考虑一个案例：实验者对药品管理的行为对经由安慰剂效果的康复有直接的效果），相似地，引起 A 但非自由的行动（因为它被引起或者引起因果效应是按照错误的方式进行的）也可能取得某种干预的资格，只要此行动具有恰当的因果特征。的确，正如我们已经注意到的，使 A 产生变化，但根本不包含人类行为的因果进程具有作为干预的资格。

门兹斯和普赖斯的 A 引起 B 的主要观点是，当 A 被按照独立因果历史记录正确的适当类型给出时，假如 A 和 B 之间的联系仍然得到保持，那么 A 引起 B，但是独立因果历史记录件的相关概念是相当复杂的概念，它是由干预概念而非自由行动概念给出的。如果我们要在因果推断中把握实验操作的作用，我们需要干预概念而不仅仅是自由行动概念。

5.7 工具实在论

作为结论，我现在转到关于实验和"实在论"关系的某些更为普遍的问题上，转向简要地描述"工具实在论"上。[22]我一直表明的观点是，将因果主张看做是关于假设实验结果的主张。因此做出因果主张的理论，应该被理解为编纂一套与操控和控制潜在相关的关系的理论。我想提出的问题是：假设一种理论正确地或者近似正确地描述一套如此的可操控性关系，它告诉我们在某一系列真实或假设实验中将会发生什么。如果这个主张，即关于哪种实体存在的理论如果正确的话，接下来将会出现什么（如果有的话）。也就是，我们能从此主张中得到论证说，可以从理论正确的主张中，找出存在怎样的实体吗？并且这一理论的某些本体论主张是正确的吗？或者，即使不存在构建来自独立的、可接受前提这类推理的争论，关于可控作性关系的理论主张的正确性都需要或者都要预先假定这种关于实体必定是具有现实性干预的联合主张是真的吗？

关于实验成功或操作成功与关于实体存在的实在论之间联系的各种主张一直是得到大量讨论的主题，其中许多由哈金（1983a）所推进。我想不涉足此争论的细节，而是想要探索，或至少建议，将操控成功和多种实在论（不仅与实体相联系而且是与关于因果联系的理论主张相联系的实在论）之间的不同联系作为一种可能性。该基本观点是这样的：不论对关于实体存在的实在论的实验性"争论"做出怎样的最终评价，这似乎没有任何争议：即使理论常常可能在操控方面是成功的，然而从后来理论的视角看，关于正在被操控的存在实体是什么的理论也是基本上错误的。大致地说，T_1理论可能会按照在系列E_1实体存在所产生的变化（这种使E_1存在实体发生的变化，也会接下来使E_2类存在实体发生变化）的术语告诉我们，如何概念化或解释某种实验或成功的操控。后来的（或者稍有不同的）理论T_2于是再次将这一实验解释为在相当不同的E_3和E_4类的实体存在中的某种卷入变化的干预因素。然而，在T_1和T_2对可测量的实验结果的预测将会是相同的意义上将会存在着某种可公认的东西。在这个意义上，我们可能描述为依赖关系或操控关系的某些部分被T_1和T_2所公认，这些部分将超越基础本体论的变化，至少依然大致相同。

例如，仔细想想18世纪的光的粒子理论。这一理论使得许多基本上正确的关于依赖关系的主张包含斯涅尔（Snell）的折射定律、反射光中入射角与反射角相同定律等。根据这样一些理论，当我们机械地操控光穿过其中的镜头和镜子或通过改变材料之间的边界操控光穿过其中的材料，我们就通过这些媒介改变光发出的力量，并且以这样的方式改变光粒子的轨道，在轨道上这些力量是关联着的。当粒子理论在19世纪被光的波动理论所取代，对光的本体论的信念或光的组成的信念完全发生了变化，但是上述关于依赖关系的主张被保存下来，并且受到新的（涉及干预和衍射现象）关于依赖关系的主张的补充。在19世纪的整个进程中，科学家关于光本质的概念进一步激烈地转变——从纵波到横波，从将波看做是在机械以太中的振动到19世纪晚期光的概念是将光看做是一系列在电磁场中、不需要任何力学实体所支持的替代物。在光学实验中，被操控的基本存在实体是什么的概念也发生了相应的变化。在20世纪，物理学家的光的概念发生了更进一步的革命性变化——光逐渐被看做是由光子构成的，并且被看做是某种量子-力学现象。伴随在理论上每一次如此的变化，新的依赖关系都被导入或被表征，但是早期理论中的依赖关系仍然被大量保存，尽管它们可能被显示为只是近似正确的理论或是比以前所认为的使用范围要更窄的理论。

第二个例子，仔细想一想广义相对论（GR）和等量理论（假设某种平直的时空背景和分离的重力势能）之间的关系。在某一时空区域内，以真实或假设的实验来改变物质-能量的分布，按照这种方式就会改变自由粒子的轨道，这在GR框架中被描述为对时空的仿射结构的操作。相反，在平直时空理论中看到的这种操作，不被看做是对时空结构（时空被假定为固定的和不可操控）的操作，而只被看做是对重力场的操作。对时空结构持（实体）实在论观点的哲学家认为这是一个重要的事实，即这些描述中总有一个是正确的。相反，工具论的实在论者认为，如果（正如我假定的）两种理论对在所有可能的假设实验中将会发生的现象做出完全相同的预测，这两种理论应该被看做是有同样依赖关系的等量表征，重要的是两种理论使这些关系正确，不是这两种理论假设了哪一种实体。

如果这样的例子的确具有代表性，那么，不同的、真实的、可能的操控结果将是什么，这一信息中相当的稳定性和累积性就可能是科学理论发展中的特征模式，除了在基本本体论主张中存在相当多的不稳定性，这反过来暗示了一种理论观点，根据此观点，最严格地和最现实的值得接受的理论不是关于存在的主张，而是关于相关结构和模式的主张。特别是关涉数量、性质或特征怎样改变其他数量的主张。根据这一观点，一种理论具有因果适当性和说明适当性，就将与这样的关系特征之间有更多的联系，而远胜过与基础本体论之间的联系。假如我们没有一些关于正在被改变的事物的概念，那么我们就不能讨论改变这种或那种性质或特征，这毫无疑问是正确的，而且在这种程度上，对被误导的理论将存在着一些限制，它仍然可以有关于存在的说明，仍然可以使一些因果关系与依赖关系保持正确。然而，正如以上例子所显示例证的，发现和测量程序的稳定性，跨越了理论中的那些变化，并且在某一理论框架中，由于某些量而采纳的关于那些量值的主张，在另一种框架中常常被翻译成为相应的或相似的论断，这将意味着，我们常常能将跨越各种理论的各种依赖关系的那些主张与不同的本体论相比较，并且确定何时它们是大致相同的。

这种对待理论的态度，联合了传统理解的实在论和工具主义的元素。这一观点来自工具主义，它有许多重要的方面，即，使一种理论成为好的理论（在成功地抓取可操控性关系上）有许多重要方面，它们与是否获得了此领域内的那些基础性实体无关，并且在某种程度上，它也是一种关于操控方面非常成功理论之本体论主张的怀疑主义的观点。更普遍的是，它是在将理论看做是控制或操控自然的工具的意义上的"工具主义的"的观点，也是这种信念意义上，即信任完全赞同操控关系的理论但不完全赞同本体论的理论，认为这一信念并不真正地表征了世界将可能会怎样的不同方式。然而，在另一方面，这一观点包括了看似实在论的元素。首先，与传统的工具主义形成对照，不存在任何要求鲜明地区别可以和不可"观察"事物的观点，在此意义上，哲学文献中一直就在使用着不太清晰的词汇。与此相联系的是，它并不需要在对可观察的和不可观察的经验认知态度上有根本性的差异。工具实在论与这样的观点一致，我已经在别处辩护过此观点了（Bogen and Woodward，1992），这一观点是，尽管可观察、可测量的事物（在目前可观察、可测量）和不可观察、不可测量的事物之间的对比在科学中常常被看得很重要，但可预见和不可预见之间的对比常常在认知方面是不重要的。该观点也与这样一种观点符合，即尽管某个量值的测量，在认识论意义上有时比确定由经其他信息"推理的"量值更加可靠，然而并不当然存在总是如此自动的规则，其完全依赖于其案例的细节。我正在描述的这类工具实在论，仅仅聚焦于理论是否使得可操控性关系合适，并且不特别给予可观察量超过不可观察量的优先权。

工具实在论和传统工具主义之间更根本的差别是：工具主义者普遍怀疑如"原因"和"说明"这样的观念。他们常常提倡以"相关性"的讨论取代"原因"的讨论，或者至少他们认为，因果概念中的什么是客观的和什么是科学意义上合法的概念，应该被相关性概念取代。相关地，他们倾向认为科学的任务是描述而非说明，科学理论应当仅仅通过这些理论怎样能够很好地把握和表征那些真正发生的事物而得到评判（通常仅仅存在于可观察的世界中）。（例如，Van Fraassen1980 年采纳这样的立场。）根据这种重要的观点，科学理论不应该致力于主张在可能永远不会（或不可能）实现的各种反事实可能性下将会发生什么。从普遍意义上讲，对科学理论的形式或反事实暗示着，不应该在字面上理解它为真，或者如果在字面上理解，也不应该把它信任为真。相反，正如我曾经说明过的，工具实在论将因果主张与仅仅是相关性的主张区别开来，并且认为因果主张在科学中发挥了重要作用，尽管它为这种主张的正确性采纳了不同的标准，而不是为传统实在论采纳了不同的标准。特别是，传统实在论者倾向把因果关系的说明和因果关系的成功识别看做是与正确的本体论紧密联系着，而工具实在论否定这一联系。按照工具实在论者的观点，做出因果主张（或者提议因果说明）的任何科学理论，不可避免地致力于主张：如果不同的各种反事实将可能实现，就将要发生什么，并且我们常常有理由相信这样的主张是正确的。的确，如果不认真对待反事实，我们就不能弄清楚实验的意义。从这个观点出发，传统工具主义和传统实在论都将研究者置于这般角色上：自然界的被动观察作者，能够记录进行中的情景，但是不能干预事物的发生，他们不赞同的仅仅是此情景中有多少被可靠地记录下来了。而当我们认真对待干预和实验时，我们将被引导到完全不同的理解科学的方向上。

注　释

感谢拉德和科学实验哲学的阿姆斯特丹大会参加者，对此论文所做的一些有帮助的点评。

[1] 在整个论文中，我关心的是所谓类型而非个例的因果论断。

[2] 另一个展示对存在确切表达需要的案例时；X 和 Y 之间的功能关系将一些 X 不同值设计进入相同的 Y 值。正如 $90°$ 以下的刻度盘角度移位导致灯的关闭而 $90°$ 以上的任何移位导致灯打开一样。在移位和灯状态之间存在着因果联系，即使在移位中的所有变化将改变灯的状态不是真的。见伍德沃德和希契科克的附加讨论。

[3] 我感谢拉德提出了相关问题。此问题导致将此说法包括在内，拉德关心的是上述描述的程序。在此程序中，气压计读数的位置在与大气压没有关系情况下固定（在前一个草案中，我提出这样有可能伴随着通过刻度盘钉钉子），结果破坏了气压计（或者至少它作为工具是有用的）。这样具有破坏性的实验怎样成为一种了解自然界的适当方法？为了回答这个问题，我们需要区别不同类型的破坏性干预。固定气压计刻度盘的位置，打破刻度盘位置和其以前的原因之间的任何因果关系。根据上述解释，我认为这种破坏性推理不仅是可允许的，而且常常在实验方法论上是值得的。另一个例子是上述显示的例子：将蝎蛉身上的信息素腺体用胶水固定住这种干预有助于使我们确信任何我们在推定效果变量中看到的变化，确实是由于对原因变量操作的缘故，而非影响因果的某些常见原因的结果的缘故。

[4] 此动机在卡特赖特和琼斯（Cartwright and Jones, 1991）中是很清楚的。

[5] 另一个例子：你看到从开关通往灯的电线，想知道是否按下开关造成灯的关闭，你可能不知道是否这一因果主张是真的——即使你要想弄清楚的，但是这是一个非常合理的猜想，即如果开关的位置因果地影响了灯，通过电线可以做到。因此，设计

切断电线的、对开关的实验操控，在确定开关位置是否影响灯这一目的上不会很清楚。

[6] 朗格和拉德（Rainer Lange and Hans Radder：this vol.，chap. 6）反对：尽管以上述描述的方式参考其他因果信息，对测试 X 引起 Y 的主张提供条件可能是可接受的，但是以此方式描述 X 引起 Y 意义是什么，并将其刻画是一个令人反对的封闭圈。将"原因"归纳到"非因果的原初原因"是必需的。Woodward（2003）详细地讨论过这一问题。在这里我将把自己限制在两个简要的评论上。首先我所意识到的、提供这样归纳的所有努力都失败了，而且我们似乎完全明白和抓住了因果主张的意义。这暗示出，归纳分析不必提供因果主张的意义的叙述。其次，我认为不存在要求此归纳的任何可辩护的动机，这种要求根植于关涉引起科学家一致反对的意义和概念习得的假设中。

[7] 对可能干预的附加讨论在这个语境下的意义，见 Woodward（2003）。

[8] 例如，考虑此看法，即因果进程的差异是：在时间和空间上，这些进程是连续的，它们涉及根据守恒定律的能量和动量的传递。假设我们有一组被试，他们吃了没有效果的药物但是康复了，因为他们比控制组的更为健康，吃药这一行为涉及经由持续不断的进程的能量在康复主体的传递。在因果作为传递框架中，什么能解释这种实验的设计是有缺陷的原因、药物，不能导致康复？

[9] 一个更为具体的展示，假设在图表中因果关系由公式 $Y=aX$ 和 $Z=bX+cY$ 代表。如果此共同效力碰巧接受了诸如 $b=-ac$ 这样的值，那么沿着连接 X 和 Z 的两条路径将被取消，X 的变化将没有对 Z 有任何完全的影响。

[10] 见罗希、伯克和列尼汉（Rossi，Berk and Lenihan，1980）、泽塞尔（Zeisel，1982）。在一个涉及最近释放的重罪犯实验中，接受罚款惩罚的惯犯犯罪的概率与控制组不接受罚款犯罪的概率相同。从事这项研究的社会学家认为，罚款确实降低了再次犯罪的概率，但是失业，这一接受罚款的一个条件，确实增加再次犯罪，将这两个效果完全抵消。见格尔默（Glymour，1987）和卡特赖特（Cartwight，1989）的讨论。

[11] 常见的哲学例子是如果且仅仅在初级杀手未能射击的情况下，支持将要射中的杀手，显示这种裁员的系统，在生物学中是相当普遍的，且造成了实验设计的特殊问题，因为发现作为干预因素联合作用的真正实验操作常常是不易的。见科勒尔（Keller，2000）的附加讨论。

[12] 为了使这一论证通顺，我已经在此解释了一些困难。鉴于我们早期的讨论，我们不能假定所有对 X 的干预将保护从 X 指出的箭头。而是，真实的情况是，某些对 X 的干预因素必须这样做，如果箭头正确地代表了 X 和其效果之间的因果关系。在下面的论述中我将我注意的焦点限定在这些干预因素上。

[13] 我们需要区分两类问题，其一，R 和 W 是否因果地影响了道尔希尔（Thornhill）实验中的 F。其二，R 和 W 是否影响了失控状态的 F——在蝎蛉自然发生的环境中。前者是关于"内部"有效性的问题，后者则是关于"外部"有效性的问题，参见库克和坎贝尔（Cook and Campbell，1979）、Woodward（2003）的进一步讨论。我的论文的兴趣大多在内部有效性问题上，但是很显然，如果我们像道尔希尔一样感

兴趣于应用实验回答失控状态下发生的现象的问题，我们将想聚焦于前翅膀的操作上，此操作与发生于自然环境中的变异范围相关。

[14] 见道尔梯（Torretti，1999：3）的例子，这是否是亚里士多德的观点的精确表征，对此我不表明任何态度。

[15] 只是在许多生物学语境中重要的假设。

[16] 在 Woodward（1999，No. 53. pp. S366-S377.）的论文中，被称为"标准化"的假设。

[17] 这是所谓的因果马尔可夫（Markov）条件，见斯皮尔特、格尔默和斯海因斯（Spirtes，Glymour and Scheines，1993，2000）、豪斯曼和伍德沃德（Hansman and Woodward，1999）。

[18] 根据相关性信息，因果结构可以被识别，对这些条件的讨论，参见 Spirtes、Glymour 和 Scheines（1993，2000）。

[19] 在分子生物学中，与操作的实际关联的作用以及与因果和解释性主张的关系也被凯勒（Keller，2000）强调。

[20] 参见伍德沃德（Woodward，1980）的进一步讨论。

[21] 当然信息有时在实验结果上应用了相当普通的、形而上学上无意义的因果影响，正如一个病人坚信康复的信念因果地影响他是否能康复一样，不必说明这一观察并不支持关于原因的形而上学的反实在论。

[22] 在 2000 年的阿姆斯特丹大会上，提交了此论文之前的草稿，我从贝尔德那里得知他在更早的一篇论文的题目中，已经使用了"工具实在论"这一术语。在此论文中，贝尔德通过"工具实在论"这一术语描述和辩护的观点在许多方面与上述列出的立场相似，但是读者应参阅贝尔德的论文（非常有价值），做一些更为细致的比较。我也强调"工具实在论"，正如我所理解的，描述人们可采取的对待科学理论的（诸多）态度或说明性看法。对任何特定理论案例的态度是否合理，将自然地取决于特定理论的细节和论据。尤其，我没有主张实体实在论的更强形式永远不是合理的，而是仅仅是说，操控的成果其本身不能证明此实在论的合理性。

6 技术作为实验实践的基础和对象

雷纳·朗格

关于科学与技术之间的联系必定是任何实验科学的哲学说明的重要话题，得到广泛的认可（Radder：this vol.，chaps. 1，8）。实验科学家，特别是自然科学领域的科学家，构建和使用工具以生产、控制和记录其发表时所提到的现象。由于心目中实验的行动与生产的方面，我们会很自然地认为实验科学家是在做一种特殊的学术工艺，因而强调科学与技术的对比。最为极端的可能视实验仅为技术的分支，旨在生产我们称为"实验现象"的技术效应，比如，就如同化学技术针对某些染料和药品的生产一样。如果将科学等同于实验，那么寻找科学和技术的关系可能似乎是不正确的，因为这将暗示科学是外在于技术的事物。然而有人会问，我们所谓的科学到底是什么特殊种类的技术？为此，一些社会科学家论证道，不存在特殊的"科学的"合理性，能将作为一种生产性努力的科学与科学之外的科学实践区别开来（Knorr-Cetina，1981）。之所以这样一种还原进路似乎难以置信，是由于几点原因，其中一个原因是，这种还原进路不能说明实验科学中理论的作用，虽然如此，还原进路对科学研究的社会学分支部分施加了相当大的影响。这使得下述行为变得适当，即从哲学观点的角度反对了"作为技术的科学"这一主题任何的过分简化的、还原化的版本。

另一方面，确实存在着根植于技术的大量的实验科学，这一事实的重要地位仍然需要讨论。对于实验的哲学说明，应该不屈从于对"作为技术的科学"这一口号的还原主义解读，而是试图从其中获得某些洞察力，因而需要通过两种方式即与非科学的技术相同的和与之分离的方式来刻画实验科学。

6.1 作为特殊配方的实验说明

为了澄清实验实践和科学之外的技术实践的关系，看一看算做是科学之外类似科学实验的行动模式是有帮助的。在如此这样做时，我并非想做出这样的暗示：每当我们在某种日常语境下谈论"做实验"，我们进行的是初步的科学活动。然而，存在着与科学实践很相似的一类行动，将是我转而研究

103

的。此类行动属于人类解决问题的宝库（repertory），或者更确切地说，是解决技术问题的宝库。技术问题的一个主要要素是目标或目的，即行动者欲想得以实现的事件状态。但是这不足以识别技术问题。同样重要的是行动者目前的情形，包括各种限制，诸如在向当下目标前进时不能违反其他目标，如时间和物理可能性以及可用的方式的限制。对技术问题的解决是在假设有限制的特殊问题的环境下，允许行动者实现其目标的一个行动过程。与此相对照，实践问题是一种要求对行动者全套目标修订的问题。[1]

许多技术问题可以通过之前的对照得到解决。新问题被分类为已知问题类型的一个实例，一种或多或少地得到直接应用的特殊的技术秘诀。然而，更加有趣的"新"问题要么表征了真正新问题类型，要么代表了由于某种原因同样不能认识的已知问题的例子。在这样的案例中可用的策略有几种。最简单的策略是，人们可以通过试错着手操作，敲敲这里、拧拧螺丝、捶打电视的背面，等等。由于能够从经验中学习，人们在这样的过程中拓展了其解决问题的各种能力。在当下语境中重要的是，他们不仅单独地而且集体地行动，并且出于此目的，他们使用他们最显著的发明——语言。

当他们遭遇不知如何解决的技术问题时，他们一般不再试错，而是向更有能力的人询问，或向至少期望中是有能力的人寻求说明。手工艺的传统依赖于勾勒图式说明的能力，此说明可用于某种特定问题类型的所有情形中，并且可以从他们所从事的行当师傅的手上传给新一代的徒弟。这种图式说明可以称做配方，其依赖于对规范模式里的语言的理解能力。通常情况下，处方包括常量和变量两部分，例如，一餐的配方可能包括指定就餐人数这一变量，以及将配料量指定为此变量的函数。存在着几种配方优先的标准，如方法性的次序原则。[2]此原则要求，如果要达到某人的目标，有必要按照某种特定序列操作几个步骤，在配方里不能违背其次序（行动过程的结果的描述如果暗示此顺序已经违背，是不允许的）。

那么，这些与实验有什么关系？如果我们考虑将配方置于复杂社会实践中，它允许我们限定某种行动，且这种行动可能被认为表征着一个科学之外的或生活世界（Lebenswelt）里的科学实验类似物。配方必须经过发明、试验、修订和确证。我认为，一个科学之外的实验或生活世界里的实验，是某种旨在确定新配方的操作行动。更确切地说，它是某种配方规定的行动过程的模仿表演，旨在展示配方中由于不完整、冗余、有害限定所导致的过失，或者更重要的是不可行性。

当然，生活世界的实验和科学实验的区别是，后者的操作明显不是为了建立配方，而是为了建立科学定律。在科学哲学中存在着一个立场，从这个立场出发,似乎可忽略这种差别。通过此过程中其共同方面来进行语义还原、合并实验实践的方式把定律等同于配方。[3] 然而,那种立场可能被贴上朴素的操作主义标签,而操作主义一直以来就被认为是失败的。我想提议的是,这不仅应归于此立场所持有的还原主义主张,而且应归于其对实验持有的过分单纯化的观点。

如果我们仔细看看科学实验人员的所为,很容易看到它与科学之外的实验或生活世界之实验的对照。典型的是,我们能够区分一个实验的三个阶段。首先,我们有一个准备阶段,在这个阶段,复杂的装置按照特定的任务被建造、排列和调试。此外,测试目标如被试人或动物接受准备,被带入与仪器的具体联系,这一完整的过程导致的可能就是所谓的实验组合。下一个阶段以实验者的干预算做实验的开端,之后,在一个特定的时间段内实验就不受干扰了。[4] 在此过程的末尾,或者受到施加于实验者部分的二次干预的影响,或者被某种先决事件所限定。当发生在实验安排中的变化的某些方面被作为实验结果而记录时,实验的最后阶段开始,这个过程有时也称做数据收集阶段。一个实验开始、让实验沿着其预期的过程进行、记录各种结果,被称做实验运行。这是实验实践的核心所在。很显然,单个实验运行对于科学家是没有意义的。

暂时让我注意一个重要的事实:我刚才非常示意性地描述的整个程序,也可以属于某一特殊说明,即我将称做"实验说明书"的实验配方。这样的说明与实验定律不同,也没有实验科学的生成新实验的说明的那种目标。它们是实验室手册的内容,它们被勾勒在教科书中,初步的版本可以在发表的实验室科学论文中的"材料和方法"部分中找到。它们明确属于技术领域,罗列出即将使用的装置,并且给出温度、时间间隔等具体值以及其他。尽管在实践中、在理论上,实验说明是否为真是有争论的,但至少实验说明应很详细,能让学生或实验室技术员自动地重复可质疑的实验,即使他或她没有完全掌握理论背景。

将实验说明的概念与拉德描述的实验的物质性实现的概念(Radder,1996:12-14)进行对比是富有意义的。他让我们想象一个实验科学家,将真实地做某项特殊实验的任务委派给此科学领域的外行。出于这样的目的,他必须找到一种用简单的、生活世界的术语指导其助手的方法,即无需事先具备任何实验科学知识——说明,正如拉德写道"共同语言"非常接近于日常语言,尽管它可能包括一些实验者和外行一致认可的特殊术语。显然,这类说明很少在实践中被使用,就如同拉德所言的想象情形很少发生在真正的实验科学中一样,这个想象训练旨在通过图示例证理论描述和实验物质性实现之间的差别。通过对比、实验说明，正如我所理解的是真实的实验实践的有机组成部分。它们并非说给外行而是由专家说明或为专家说明，他们使用的是专业词汇的（"质粒准备"、EcoRI、"超速离心器"等），并且需要某种对接受者作用的训练。然而，实验说明不需要的是承诺某种理论假定，即原实验者在他的主张中提出的，其实验是某种特定实验定律的成功测试的理论假定。实验说明不是完全无理论负载的，而是，正如人们可能说的，在最大限度上不需要对理论做任何承诺。实验说明使科学家有可能将两个问题区分开来：一是实验是否已经被正确操作，二是实验是否已经得到正确的解释。

就实验说明存在着几种相关的哲学观点。首先，在理论变化下，实验说明显然是稳定的。由该主题就暗示着，实验说明最大限度地不需要对理论做出承诺，该观点也是这样论断的经验基础，该论断可以在 Hacking（1983a）的一段著名的引文"实验有其自身的生命"中找到其影子。其次，如同科学之外的配方，研制新实验装置和为了确定可靠的重复说明需要大量的检测和其他工作。正如以上所述，这不是作为实验科学要素的实验实践的全部目的。然而，存在着由实验说明带来的需要适合的标准，这些标准能够相对独立于科学成功或失败而被使用，而这些科学成功或失败在于最终科学假说得到证实或证伪。根据这个，存在着个别实验运行意义上的实验，它不是为了任何其他的目标，而是为了确立这样的说明，即特种配方，以便用于将来。例如，膜蛋白的纯化程序被认为是为聚丙烯酰胺凝胶体中电泳分析而生产的原材料的程序，旨在依次生产清晰的、敏锐的、因而容易解释的带（bands）。在此过程中一个重要的因素是，为了导出浸入膜的脂质双分子层中的溶解蛋白而使用清洁剂。然而，在这一复杂的程序中，哪一种特殊的清洁剂能够在哪种浓度、在哪种特定的序列中使用，是一个不能从普遍原则中演绎出配方来回答的问题。当然，经验提供了单凭经验的方法；但是不论哪一种新品种的蛋白或膜在研究中，研究人员都必须在试错过程中采纳他们的程序应对新任务。这一过程中个别实验的尝试导致某种实验运行的形态产生出来，但是它们并不导致某种科学假设的确证或证伪。实验者并不需要断言每一个实验的运行结果都是可重复的。他们只是走进了学习如何应付新实验的过程，这种过程是按照某种方式允许实验者在未来生产可重复的实验结果，并指导他人如此而已。

最后，承认科学过程中实验的作用，我们能够为实验哲学再次形成如下的中心问题：实验说明与科学家检验的理论有怎样的联系？为了直接从事该问题的研究，有必要对实验说明和科学理论进行详尽说明。然而，即使不提供这些说明，我们通过审视实验（它正是通过实验说明来描述）与实验定律之间的关系，也可以学习到许多关于实验实践的重要性和它们与技术的联系。一方面，我主张实验定律不同于理论定律，宁可把它们认为是覆盖各种现象的经验普遍化，其中一些实例能够在实验步骤中产生。它们可以被解释为因果定律。另一方面，它们也与实验配方不同或与实验说明不同。因此我们可以分解我们的问题，并且问：首先，实验说明如何与实验定律相联系？其次，实验定律如何与科学理论相联系？在本章其他部分，只有第一个问题将得到回答。这并非暗示，无须考虑理论科学的作用的说明，实验实践就可以得到完全的理解。然而，聚焦于实验说明和实验定律之间的关系将足以说明这一论题：实验实践是特殊种类的技术实践，技术既是实验实践的基础也是其目标，这个短语构成了实验实践的双重特征。

为了说明实验说明和实验定律之间的关系，我们将审视支配着实验说明确立的成功标准，这一标准转而提供了与科学之外的技术联系。这个至关重要的联系是一种因果性的干预主义概念。

6.2 技术的自我应用：因果性原则的作用

从历史来看，因果性的干预主义概念一直得到发展，试图解决经验主义者所谓的规则性概念似乎不能解决的某些问题。更重要的是，这一概念，根植于休谟在《人性论》中的讨论，似乎它一方面不能挽救因果关系的规则性之间的各种差异，另一方面也不能挽救附带现象的规则性或偶发的各种规则性。它也似乎没有把握因果之间的不对称性。为了克服这些已经觉察到的缺陷，加斯金（Gasking）发明了、冯·赖特（Von Wright）进一步发展了一种以行动者及相关概念术语说明"原因"和"效果"意义的看法（Gasking，1955；Von Wright，1971）。

基本上，冯·赖特对因果关系的说明是这样的：如果我们想找到特定系统中的因果过程，我们需要了解这个系统的两种状态，即 α 和 a，它们具有如下性质：a 是我们想研究的系统发展的最初状态（由单一树干分支出的各个路径树）；α 是 a 的必要状态但不是充分状态；如果系统在 α 处停滞，我们就可以推断从 α 到 a 的过渡。那么，通过反复观察系统在状态 α 以后的发展，并且伴之以操控或者不操控来看它是否产生了 a，我们就了解了系统的那种状态是 α 的必要结果，那些其他外在状态 β，γ，…是 a 之后某些状态的充分条件。但是仅仅当我们有能力控制系统从 α 到 a 的过渡时，这一切才有可能发生。因此，冯·赖特坚持认为"如果我们没有采用做事和有意地干预自然进程的理念，我们就不能理解原因，也不能区分规范联系与自然偶发均匀性"（Von Wright，1971：65-66）。

为了确切地表达这一联系，冯·赖特提出了以下各种描述行为方式之间的区别。我们可以通过说我们正在做什么来描述一个行为，诸如开窗户、投球；这样的描述使得状态描述成为必需，因此被描述的状态被称为各自行为的结果。但是我们也可以通过说我们由于它而导致什么来描述一个行为，如让新鲜的空气进入房间或打碎窗户的窗格。这里就使这样的问题有了意义，你怎么做的？它暗示着存在对行为描述的方式是有问题的质疑，但是不暗示对状态的描述的质疑，所导致的状态被称做行动的结果。

给定这个术语，冯·赖特继续去形式化地阐明他对原因和结果之间的区别（Von Wright，1971：70）："p 是与 q 相关的原因，q 是与 p 相关的结果，当且仅当通过做 p 我们能够导致 q 或通过抑制 p 我们能够去掉 q 或防止它的发生。在第一个案例中，原因-因子是充分的，在第二个案例中，它是结果-因子的必要条件。这些因素可以变成为与其他因素构成的某种环境的'相关的'因素。那么原因就不是仅由自我构成的，而是仅仅'在此境况下'是结果的充分或必要条件。"注意到这一点是非常重要的，冯·赖特预料到对从结果到原因的推理的指控或许呈现出"做与一无所获"之间的区别，他对此问题有一个答案：对于他而言，这里存在着一些基本行为，说这些基本行为是由某些其他行为导致的是不正确的。具体而言，说我们通过收缩某些肌肉导致四肢的运动是不正确的，因为我们并不知道除了通过运动我们的四肢以外，我们还怎样收缩这些肌肉。通过这样的断言，冯·赖特意在反对这种假定，即他的基础差别的思想只有通过调用因果概念才可以挽留，使得他的分析循环论证。

在这个方面，冯·赖特的说明与伍德沃德（Jim Woodward）提出的说明形成了鲜明的对照。伍德沃德非常正确地指出这个事实，即对因果性的干预主义说明需要说明干预是什么。他继续将干预描述为特定种类的因果过程。[5] 有意思的是，他坚持这将不会使他的分析错误地形成循环论证，因为他把与 Y 相关的、施加于 X 的干预因素 I 特征化，而没有涉及 X 和 Y 之间的因果联系，而且那是唯一的不能涉及的关系。但是这将不起作用。毕竟，在其之后，我们所寻求的是因果关系的真正概念；我们并不是为了试验去寻求告诉我们是否获得 X 与 Y 之间的因果联系，而是为了解释去问，说 X 与 Y 是因果关系这意味着什么。的确，这是伍德沃德自己反复在其论文中论述的。出于这个的目的，我们去追索操控概念，这反过来又必须用干预这一术语进行解释，要使之是对的，只要我们解释"intervention"这一术语应该是什么意思时并不涉及因果关系。

　　尽管这里存在着循环，但是有可能论证它不是错误的循环，的确，此种情况的某些种类恰好就是所预期的非还原的分析进路的情况。为了清楚起见，坦陈整体论的后果可能是比较好的，但这并非是我在此将讨论的。然而我想追问的是这样一个问题：为何伍德沃德认为采取非还原的进路去分析因果性概念是如此重要。他这样做的理由是如此重要，是因为这些理由不是反对还原分析本身的普遍理由。他批评哲学家如冯·赖特，因为他在其观点中提出了可操控性说明的还原版本。伍德沃德认为，冯·赖特不是试图进行语义还原，而是对因果性的说明是"高度拟人化的和主观的"，并且，代替这个，"似乎没有抓住在科学图景中的因果断言的内容"。这种批评是不正当的。

　　首先，让我们转而讨论冯·赖特的因果性概念的假定主观性。我认为它是这样的，通过将此概念批评为主观的，伍德沃德意指它暗含了一种相对主义的立场，即 X 和 Y 之间是否存在着因果关系，是一个只有唯一答案的问题，即是一个仅仅相对于认识主体 S 才有答案的问题。但在冯·赖特的分析中，其中心短语是说，"当且仅当通过做 p 我们可能导致 q"等等，存在着因果关系。因此冯·赖特的分析是形式说明，不涉及任何真正的、导致某种特定事件 q 发生的实际主体 S。[6]换句话说，在讨论中的因果断言的真值不取决于是否过去、现在或未来有人试图弄清楚这一问题的意义上，它是现实的。因此，如果通过"主观性"我们意指相对主义的立场，那么任何关于诸如冯·赖特的因果性干预主义概念是主观的指责都是不正当的。但是对"拟人化"的指责又是什么？

　　那种指责，我接受它，恰是一种确实把我们带入这一重要核心问题的另一松散的形式化说明。尽管伍德沃德宣称，它"不涉及人类或他们所能为或不能为"，这是其干预特征化的特殊优势。他似乎真正对于冯·赖特的立场和类似立场的批判，不是它们涉及人类这一事实，不论它多么令人怀疑。对于经典的因果性干预主义的说明而言，任何认识主体可能做的事情，是最基本的。也就是说，该事情是在行动者能力范围内能够做的，无论行动者是人、动物或者来自外界的行动者。重要的不是我们当下讨论特殊生物种类的成员，而是我们讨论行动者和行动者典型的做法，即意向性作用。按照冯·赖特的观点，将"做"（to do）翻译为"导致"（to effect）是不正确的，这是一种使得行动者向任何一种因果上有效的过程或事件开放的立场。他对干预词汇的使用是很谨慎的。换句话说，他的立场和其他类似于他的立场，一方面保持操作或干预概念之间的联系，另一方面保持着操控与行动者之间的关系。他们这样做是对的。

　　回想在冯·赖特的分析中，这是基本的，即讨论中的系统如果停留在 α

状态，是另一个状态 a 的必要但非充分条件，那么系统通过研究者的适当干预，或是可以被转化为状态 a，或被阻止将自身转化为状态 a。这个训练的要点是，通过改变 a 产生的环境，我们可以检测在 a 之后发生的、在某种特定场合下存在哪一种事件，可以通过做 a 而普遍地导致，哪些事件是独立于 a 的。而且这是唯一可理解为因果性概念的干预解释的组成部分，如果"可能被导致"这一表达被解读为表示某人可成功做某事或未能成功做某事。不论成功或失败，它们都依次可以被看做是意向性作用的期望；而将因果过程看做是到达其效果状态的过程，则是没有意义的。但根据伍德沃德的分析，从 α 到 a 的转变是按照因果术语而唯一地描述。那么，问题就不再是通过使系统进入状态 a 导致了什么，取而代之的问题是，不论系统何时从 α 状态进入 a 状态，什么被检测了，是哪种其他的状态规则跟随其后。但这恰恰是经典的、休谟的规则性说明的典型问题，因此，根据伍德沃德的说明，因果性的干预主义概念就陷入到了推想它本应该提供备选方法的某种版本中了。

为了提供对因果性的干预主义说明，明确坦言其有意向性的核心目的，不仅是克服因果规则性理论缺陷的好策略，而且有助于理解我们为什么一直对因果感兴趣。这使我们很自然地把兴趣集中于探讨因果的实验科学上，把这种实验科学作为前科学、技术实践中成长起来的，并且接受这样的认识，即认为实验科学的目标意义和核心概念都出自这些联系。

历史上，毫无疑问技术推进了现代的实验科学，人们总是想通过技术手段解决他们的问题而不是修改其目的。然而这里也有一个方法顺序的问题。经验显示配方在解决某个问题时会一次两次足够好地发挥作用，但不会在所有时间所有情况下总起作用。如果在某一特定情境中使用某一配方失败，那么，人们就会寻找干预因素或干扰因素。按照格言"确保它总有可能引起 q"，人们开始系统地研究这种干扰的来源，并且想要消除它们，试图改善其配方，使配方适应变化的环境。换句话说，他们开始操作在 6.1 节里讨论过的描述为科学之外的实验或生活世界的实验。只要这种实践由解决生活世界的问题的欲望所驱动，只要这种实践同时也由解决生活世界问题的欲望所限制，它就会依然在技术的王国中存在。出于技术的目的，就要充分地拥有一种使人们在大多数时候达到其目的的配方，而不被低失败率为什么和何时发生所烦恼。[7] 然而这一重要问题还没有结束。当在某种干扰概念上作概括时，技术作为为具体目的而改善手段的实践，可能变成递归的。这也就是说，其发生的概率不具有任何实践重要性的真实或可预料的干扰因素，仍然被认为是对追求完美技术抽象理想的技术人员的挑战。因此，我们改进已有的、超越与生活世界实践有直接联系的技术就具有意义。

现在所处的阶段，正是被认为"足够好的、用于实践目的"的工具和过程不再被看做是满足催生了实验科学的技术实验的阶段。其关键的步骤是假设因果性的原则。大体地，它假定"相同的原因，相同的结果"，因此，通过对照，如果结果不同，原因一定不同。存在一种要越过此原则境况的众所周知的哲学争论（Hartmann and Lange，2000：88-90），其中一个选择是将其看做是普遍有效的经验命题或甚至是自然规律。然而，因为因果性原则可被证明无效的情形是难以想象的境况，所以任何证伪的努力都将必定被认为是错误实验，这是难以置信的。要么，这一原则不能有任何经验内容。作为选择，这一原则或许有先验的情形。对此主题的论证将转移到这样的假设上，即其有效性是经验科学的可能性的条件。然而再一次地，这也是难以置信的。因果性原则与其说可能为实验科学所需要，不如说存在着事件类型之间的因果联系可被建立起来的某些领域。这一切都达不到某种先验原则所要求的普遍有效性。而我的提议是，将因果性原则看做是构成实验科学方法论的原则。作为方法论原则，它具有标准化的地位。它告诉实验者做什么，即寻找在一向被假设为相同条件但产生不同结果的情形下已经开始的过程的各种案例。如果他们找到这样的事件，标准就会表示他们应该识别必控因素，以便在未来的案例中（重复）产生出相同结果。这一切完全兼容于此主题，即可能存在着违背因果性原则的事件。也就是说，在这些事件中的上述因果性原则的策略不起作用。因果性原则的功能是作为一种标准划定经验科学的领域，然而这一领域却不断地、单调地成长，没有理由认为有一天"任何事物"都将受制于它的影响。每一个过程和所有的过程都遵守因果性原则的情形，暗含了把实验科学实践作为规范性理想看待，因此因果性原则本身可被描述为规范标准。

因果性原则的一个推论是，过程和事件必须按照非直观的方式加以分类。而从生活世界的观点看来，似乎相同的境况，却发展出在原因特性上不同的结果；有些似乎不同的境况在此方面却发展出相当的结果。正是因果性原则施加于我们日常分类上的压力引发了过程和事件的另一种描述方式的发展，即通常被称做科学的和以实验定律为特征的模式。按照因果的术语，生产过程的描述并不一一对应于实验设计描述，初始的事件和结果是按照实验说明的层面记录的，在实验中，实验者要有足够的宽容。在某种意义上，他们要学会宽容其实验进程中的干扰，而不是把它们看做是可以被任何手段预防或抑制的事物，看做是工程师想做就能够做到的事。他们要学会区分恼人的干扰和生产性的干扰。尽管前者也必须在说明的层面上得到处理，但是后者却标明了新发展的启程点。关键步骤是去解释作为实验运行之间根本性差异的控制的失败，这种根本性差异就是实验的不同运行不能被正在用于实验说明的语言所把握。

这就是朴素操作主义失败之所在。因果性语言允许实验者说，尽管他们在技术意义上按照特定的说明已经做得"相同"，但是他们在重复原本打算产生的结果的原因上却是失败了。在此意义上，某种原因概念的重要点是引进行动之间新的等值关系。但是那种等值必须经过确认。出于那样的目的，新实验程序必须受到相关联的新说明与假想地解释以前实验运作不同结果的、潜在的事件的发展。因此，技术逐渐回归于实验科学这一主题的意义是："失败"的试验和因果假设共同造成了新实验，永恒地驱动着我们改进我们对于实验进程的控制。尽管因果性原则在任何给定的时刻都永远不能完满地实现，但是它按照我们所知实验科学的方式激发实验科学的发展，并且加强了它持续的成长。

与实验科学这一图景相关的是关于科学和其所谓的应用之间关系的主题。根据传统的、线性的创新模式，科学的直接产物是自然律，即有效的普遍命题。而应用科学，简而言之，被假定为运用可实现的价值替代那些科学的自然律中的变量并且把它们结合为某种模式，来去预测某种技术旨趣的新过程的可能性。而后，在实验的调整中，后者被发展成为新的、更适于市场销售的产品或进程。相比之下，在上述描绘的简略图景中，实验科学的主要产物不是自然律而是其新进程本身。其规律的有效性是内在于科学实践的目标，它也要对其持续成长担当责任。如果要寻找技术创新的源泉，在以上被描述为技术逐渐回归的过程中，新过程之所以被建立起来，使过程有可能操控的工具之所以得以研制，就是由于人们为了服务实验科学的内在目的，使得这些过程和工具在根本上是必需的，才转而关注的这些过程与工具。[8]因此，尽管从历史维度看，实验科学是技术的产物，但是当下改善了的技术却是实验科学实践的副产品而非其结果的直接应用。应用科学的作用不是应用基础科学建立起来的定律，而是监测实验科学的发展，识别那些或许检验其技术上是否有用的新实验进程。

6.3　实验实践的非地方性

在6.1节已经提到，在技术语境下，配方把技术秘诀从一个个体传达到另一个个体。相似地，在实验实践中，技术秘诀是通过实验说明传达的。但是我在6.1节精心阐述过的此种断言可能会引起人们的担忧：实验实践是否一直与技术实践太相似了？仅仅通过调用因果性原则，我们就能从中真正地获得可公认的科学的东西吗？毕竟，尽管配方是一种将技术秘诀从一个人传达给另一个人的手段，但是没有理由认为这将永远起作用。不管有没有配方，技术秘诀都可能（在时间和空间上）保持地方性。并且，如果实验实践从根本上与技术实践分享其自我复制的方式，它们怎么能维持超越主观的或非地方性的知识主张？[9]6.1 节的主题加强了这种担忧，根据这个主题，实验说明是由专家做出的，也是针对专家的说明。如果是这样的话，科学家的实践如何不同于其他类型的秘传实践？

为了回答这个问题，我将回到以上不得不推迟的主题上，即将单个的实验运行嵌入所谓的"实验实践"中。正如我使用那样的术语，这些实践与莱茵贝格尔（Rheinberger）的实验系统有很多共同之处。根据莱茵贝格尔的观点，这些被特征化为"研究中最小的、完整的工作单位"，是"不可分割的，同时是地方的、个体的、社会的、制度的、技术的、工具的，而且最重要的是认识的单元"（Rheinberger，1997：28）。由于实验系统缺乏清晰的特征条件，因此很难确定它们是否与我们所谓的实验实践一致。尤其是我将否定实验实践是地方性的这一观点。而且，我宁愿为某些物质性的构造保留"实验系统"这一术语，虽然这些物质性的构造只是实验实践的一个中间产物，尽管其相当稳定。因此，我将遵循我的术语。

首先注意，相比皮克林，我将"实践"作为可数名词。因此，在我的实践这一概念上存在着几种（没有必要明确）共同构成的实验实践，如实验生物科学。每一种这样的实践都是一个历史存在。它不仅包含了各种特定的工具、实验对象和技巧，我建议描绘成为实验系统的东西（即产生特定实验设置的那些实例的必要的物质性对象和实践能力）。除此以外，还包括合作和交流的方式、学徒和专业教育的方式等。为什么有必要将这些包括在实验实践的组成中，将是这部分讨论的话题。

为了给实验科学贡献一套独创性的成果，仅仅建立新实验系统、展示其运作过程以及数据的产生是不够的。要声称诸如描述的实验结果是科学的这样的命题，暗示着其有效性是跨主观的。跨主观的有效性转而要求每个人可以为其自身证实原提出者所说的主张。而与实验相关的主张，则意味着每个人必定有做质疑实验的机会，至少在原则上如此。由于实验结果是科学的这一主张不清晰，因此这正是人们建立新实验以确保实验能够被其他任何人在任何时候、任何场所重复的责任所在。当然，这里的"每个人"指的不是世界上每一个单独的个体，而指的是那些愿意且能够成为科学家的人。尽管在任何时间的特定点上，这一切只是所有人类的一个子集，然而它是一种开放的、不确定的、可拓展的组群。这就是这种将科学实践与艺术的或秘传的实践（它们将自身看做是一种"不公开的作坊"）区分开来的可拓展性。

科学家确保他们的实践确实可以被其他人重复的方式是交流，更为重要的是合作。关于实验说明的交流，如同配方的交流一样，恰好就服务于这个目标。然而，这并不充分。新奇的实验通常需要实验者方面具有新能力，包括那些仅靠阅读实验说明无法获得的实践技能。实验说明通过牵涉其他的、更基本类型的活动，且这些类型的活动一定要假定接受者已经掌握，才有助于了解新型行为。在许多案例中，这些链条在各类行为中终止，这些行为属于能够处理日常生活的每个人的知识库（repertory），因此实验说明确实独自地服务于其目的。然而，如果人们把自己限制到这样一个生活世界的知识库中的话，许多更为复杂和具体的技能并不能轻易地加以描述。[10] 个体操作的成功标准，不可能描述给还不熟悉整个事件的人，或者它们可能指一个单位的实验，这一单位的实验太复杂了以致学习者无法搞清楚，他只能猜想成功或失败是由于他的技能原因，或者偶然环境的原因。因此必须通过效仿专业从业者才能获得这些技能。这便是直接的、手手相传之原因所在。其重要性可以从暑期学校和开放实验室访问者的传统中看出，这些技能典型地是被后辈的年轻科学家将实践知识从一处转移到另一处来传递的，与此同时，也确立了他们作为科学家的地位。发明新方法的人所拥有的实验室（新方法即新实验类型）通常是这些访问者所青睐的目标。

除了这些技能，还可能存在着需要分享的物质性对象，以便使实验在其他地方可以重复。相关的一个案例是摩根小组建立在果蝇系统中的基因绘图实践。[11] 建立那一系统的重要步骤是生产某种标准的有机体，即所谓的野生类型的果蝇和大数量的突变异种，每一种原种群都必须在实验室里繁殖，从而可以严格地重复，以便能做交叉繁殖的实验，该实验是基因绘图的基础。但是由于这种突变异种原种群从逻辑上讲是历史个体（它们由某一对特定果蝇的后代组成），对于无法获得源于特定原种群果蝇个体的实验者而言，他们既不可能精确重复包括此原种群的实验，也不可能在原种群上做任何变异。因此果蝇研究者有理由投入很多精力建立科勒（Kohler）所谓的果蝇交易网络，他们认为这有如此之重要性，并将它的准则适宜地称之为他们共同体"道德经济"的一部分。

如果交流和合作确保了实验实践在空间的同步拓展性，那么专业教育就确保着实验实践的历时持续性。实验科学中的任何研究进程的重要组成部分都是实践训练。对于实践训练不仅有教诲的原因在起作用，而且也有其他原因在起作用。人们为了成为实验科学家共同体中有能力的成员而需要获得许多技能，这些技能与生活世界的实践关系并不紧密，因此，从未接受过培训的人从给出的实验说明中是无法学到那些实验技能的。比如，生物学或化学专业的学生必须了解吸液管如何流入流出液体，怎样在极小公差的范围内称重。对于这两种行为，必须关注许多细节的操作。例如，液体被吸入吸液管并从中流出，体积读数时所持有的角度，人们处理不同黏性液体的方式，纯粹口头的说明是在实践上无能的。重要的是，实验结果是超越主观有效性这一主张暗示着实验无论何时发生它都会依然保持有效，因此需要通过这种专业学徒教育，质疑性的实验实践才能确实成功地跨越时间而永久持续下去。

因此实验实践是一种历史性的存在，它提供了其自身在时空中不确定的拓展性。然而这还不够。如上所述，实验实践引发了用工具控制迄今为止的未知过程的需要。为了获得这种诀窍，新实验必须被建立起来。起先，我们仅仅做了少许观察，这些观察暗示出迄今为止未知的现象。同样，这些观察不属于实验科学而是属于博物学。收集可能被证明有益于更多了解那些现象的观察，是启发式实验革新的一部分。考虑到在新实验装置中后来产生出的过程，这可能被称做"探索阶段"。

探索之后的阶段是新实验类型被建立的阶段，在这一阶段，通过研制新实验工具、学会准备新实验对象或将这些可用的实验对象结合成为创新装置，而建立起新的实验类型。它的目标在于，为产生可控的、在探索阶段所观察现象的实验室对等物，提供有效的、简洁必要的说明。最初，常出现这样的情况：按照特定的实验说明反复实验，但总不能产生相同的结果。而且，实验者必须具有大量的手手相传的、使用某一特定实验装置的经验，直到他们了解了哪些干扰可能发生且应该如何防止它们出现时，他们才能重复实验结果。为了认识哪一方面对于有效和简洁必要的实验说明是必要和充分的，需要系统的改变行为和手段。比如，如果实验的开始被概略地看做是与装置 S_0 中 S_1 情形下的生产相同，那么开始行动的效力必然是通过尝试可产生 S_1 的所有方式而稳固下来的。"开始实验，产生 S_1"的说明的唯一有效性是只有在结果 S_2 可以被重复，而不论 S_1 如何被准确地获得的条件下成立的。考虑一个毒理学实验。设想开始于口服某种数量的物质 X 的实验，被假定与无论以纯粹的形式服入，还是与食物或其他物质相混合的形式服入都应该无关。众所周知，在现实中，这远非不相关，包括结合其他物质的准确形式的管理，必须记录在说明中。

无效性是对新说明的唯一威胁。另一个威胁是冗余。为了确保简洁必要，准备和开始实验过程在方式上必须是多样的，这使得结果在关键方面不同于 S_1，而这个关键方面取决于指导特定实验的特殊兴趣。例如，为了检查对于药物的管理是否是多余的，某个控制组要替代以安慰剂治疗的处理。

　　一旦实验可被控制到这种地步，就可以通过区分可控条件并将这些条件划分成附加条件和初始条件确定实验的种类，一方面，要稳定地控制这些附加条件，另一方面，要系统地改变这些初始条件。只有现在，通过系统地研究结果中的哪一种变化可以被初始条件中的哪一种变化导致，才能确立起实验定律。为此目的运行的实验执行过程才可以称做："实验是恰当的"。[12] 反之，如果实验运行，是为了有必要知道哪些因素在可靠重复结果时必须得到控制。也就是说，属于建立新实验类型的阶段的实验运作。那么它可能被称为前测。正是在这个阶段因果性原则才是可操作的。

　　各种模式的交流和合作加上学徒传统，构建了实验实践，这不同于初始实验者检验他们的主张是否正确或错误与否。然而如上所述，年轻科学家的案例、实践经验的提供暗示着教师已经知道他能控制处于研究中的实验过程。用于新实验，他还能这样自信吗？换句话说，如果建立在某些实验室里的新实验不能为别处的同事所重复，这些同事将会说，是后者没有能力严格执行实验说明，还是前者屈从于某种幻想？从相互依赖的主张到真理、从各种主张到作证能力的循环性，已经被哈里·柯林斯（Collins，1985）描述成实验者的倒退。他认为这种倒退是维特根斯坦规则遵循问题的一个案例，这种看法正确与否的争论是开放的。规则遵循需要考虑的事项是绝对普遍的，且不能独自地用于使真理主张成为其主要产物的各种实践。然而，对于有着更为切实目标的技术实践，它似乎更容易判断他或她是否有能力达到这些目标。这里不存在所指的与实验者倒退的相同的循环性。尽管它可能是那样，但是柯林斯的诊断似乎基本正确。在他看来，实验者的倒退是一种科学"计算"模型的后果，据此，实验的装置和启动程序完全被合适的、"完整的"说明所确定。然而，现实并非如此，一个实验的成功重复取决于实验者拥有的某些不可言传的技能。要给这些技能归因，就等同于向能干的实验者共同体中的候选人成员资格让步。于是任何实验结果，根据柯林斯所言，就必须与这样的实验者共同体有关联。

　　这是否意味着任何实验知识只是仅仅在地方性的意义上有效？不是的，因为主张实验可重复导致的是某种确定的结果，在真实个体的有限集合的意义上，它与研究者共同体无关。而与实验实践相关。如果实验实践不提供在空间和时间拓展其自身的方式，包括教授任何操作实验必要的技能所需要的、从而为实践从业的共同体增加新成员的方式，那么实验实践就是不完整的。这就是为何它能超越目前实践成员所组成的地方共同体并确保其结果超越主观有效性的地方。对于新实验建立的过程而言，这意味着，只有当实验操作的必要技能可以可靠地传授给他者，这一过程才完成。按照实验者倒退这一术语，实验者只有知道他自己怎样指导别人如何做实验时，他才能自信地说他自己已经掌握了这个新方法。

注　释

[1] 显然，这是仅仅出于分析目标的区别，在现实中，问题并不是事先说分类带来的，至少在原则上，问题总是开放于任意一种处理方式。

[2] 方法顺序的原则是 Erlangen 建构主义传统的科学哲学中心主题，它根植于原物理学（详见：Janich，1985，1997）。原物理学解决怎样建立测量程序且能被证明导致唯一结果的问题（比例，不是绝对值），且唯一结果可以重复无需求助测量工具原型，因此有可能理解科学测量的实践可以启动。原物理学给自己设定的任务是，基于这样程序可被执行的基础，来记录一组可操作的标准。科学家对下述问题展开了争论，在为具体尺度设计程序的过程中，限定它的标准不能使用属于该尺度的测量值或比例。比如为钟表确定标准不能提到相等的时间间隔。原物理学的领导者认为，这条规则正是方法顺序更为普遍原则的一个特例，它必须被遵守，无论何时一套标准将被操作。

[3] 尽管 Hugo Dingler 的操作主义实验哲学的确预测了许多当代的论证，规定了实验法则和实验操作配方之间必然的联系（比较 Dingler（1928）），但是他没有将法则与配方等同，他所断言的是，法则毫无意义，除非存在配方，这些配方告知我们如何"实现"（即，使成真，产生）此类现象且此类现象是该法则的主体。

[4] 至少，这是实验者所言。事实上，他们不断地保护着他们的实验，防止干扰，从而保证观察下的过程继续得"很自然"。

[5] "与 Y 相关的、对 X 的干预 I（出于确定是否 X 引起 Y）是一个外因过程，这一过程完全以这样的方式确定 X 值，以至于如果 Y 值发生任何变化，它的发生仅仅是由于 Y 与 X 的联系，而不是以其他方式联系。"（Woodward：this vol.，91）

[6] 注意他在这里使用第一人称复数不仅出于格式上的原因，被引段落中的"我们"表示任何真实的或者可能的认识主体。

[7] 尽管此论文受到了如下观点的启发，即阻止或去掉与目标结果相关的干扰——干扰消除知识（Störungsbeseitigungswissen）概念（Janich，1996b；Langer，1996），必须在经验科学的重建中起核心作用。以某种方式与生活世界或技术目标分开的、从科学知识得到验证的实践，在这里作为科学知识一个清晰的特征呈现。

[8] 从经验证据而非概念考虑出发，Price（1984）批评了创新线性模式并提出一个与本章概要图相似的图。根据 Price 所言，通常被认为是应用科学目标的创新产品和过程的发展以及基础科学，是单独的实践并按照它们各自的目标进行。在一个这样的实践中研制出的新工具可用于（通常是未设定的）其他实践中，是系统的接触点所在。Price 也曾举证说明，这个过程的两方面都是起作用的——在应用环境下发展技术，使科学得到进步，如同技术从实验实践副产品中获利一样。

[9] 在此部分中，将此问题特征化为实验科学的非地方性问题的观念当然是 Hans Radder 提出的。他的术语在这里与我的进路极为吻合，所以我冒昧地借用了他的术语。关

于超主观的有效性作为取代普遍有效性概念的科学知识特征，见 Janich（1996b）。

［10］如果文化差异被考虑在内，结果可能会是真正普遍的知识库（repertory）是非常严格的。

［11］R. Kohler 富有启发意义的《蝇王》一书描述了经典的果蝇基因实验实践的历史。见 Lange 所做的简短的综述（Lange，1999：185-204）。

［12］或者它们可能被称做"正确实验的组成部分"。尽管实验运行是实验实践的核心，但是它们在个体上不具有意义。不仅它们的历史——建立相关的实验类型是重要的，而且在通常情况下，甚至在实验类型被建立起来之后，单个的象征实验常常存在于不同主要条件下的一系列实验运行。例如，包括控制在内。

7 理论负载和实验中的科学工具

迈克尔·海德伯格

20 世纪 50 年代后期以来，后实证主义科学哲学一个最重要和最有影响力的观点之一便是观察负载理论（theory-ladenness）。它至少表现为两种形式：或作为属于人类感觉的心理学定律（不管科学与否），或作为关于科学语言、意义的本质与功能的概念性洞察。根据它的心理学形式，科学家们的感觉，如同其他一般人的感觉，都被一些先在的信念、期望所引导，并且感觉具有一种特殊的整体论特性。在它的概念性形式方面，它坚信科学家的观察依赖于他们所接受的理论，同时所包含的观察术语的意义取决于它们所出现的那个理论情境。通常地，这两个版本被结合在一起并导致了一个科学知识的建构主义观点［我应该大体上与 Golinski（1998，chap. I）所使用的方式一样使用"建构主义"这个词］。根据这种观点，既然通过科学获取知识的过程总是包含了来自一些理论或其他理论的概念的使用，那么我们的经验就会被先在的信念分类，并以之为前提条件。这种观点很容易被加以强化并用来作为对科学进行建构主义和反经验主义说明的基石：我们用以划分经验的范畴不能从外部世界来直接获得，而要从一些先在的理论承诺（theoretical commitments）中获得。

对于一个科学实验的观点而言，理论负载的含义是简单直接的：如果观察是理论负载的，并且实验包含了观察，那么实验一定也是理论负载的。那么根据这种观点，实验只有与一些理论背景相关才是有意义的，独立于理论的实验是不会产生任何重要作用的。这就意味着一个实验有意义当且仅当它基于一些先在的理论。

在 7.1 节，我将回到理论负载其创立者的著作当中来探讨这一观点，并对这个术语的三种不同含义做了一个区分。在 7.2 节，我将展开一种对仪器的分类，它能反映这些不同的含义并识别出仪器在实验中将起到的不同作用。在仪器能够被用于一个理论框架以前，它们首先必须是被因果性的使用。通过描述库恩对伦琴（Wilhelm Roentgen）发现 X 射线的论述以及提到欧姆（Georg Simon Ohm）如何发展以其名字命名的导体电流定律，我将阐明我对仪器的观点，从而阐明对实验的观点。

7.1　理论负载的三个概念

为了发展实验的因果观并研究它与观察的理论负载之间的关系，我们首先必须对后者的概念的不同含义有所纵览。要讨论理论负载，一般的后实证主义者很有可能都会提到汉森（Norwood Russell Hanson）的《发现的模式》一书。非常奇怪的是，读者几乎都不嫌麻烦地从不跳过此书的第一章"观察"。这一章所提供的大量材料可以被引用来反对固执的实证主义者，而捍卫理论负载的观点。我们读到："看（seeing）是一项'理论负载'的事情。""X 的先前知识形成对 X 的观察，我们用来表达我们所知的那些语言或记号也影响着观察，没有这些语言和符号也就没有我们能认做知识的东西。"（Hanson，1958：19）

然而，我们应该注意到在以"因果性"为标题的第三章中，汉森的观点受到了一种奇怪的扭曲，这是我们不能忽视的。他在那里告诉我们，科学中理论负载的叙述主要是关于因果性的叙述，在叙述中原因和结果以及它们之间的联系能够被识别出来。汉森进一步坚信这种叙述的方式与感觉材料（sense-datum）语言的用法相反，因为后者避免了任何因果的含义。科学要实现其主要的目标，即科学说明，只能诉诸因果性："要注意那些'理论负载'的名词和动词之间的差异，没有这种差异就不能给出任何因果说明；还要注意那些现象的多样性，诸如'太阳似的圆盘'（solaroid disc）、'似地平线的斑点（horizoid patch）'、'从左到右'、'消散'、'苦的'等。在纯粹感觉材料的语言中不能表达因果联系，因为所有的词汇都将处在同一个逻辑层面上：它们哪个都没有充分的说明力（explanatory power）来作为对相邻事件的一个因果说明。"（Hanson，1958：59）这个引文表明两件事情。第一，与所有的主张相反，按照汉森的说法，有可能存在独立于理论的感觉陈述。当然他又觉得这些陈述在科学中没有什么大的用处，因为它们的现象本性妨碍它们拥有任何说明内容。第二，科学中的理论负载对汉森来说主要意味着"因果性负载"（causality-ladenness），是负载因果含义的："只有与一个理论模式相对应，即这个理论能保证得出从 X 到 Y 的推论，那么'原因 X'和'结果 Y'背后的观念才是可以理解的。这样的保证把真正的因果顺序从仅仅的巧合当中区别出来"（Hanson，1958：64）。

在使用这个关于实验本性的可行性说明的见解之前，让我们先来考虑下一位理论负载命题的"创立人"——皮埃尔·迪昂（Pierre Duhem）以及他的著作《物理学理论的目的和结构》。迪昂区别了一个事实与它的理论解释，或者，如他所说，"具体的"（concrete）和"理论的事实"（theoretical fact）的区别。他告诉我们，一个物理学中的实验包含两部分：

第一，它（实验）由对某些事实的观察组成；为了进行这种观察，它让你的感觉变得足够留心和警觉。这并不需要知道什么物理学；实验室主任也许还不如他的助手在观察这方面熟练。第二，它由对观察到的事实的解释组成；要完成这种解释却不是很必然的需要警觉的注意力和训练有素的眼光；只需要已被接受的理论，并知道如何应用它们，简而言之，就是需要一位物理学家。（Duhem，1974：145）

物理学乃是对现象的精确观察，伴随着对这些现象的解释；这些解释用抽象的和符号的表征来代替观察所实际收集到的具体数据，它们凭借观察者所承认的理论与具体的数据相对应。……物理实验的结果是抽象的和符号的判断。（Duhem，1974：147）

这个引证表明了迪昂关于理论负载的概念与汉森有明显的不同。对迪昂来说，物理学中的实验是在科学事业（scientific enterprise）的层面上实现的，而非说明性。可以明显地看出，对迪昂来说，简单地把实际的事实置于一个因果关系网中并由此使之变得理论化是不够的："日常经验的结果是感受到不同具体事实之间的关系。如果人为地产生一个事实，另外一些其他事实就会随之出现。例如，在一只已经砍掉头的青蛙的左腿上穿过一根针，并让它的右腿自由活动，它就会试图把针弄掉：这里你就有了一个生理学实验的结果。这是一个对具体而明显的事实的详细描述，若要理解它，不需要知道任何一个生理学词汇。"（Duhem，1974：147）这个描述如它尽可能的那样是有因果性的，但它的这种因果本性对迪昂来说不足与使之成为一个理论事实。对迪昂来说，理论负载因此与因果性几乎没有什么任何关系，而是与用具有抽象和符号结构的术语来描述的现象有关："实验物理学家进行操作的结果绝不是对一组具体事实的感觉；它是判断某些抽象和符号观念相互关系的阐述，而只有理论把它们与实际观察到的事实联系起来。"（Duhem，1974：147）

为了理解迪昂在这里所持的观点，我们需要澄清他对高级层次理论上的实验和"日常经验"层次上的实验之间所做的区分，后者完全不是理论性的。根据迪昂的观点，当一个理论可以通过用抽象和符号的表征为实验定律提供解释时，它就是高级的。在稍微低级的科学如生理学和一些化学的分支中，"在这里，数学理论还没有引进它的符号表征，"实验者可以"通过那些只是提高注意力的常识方法来直接面对事实"（Duhem，1974：180）（想想上面青蛙的例子！）进行推理。为了明确这种常识推理中操作的规则，迪昂引用了很多他的同胞，生理学家克劳德·贝尔纳（Claude Bernard）的材料。迪昂因此很明显的承认了观察和实验可以独立于理论的可能性，尽管只是在稍低层次上的科学。然而，请注意，独立于理论的东西对他而言与对汉森而言是不同的。

到目前为止，我们所得的结果是：汉森与迪昂的理论负载是两个不同的概念。对汉森而言，被注入任何因果性的东西哪怕仅仅是记录的事实都可以使它们成为理论性的；而对迪昂而言，伴随着抽象的、非因果结构的（因果）关系表征时，理论才开始。

现在让我们来看看第三位理论负载的倡导者，托马斯·库恩（Thomas Kuhn）。对库恩而言，理论负载首先是"范式负载（paradigm- ladenness）"：在常规科学传统中，科学家接受训练，并且这种经验决定了科学家如何看他的世界：

> 知觉本身也需要某些类似范式的东西作为前提。一个人所看到的不仅依赖于他在看什么，而且也依赖于他以前视觉—概念的经验所教给他去看的东西。（Kuhn，1970：113）

> 范式的改变的确使科学家们对他们研究所及的世界的看法改变了。（Kuhn，1970：111）

> 在新的范式中，旧的词汇、概念和实验彼此之间开始具有新的关系。（Kuhn，1970：149）

> 不同理论的支持者，就像是不同语言–文化共同体的成员一样。（Kuhn，1970：205）

在这里，我们看到在本章开头提到的两个定律的结合，包括心理学定律或适于感觉的定律、关于科学语言及其功能的特殊哲学观，后者坚信科学术语从一些先在的经验、信念或理论中获得意义并把意义仅仅置于它们的情境之中。

或许正是如此。倘若我们更加仔细一点，我们会发现，甚至库恩也承认"事实的基本新颖性"（fundamental novelties of fact），即与已经固定的范式相对立的真实发现。没有这种发现，正如他所认识到的，科学将只会在理论上发展，而绝不与事实相协调。"发现始于意识到反常，即始于认识到自然界总是出于某种原因违反支配常规科学的范式所做的预测。"（Kuhn，1970：52 –53）

我们现在必须弄清楚库恩所说的这些被科学发现所违反的"范式归纳的预测（paradigm-induced expectations）"从何而来：它们是从理论和抽象的结构（迪昂）或者是从实验中可被操作的那些要素的因果属性（汉森）而来

吗？对库恩来说一个很自然的回答将有可能是"两者都有！""观察与概念化，事实与理论同化（assimilation to theory），两者在发现中是不可分离的联结在一起的"（Kuhn，1970：55）。然而，如果我们更加仔细一点，我们注意到在库恩自己的例子中，几乎总是理论解释，理论的同化在发现中是起决定作用的，而很少是任何因果现象。我们看到的例子主要都是某人以新的方式识别一个为人熟知的实验或为人确信的现象。例如，拉瓦锡（Lavoisier）通过他的新范式使他"能够在实验室里看到普利斯特里（Priestley）产生出的气体，而普利斯特里自己却始终未能在实验中看到这种气体"，并且是"终其漫长一生"也未能看到（Kuhn，1970：56）。尽管库恩的论断与此相反，发现中的新颖性对库恩来说似乎是在"看"的过程中范式引起转变的结果，而不是一个新现象或是因果过程的重构。

库恩承认发现是由真正新的因果现象导致的唯一例子，可能就是 X 射线的例子。"X 射线发现的故事发生在某一天，当物理学家伦琴（Roentgen）中断了他对阴极射线的常规研究，因为他注意到与他的屏蔽仪器有一段距离的铂氰化钡屏，在放电的过程中，会发光。"（Kuhn，1970：57）虽然库恩似乎认为这种观察是理论负载的，但我坚信，在迪昂的意义上并非如此。假如是的话，按照理论负载的定义，伦琴将有可能根据他已具有的物理学理论并按他的解决方式来解释 X 射线。但是在这里，很确切的观点是，他并没有使用他的理论，并且它未能为这一新经历在其以往的理论结构中找到一个位置。正是这个原因使他中断了研究并问自己为什么屏幕会发光。但不言而喻的是，在汉森的意义上新观察是理论负载的，因为伦琴立即寻找他的仪器和屏幕发光之间的因果关系，尽管这与他所有的期望完全相反。

库恩的追随者可能现在会说，如果当时伦琴不放弃已经根深蒂固的物理学理论，由于该理论是不支持 X 射线现象的，那么他就不会留意发光的屏幕。这再次表明，正如库恩的拥护者将坚持的那样，观察被期望所支配。由于此时出现了一个反常的事实，那么，至少在这个意义上，伦琴的观察也是理论负载的。这也许是对的，但是值得注意的是，现在是理论负载的第三个用法。这表明一个观察越不可能发生，一个现象就越容易按照一个范式得到探测或吸引注意力：在这个意义上，一个观察者在预先没有一个特殊理论的情况下无法做出观察（观察者可能会注意到它或对其极为重视），那么观察就是理论负载的。

然而，这并不是关于观察的本性与它和理论之间关系的主张，正如之前论述的关于理论负载的观点所得出那样，这是关于倾向（disposition）的主张，即主体依据其先在经验和理论信念或怀疑来自感官探测到或识别一个现象的倾向。我们倾向于注意或忽视依赖特定期望和信念的现象，这是毫无疑问的。然而，无论观察者的期望和他感官能力之间的关系实际将可能如何，这种关系本身并不能把观察者的信念和所包含的观察术语的意义联系起来。假如这是对的，我们将不能探测到任何危机，即与我们理论期望相违背的观察。（因为在库恩的意义上，危机是科学革命的前提，所以库恩出于自己的理论的原因是不会抛弃危机的。）

因此，为了把第三类"理论负载"（倘若这个标签仍然完全合适的话）从汉森和迪昂主张的两种类型分别区分出来，我们今后将把它称为"理论引导"（theory-guidance）。它涉及做出一个特殊观察的倾向是如何取决于观察者的理论背景，这应该主要与库恩的理论有关。[1]然而，正如我们所看到的，理论引导并不能看做真正的理论负载，因为它与观察语句的含义是无关的。

让我们现在先暂时回到伦琴的实验室。他在注意到异常以后做了什么？他做了许多实验来研究这个事件的原因（cause）："进一步的研究，他花了七个激动人心的星期，在这期间伦琴极少离开实验室。这表明，产生光的原因是由于光从阴极射线管沿直线发出来，辐射所造成的阴影不可能因磁铁和附近其他许多仪器发生偏转。在发现其之前，伦琴自己深信，这种效应不是由于阴极射线，而是某种至少与光类似的东西引起的"（Kuhn，1970：57）。这可能是库恩在对实验进行研究时，唯一一处在他书中使用"原因"（或是同等的表达）的地方。这个引用生动地表明，伦琴所做的实验不是用来检验一个理论，而是在涉及所使用的科学仪器和装置时，用以扩展我们对因果联系的知识。（Steinle，1998：284-292）更加细致地研究了这种类型的实验，并将它称为"说明性的"。)

我们所做的论述对伦琴早期实验研究一个最恰当的描述是什么？在库恩的意义上它们肯定是理论引导的，并且在汉森的意义上是因果负载的，但我主张，在迪昂的意义上却不是（或者尚不是）理论负载的。伦琴在他激动人心的七周期间所做的实验同样是一种"具体而明显的事实之详细描述"，正如上述提到的砍掉青蛙头的实验一样。与迪昂的例子做一个类比，我们可以说，即便伦琴没有掌握一个物理学的词汇，他也已经明白这些事实。为了进行他最初的实验，唯一他必须拥有的知识就是他所运用的仪器因果能力（毫无疑问，越是理论渗透地去看 X 射线管，X 射线管就越纳入一个新理论。)

伦琴的一系列早期实验肯定能够（并且它能够！）从库恩主义的"理论同化"（assimilation to theory）过程中被系统地区别和分离出来。这样一种同化当然也可以在实验过程中进行。当库恩说，只有在这种同化已经完成，并且这个现象已经获得了一个抽象和符号的表征，我们才可以说这是一个 X 射线的"发现"。库恩在这点上是正确的。而在这种解释出现以前，我们只能说异常出现了。

尽管如此，X 射线的案例表明，在一个重要的意义上，实验本身可以，并且经常是自主的和没有理论的。[2] 把实验仅仅看做用来检验的这种由理论解释带来的预先形成的观念是错误的。我们应该从 X 射线的案例中汲取经验并区分两种实验：一种是因果性的实验，但它没有被纳入一个理论结构当中；一种是实验预设了这样一种框架的知识的实验。我认为库恩的论述由于模糊和消解了这种差异，并且过多地用迪昂主义的理论解释概念来表明范式的概念，因而导致了更多的缺陷。有时候库恩似乎意识到了这点，他强调说："例如，在比定律和理论更低、更具体的层次上，有着许多承诺，由它们支配着仪器操作的类型并规定了正当地使用这些仪器的方式。"（Kuhn，1970：40）他很明显说的是 X 射线发现，它正是这样的例子。因此甚至在库恩那里显现出一种意思，即实验能够独立于范式的理论承诺，同时实验仅仅依赖于一个已经确立的仪器操作传统，尽管库恩没有把这个观点向前推进。

我对实验活动中自主的"低层"方面的强调，是一种向实证主义精神的复归吗？绝对不是。在我的论证中没有哪个地方诉诸中立的经验证据如"直接经验"、"纯感觉材料"、"被给予的"或"纯观察语言"等这些东西，以它们来最后决定性地支持或反对一个理论。这里所要主张的仅仅是两种类型的实验应该保持概念上的分离：一种是在因果层次上仪器操作得以识别的实验，一种是理论层次上发生的实验，它在因果层次上的实验结果可以用理论的超级结构（它本身也具有因果含义）来表征。通过这种方式，所有那些认为观察独立于理论的观点（正如库恩和汉森所认为那样），也就是典型实证主义的观点将得到避免。

迄今为止，我们的讨论提出了两个观点：第一，我们应该把"理论引导"和"理论负载"的概念区分开来。就我们在库恩那里所发现的意义上，即使所有的实验都是被理论引导，仅仅这并不足以证明实验结果的观察材料是理论负载的。这是因为，单独的理论引导并不能确立观察术语的含义和引导观察的理论其含义之间的关系。第二，我们应该区别"通过诉诸因果理解的理论负载"和"通过理论解释的理论负载"，或者，用库恩的词汇来说，就是"理论同化"。后者必须反映前者，而不必像库恩和汉森（以及许多其他人）那样，认为还有其他办法。注重因果理解和理论理解从分离、独立的观点到相互融合，直到它们达到一个平衡的稳定状态，比起事先混淆它们来说，具有更大的意义。

为了避免误解，我们甚至最好保留迪昂所认为的"理论负载"这个词的含义，即"通过理论解释的理论负载。"当汉森在他自己的论述中引入这个词时（确切来说他的命名是"理论负荷，theory-loaded"），他主要的意图不是声称所有的观察都是按照一个理论来解释，而是强调说，与实证主义者相反，观察总是预设了一些超越直接经验的因果观念。我们当然可以认为所有的因果叙述都是理论叙述，并且汉森可能是这个观点的倡导者。然而，我认为，这似乎有点走过头了，因为有许多我们日常生活中交流的例子，在那里我们以一种说明的方式使用一些因果负载的术语，但是却没有涉及任何理论或理论实体。当某人问我为什么灯会亮，我可以在我的回答中使用因果词语（"我按了开关"），而没有诉诸任何有关电荷和电流等等其本质的理论。"理论负载"这个词在它最原初的意义上涉及的是，超越了"日常经验"因果理解的理论解释。它应该保留这个意思而并不应在汉森所倡导的意义上被弱化。

7.2 仪器以及它们在实验中的使用

按照前面的论述，似乎明确科学实验的中心和首要成分所包含的因果要素是有益的，那就是科学仪器。这样，实验就可以通过它的两种形式得到更加细致的研究：作为改善和扩展因果知识的实验以及作为调节与理论情境相适应的实验。此外，这样一种说法使得我们正视实验的真实历史是有可能的，实验被它所包含的仪器推进。

倘若我们从第一种形式来看实验，即通过各种仪器手段来进行的因果操作，那么我们可以区别哪些仪器是为了实现一个生产性的（productive）作用，哪些仪器是为了具有一个建构性的（constructive）的作用。[3]生产性的仪器，其目标是为了制造出一般不在人类经验领域里面出现的现象。当伦琴运用他的仪器以及发光铂氰化钡屏来试图完成前所未有的另一种效应时，这些仪器就是生产性的。如我们所知，他发现在特定的条件下他能使它投射出阴影。我们可能会说，伦琴的仪器是无条件生产性的，但是有其他一些生产性的仪器制造的是已知的现象。尽管在现实环境中它们不曾出现过。我所思考的是一些为了提升人类感官的仪器，如显微镜或望远镜。而另一类有条件生产性的仪器是那种试图分析一个现象或把现象分成尚未知道的不同组分的仪器。一个典型的例子就是分光镜。

伦琴同时也建构性地运用他的仪器，他试图控制现象以便使之按照一定方式运行。这种实验的目标是为了产生一个"纯形式"类型的效应，而没有任何并发症或附加物来破坏它或者与之相异。另一个目标就是为了驯服现象使它能够按照一个特定期望的方式来操作它们。麦克马林（Ernan McMullin）就是从这个方面来谈论伽利略实验的"因果理想化"（McMullin，1985：247-273）。我们也可以提及库恩最中意的例子，即大约在1745年发明的莱顿瓶。可以这么说，这个仪器在当时并不是用来揭示电的现象，而是用它来收集和储存电的。莱顿瓶研制出来是为了以一个期望的方式制造出期望的效应。

第一种形式中的另一类实验是按照模拟（imitative）仪器完成的实验。它们被用来以相同的方式产生在自然界也出现的一些效应，而不受到人类的干预。例如，我们发现在生物学的一些实验中，仪器被用来近似地模拟有机体中一个酶的产生。

倘若我们从第二种形式来看实验，当在仪器的帮助下调整实验时，使之与理论情境相适应或者同化到理论解释之中，我们发现仪器的其他作用会变得很显著，尤其是我所称为的仪器表征（representative）作用。在这种情况下的目标是，在仪器中符号性地表征自然现象的关系，并因此可以更好地理解现象是如何有序和相互关联的。仪器能满足这种功能的例子有钟表、天平、静电计、检流计、温度计等等。正如贝尔德曾经命名的那样，这些是"信息转换（information-transforming）的仪器"；它们把输入信息转换成为更有用的输出形式，尽管所涉及的属性高度集中，它们却保持现象的秩序（Baird，1987：328）。例如，在一个温度计的例子中，热对我们感觉而言可以理解，热的不同状态可以转换为仪器自身的不同状态（即水银柱的不同高度），这对我们来说是可以用视觉来理解的。热状态的秩序差不多被水银柱的秩序所保持［参见 Mach（1896）］。仪器所经历的变化可以用来表征测量现象的变化。

第一个层次的实验中是生产性和建构性仪器的运用，而理论层次的实验中是表征性仪器的运用，它们两者的区别在一定程度上反映已经被提出的另一种区别：17世纪就存在"哲学"与"数学仪器"的区别。当布赫瓦尔德（Jed Buchwald）主张要区分"发现的实验"和"测量的实验"（Buchwald，1993：200）时，这种区别在我们这个时代被再度提出来。相似地，哈克曼（Willem D. Hackmann）也区分了介入自然的"积极仪器"和试图减少任何对相关对象影响的"消极仪器"（Hackmann，1989：39-40）。

为了阐明我的主张，我将看一下使欧姆定律成为范例的实验并追问欧姆的电流理论定律如何被发现，仪器在这个发现的过程中起到什么作用。[4] 1825～1827年，欧姆进行了一系列实验，他主要依靠两个仪器：用来测量他称做"验电力"（electroscopic force）或电路"张力"（tension）的验电器，这种力后来被基尔霍夫于1849年确定为"势差"。另一个仪器是用来测量电流"激发力"或"导体磁效应力"——电流强度的检流器。在欧姆的实验中仪器都起到了建构性和生产性的作用。验电器首先被作为一个建构性装置用来检验纯形式的电荷，这种纯形式是电荷在任何地方具体情形下产生的抽象。但后来，欧姆把它从静电变换为（动态）情况的电流，使之作为有条件的生产性装置来使用并得到前所未有的效应。结果，动态情况下的"张力"后来的使用对欧姆同时代许多人来说，被证明是很难理解，并且他们中很多人拒绝这种力的存在。

当然，验电器最初出现在奥斯特（Oersted）的"基本实验"里，这个实验被用来制造带电流导线的磁效应。当它不同的状态被看做一个与动态作用力相关的方面时，在欧姆的手中它同样也充当着建构性的装置。这同样没有得到很多欧姆同时代人的赞许，因为他们深信，电的动态作用在有化学作用出现的情况下是不同的。然而，欧姆是伏特（Volta）理论的一个追随者，按照伏特的理论，电作用（electric action）只取决于两个金属的接触，而且不是一个化学活动的结果（伏特极的作用被解释为所谓的接触理论，它是不出现任何化学作用的）。确实，欧姆认为在一个"电池组"中化学活动应该避免，因为电池效应的"自然净化"（natural purity）比它们更优越。按照《物理学年鉴》（Annalen der Physik）主编的一个建议，欧姆从 1826 年开始在他的实验中使用了温差电源（thermoelectric source）。这个温差电源有两个作用，它既是生产性又是建构性的装置：之所以有生产性作用，是因为所有动电的其他来源在高度不稳定的时候都可以使用；之所以有建构性作用，是因为它产生了纯形式或理想化形式的作用，可以这么说，正如欧姆认为的那样，没有任何化学"污染"。

上述欧姆对他仪器的建构性和生产性使用发生在一个因果层次上，这个层次是无需理论的，同时也被仪器的有效因果可能性所引导。现在因果层次上附加了表征或符号的层次。欧姆通过三个方法使他获得了实验的表征和符号意义：第一，他不仅将仪器作为生产性和建构性的装置，同时也作为表征的仪器，即测量的仪器，因而获得一个像库恩所说的"符号概括"，它起到了一个统一公式的作用。第二，欧姆的方法使他能够创造并定义一个新的理论概念，即"电阻"或"传导率"的概念。第三，欧姆能够给出一个对相关仪器的理论——就像 Duhem（1974：153）曾经阐述的那样："用一个抽象和扼要的表征来替代组成这些仪器的具体对象"。

正如我们已经注意到的，欧姆通过他的仪器最终获得了一个公式。这个公式被熟知为欧姆定律，它可以用公式 $I = V/R$ 来表示。确实，通往这条公式的道路是一条蜿蜒曲折的道路，并且欧姆必然地付诸了许多努力才得到这个结果，包括在实践和理论方面。极其有意义的是，他关于闭合电路电活动的理论概念是在库仑（Coulomb）静电范式的指导下首次提出的，而欧姆早已能够用他定律的一些类型来描述这个范式。这暗示了"电阻"的概念与摩擦现象中的机械阻力很相似。之后，通过对傅里叶（Fourier）热导作用理论以及电导作用进行的类比，欧姆构想出了一种新的电导作用。在此意义上，"电阻"这个概念变成了不再属于欧姆因果层次实验上的一个相当理论或理论负载的词；它只有在符号表征的层次上被获得和公式化。[5]欧姆可以在他第一个层次的实验中通过以下原因来直接避免测量电阻：用一条短而粗的"标准导体"来代替电路的外部部分，使 I_n 成为一个电路的强度。（"I_n"代表"正常"或"标准"电流强度。）如果 R_i 表示电路的内部电阻，R_o 表示外部电阻，那么我们可以得出 $I = V/R_i$。对于一个非标准导体的电路，我们就可以这样写 $I = (R_i) \times I_n / (R_i + R_o)$。我把第一个 R_i 加上圆括号是因为，欧姆认为这不是这个比率的一个常数因子，而是它依赖于电路的内部电阻。仅仅是在后期，是他才把 V 表示为 $(R_i) I_n$。

应该很明显的是，欧姆也能够将他的新数学公式运用于检流计和验电器，并预测在不同情况下它们的表现。最终，正是欧姆定律在进行所有的电路测量时表现出来的实际可用性，特别是它的技术应用，例如电报，使得它最后被人们接受。人们很快意识到，欧姆定律就其电动势起源的正确理论是完全中立的；正如皇家学会在 1841 年把科普利奖章（Copley medal）授予欧姆时写的那样，不管"那种电动势是否被认为是从不同金属的接触产生（正如它的创立者库仑认为的那样）还是与化学作用（agency）相关"，它都是正确的（Royal Society，1841：336）。

7.3 结　　论

在观察特别是在实验中理论负载的标准观点太过于粗糙。第一，我们不应该把理论负载与库恩著作中出现的"理论引导"的概念相混淆。第二，我们应该区分在首要因果层次上科学实验（如果按这种方式称呼它仍然合适的话）的理论负载以及在伴生的、次要层次上科学实验的理论负载，后者是当理论通过科学仪器拥有直接因果现象，以及当需要调整因果图景以适应理论和符号情境时出现的。很多情况下，第一个层次的实验不用考虑第二个层次，就可进行。

确实，在高级和成熟的理论中这两层形式是不可分离的混合物，正如迪昂和库恩大量论证的那样。然而，很清楚的是，当一个新领域被研究时，实验是独立于理论之外进行的，我们只需考虑所使用仪器的因果力。正如我已经试图表明的，对因果和理论层次上实验的区分，同样使我们进一步阐发了科学实验中仪器的不同作用。最后但不是最不重要的一点是，这种看事物的思维方式使我们能够将些许认识论尊严还给实验，这种尊严在过去经验主义比较受到尊敬的时候还是经常有的。同时，这种看法也使我们从极端的建构主义模式中解放出来，而不必退回到实验主义的初级形式。

注　释

约翰·迈克尔对我英文水平的提高有很大的帮助，在此表示感谢。

[1] 顺便注明，在这里被重构的"理论引导"并不是库恩从感觉心理学中接手过来的唯一观点。我们在他的书中同样碰到了相反的主张，即一个范式越牢固，范式的遵守者就越忽视危机的存在，这种倾向只有在范式进入危机的时候才会弱化。

[2] 这个主张当然首先是 Hacking（1983a：esp. chap. II）提出的，但我这里对此的论证与哈金不同。

[3] 本章中所论述的对实验中仪器的分类，最先在 Heidelberger（1998）中提出。

[4] 更详细的叙述，参见 Heidelberger（1980），或有稍许错印的德文版翻译——Heidelberger（1983）。

[5] 我曾在 Heidelberger（1979）中讨论了欧姆如何在他的理论中通过假定欧姆定律的有效性来定义"传导性"。同时我试图表明这种方法并不是一个循环论证，这不仅对欧姆的例子来说是这样，而且包括当引入理论术语的时候这都是一个常用的方法。

8 实验科学中的技术和理论

汉斯·拉德

我首先从方法的观点开始说起。如果我们试图提出一个关于科学实验哲学问题的具体主张（例如"不可能有独立于理论的实验"），那么我们需要清楚至少是在大体上表明什么才算做实验。于是，一个可能的提议是，实验即科学家们所称做的实验。然而，始终如一地按照这种说法，将意味着我们简单的想当然接受了科学家们的直觉和概念。假定科学家与哲学家追求不同的目标，这是一般来说不值得推荐的。例如，科学家不必费心去区分所研究对象是被操控的实验和不属于这种情况的"实验"的差别。但是，这种区分在哲学上却是十分必要的。另一个办法可能是用科学家们的实验而非他们的语言来决定什么称做实验。不幸的是，这种办法也不成功，因为科学家所做的并不清晰明确地决定他们做的是什么。所以，什么算做是一个实验的问题？它在什么时候或什么地方开始或结束？它包含什么或排除什么？不能仅仅通过关注科学实践如何进展而得到回答。同时我们需要像哲学家们一样加入我们的前理解，这种前理解在对科学实验有更多了解的过程中将会得到调整和改善。这样，我们可以由对实验实践的研究来获得最终的论述，但这种方法不是决定性的。那就是说，当我们研究科学实验实践时，我们将同时会面临解释学循环的问题。

本章的重点是科学实验哲学中的两个中心主题：科学和技术的关系以及实验实践中（现有）理论的作用。在处理这些主题时，我自己的前理解源于我早期对科学实验的论述（Radder 1986；1988：chap. 3；1996：chaps. 2，6）。根据这些论述，一个实验者试图实现一个对象和一些仪器的相互作用，从而以这种方式在对象的特征和仪器的特征之间产生一种稳定的相互关系。如果一个实验成功了，那么同时也完成了两个目标。首先，一个稳定的实验（或对象—仪器）系统在物质方面获得了实现；其次，它已证明，我们有可能通过观察和解释仪器的相关特征来获取对象相关特征的一些知识。再次，科学实践并非由单一实验者操作的独立实验组成，我们必须检查这些个别实验如何被纳入并使用到更广的实验和理论情境中去。因此，假如想确定怎样才算做一个实验，我们需要去研究稳定实验系统和由实验获得的那些知识的更广泛的功能和意义。

8.1 可复制实验结果的理论含义的不可还原性

从科学实验研究中，很自然地出现的一个主题就是科学与技术的关系。这是一个广阔和复杂的主题，可以从许多条进路来研究（Staudenmaier，1985：chap. 3；Radder，1987；Joerges and Shinn，2001）。其中，一条进路包括把科学与技术置于它们的历史发展进程中，然后来研究它们的相互作用。一个富有争论的问题就是，在什么程度上，科学塑造着和塑造了技术，以及反之，技术对科学现在或业已产生的影响是什么（Bohme et al.，1983；Keller，1984）。另一条进路则更为理论性。它首先试图按照某些基本特性来定义科学以及技术，在此基础上来解释它们的关系。例如，一个相当普遍的观点认为，科学与技术之间存在一个基本的差别，即前者受寻求真理的驱动，而后者则以解决实际的社会问题为目标（Bunge，1966）。相反，有相当一部分学者强调了实验的重要意义，他们做出解释，设想科学基本上是与技术相似的。在接下来的章节中，后一种解释的两个观点——彼特·贾尼奇（Peter Janich）与拉图尔（Bruno Latour）的观点将会得到详细的分析和评价。

8.1.1 作为技术的科学

贾尼奇对科学与技术相互间关系的说明建立在一个较宽的德国哲学传统，包括如哲学家雨果·丁格勒（Hugo Dingler）和保尔·洛伦茨（Paul Lorenzen）的思想以及在这个传统下哈贝马斯早期对科学和技术的观点。这个进路被称为"方法论的"或更切近地说法"文化建构主义"。由它产生了许多关于科学实验其本质和作用的哲学研究（相关观点参见：Janich，1996a：chap. 1；Lange，1999：chap. 3）。

在1978年贾尼奇的"物理学——自然科学或是技术?"一文中，他将科学和技术的关系与观察和实验的对比联系起来。他对这两种活动做了一个区分。例如对有机体细胞、云、星星、湖泊等的观察，揭示了自然的独立于人类的现象。相反，实验特别是实验测量产生的是人工的结果，如长度、持续时间、速度和质量，这些结果都必须依赖于人类以及技术行动。"做实验更多的是一个产生技术性结果的活动，它能够被合适地描述为工程化而非一个科学活动，恰当地说，是一个机器的建构物而不是一个对自然的探索，是一个产生人工过程或状态的努力而不是一个对真命题的寻求。"（Janich，1978：II）因此，作为自然科学的物理学——观察的物理学在这里是与实验物理学或作为技术的物理学相反的。[1]尽管在最近的著作中他进一步弱化了这种区分，但是在同一篇文章中，他已经给出了区分作为自然科学的物理学和作为技术的物理学所具有的哲学意义。为了达到这个目的，贾尼奇提出了四个不同的论证。

第一，他写道，对自然现象的科学观察依赖于人工现象的实验科学情境中被开发出来的仪器（Janich，1978：22）。如果我们注意到贾尼奇早期观点所引发的下列问题，这个观点可以得到强化。假定一个湖泊是自然存在的例子。按照贾尼奇的解释，湖泊的空间维度、它已经存在的时间（年龄）、湖水的质量以及湖水波浪的速度等这些东西都不独立于人的活动而存在。那么，在什么意义上，能说一个湖泊仍然是一个自然存在？

第二，他认为实验和技术是很相似的，它们都是文化的成果。这个观点就是说，只有与如何算是成功的这一文化规范相联系，实验或者技术活动才能够获得成功。尤其是，一个成功的实验要求所使用的仪器不被干扰（Janich，1978：17；1998：100–101）。例如时间的测量，假如时钟的钟摆由于温度的不断上升而变长，那么测量就不会成功。由于什么算做不被干扰的仪器操作这个问题不能通过自然法则的基础来决定，因此贾尼奇在其论述中强调了文化特点。相应地，他批评了自然主义的解释，即认为物理学是一门价值无涉的对自然客观、统一法则进行的探索。

任何人在这里可能会补充说，成功标准具有文化本质的观点同样也可以应用在观察上。观察仪器（镜片、望远镜、显微镜等）也应该被干扰因素所屏蔽。用脏的或模糊镜片做出的观察不算是准确的观察。根据这个论证，实验和观察都可以视做文化的、技术的活动。因此，这进一步弱化了观察和实验测量之间的差别，并因而强化了科学作为技术的论证。

第三，贾尼奇主张，对自然现象进行因果说明的辩护取决于在人工制造实验室条件下重复或者模拟这些现象的可能性（Janich，1996a：48–49；1998：108）。因此，正是实验室实验关于特殊材料发射的光确证了星光中的光谱线是由特殊的原子和分子引起的，不管它们是在星球内部还是在星球与观察装置之间存在于空间的原子和分子。或者，引用贾尼奇自己的例子来说，正是当光线被干预物体中断时，关于阴影如何形成的实验才让我们对日食的因果说明充满了信心。

第四，也是最后的论证中，Janich（1996a：50–51）主张所有的科学理论——甚至那些有关"自然"现象的理论，如天文学的理论——应该被解释为预定的知道如何的知识（know-how），是一种关于事件的实际状态应如何借助于技术干预而产生的知识。并且，这种知道如何的知识被认为是建立在对仪器活动的成功操作的基础之上，而这种操作是独立于语言与理论的。"预定的能知知识命题的基础……能够通过按照一种确定和决定性的方式来获得，即求助于关于如何行动的最基本操作说明。然后，只需根据这些基本的说明，以一种独立于语言的方式执行它们，在这个意义上，产生出事件的基础状态"（Janich，1996a：50；笔者翻译）。例如，物理学被认为预设了一个系统的先验（prior）"元物理学"，它通过把一些操作和相关测量仪器绑定在一起，为基础物理概念（长度、时间和质量）提供了规范的定义，或更合适地说是规范建构。因此，贾尼奇关于作为技术的科学这种建构主义论述暗示着一些基本的理论概念或科学理论的核心，它们依赖于独立在语言和理论之外的仪器活动。在这个意义上，科学最终是技术。

我基于两个理由来讨论这个"科学–作为–技术"的进路。如果思考科学的哲学及社会文化含义，那么我们考虑科学和技术之间的密切联系是至关重要的。这种联系主要起因于实验的活动以及生产的特点。毫无疑问，贾尼奇的进路并不是唯一一个强调科学与技术紧密关系的进路（Dingler，1928；Habermas，1970–1978，Radder，1986，1996：chaps. 2，6，7；Ihde，1991；Lelas，1993，2000；Lee，1999）。然而对科学采取理论（theoria）或旁观者的观点远远没有灭绝，特别是在科学哲学和认识论中（Tiles，1993）。因此，重申科学和技术之间有其内在联系的一般观点依然很重要。[2]

同时，尽管如此，我想要论证的是贾尼奇关于"科学–作为–技术"的观点并不能为科学提供一个充分的、广泛的解释，也包括为实验科学。这种观点的不足之处在于它的还原主义倾向，这也是这个观点的特征。贾尼奇的建构主义进路旨在通过表明理论概念的含义是如何并应该基于具体的实验程序被建构起来，从而清晰明确地对它们进行定义。与这种主张相反，我将论证，这些理论概念是无尽开放的（open-ended），并因此它们的含义受到一种特殊的不确定性影响。所以我对贾尼奇"科学–作为–技术"观点的批判主要与我上述的第四个论证相关。更一般地，我认为，由于其直观和有争议的不可靠性，任何把实验的理论或理论解释完完全全地还原为独立于语言的活动的主张，将会适得其反，因而最后只会有助于对科学进行理论的（theoria）的说明，而不是导致它的覆灭。

8.1.2 实验可复制性与语言、理论的不可消除性

在贾尼奇的说明中，理论很强地依赖于特殊的实验装置。例如，他声称理论的功能在于使传统（tradition）变为可能，那就是说，为了同其他人交

流，知识需要通过特殊的实验干预来获得（Janich，1978：19-20；Lange，1999：68）。相反我认为从实验到理论最重要的一步是从具体的实验过程中分离出已经实现了的理论概念。

为了得出这个观点，我需要简要地处理实验的再现（reproduction）和可再现性（reproducibility）这个问题。[3]区分三种类型的可重复性是很有用的：实验过程中物质性实现的可重复性；在固定理论解释下对实验过程的可重复性；实验结果的可重复性，也可以称为实验结果的可重复性（Radder，1996：chaps. 2，4）。我所表达的意图和重点在于可复制性（replicability）与前面两种类型的可重复性的差别。

可复制性的概念可以做如下解释。在实践中，科学家们指定实验过程的整个理论解释中的一个部分或一个方面为实验的结果。哪一部分或方面将成为实验的结果，这取决于具体的情境。把一个结果分离出来，使科学家能够集中关注整个实验过程的某一部分或某一方面，并因此能够去思考这些结果而不去管它最初是从哪个具体过程中产生的。一般来讲，实验结果将是实验过程某些输出结果的陈述。例如，我们要制造一条（近似的）单色的黄色光射线，可以通过把白色的太阳光穿过棱镜，然后通过屏蔽掉其他颜色的光而选择一条黄色射线，并且测量它的频率。在这个理论解释下，如果实验是可再现的，那么我们将可以指定"这种黄色光色射线是（近似）单色的"作为这个实验的结果。

然而，在实验实践中，比起复制整个实验过程来说，科学家们更愿意借助一个十分不同的实验装置来再现一个实验结果（Collins，1985：19；Hacking，1983a：231；Rouse，1987：86-92；Baird：this vol.，chap. 3，sect. 3. 2）。事实上，许多想尝试的复制都证明是成功的。例如，想象有第二个实验者，他试图想使用相当不同的实验过程来复制上面所提到的棱镜实验结果。例如，黄色光射线现在由一个实验室情境中制造的受激原子所发射，同时它的频率可能通过一个不同的频率测量装置来测量。在第一个实验已被成功完成，而第二个实验只是被假设和认为是合理的但还未执行的那一刻，让我们来考虑第二个实验者。显然，实验者在计划和设计第二个实验时会假定，通过新的实验步骤下列陈述同样也可以实现："这种类型的黄色光射线是（近似）单色的"。

更一般地，科学家通常假定，尽管实验结果是对原始实验特殊实现条件的抽象，但仍然是极有意义的。通过将实验结果应用到物质条件不同的领域，实验结果的作用域得到了扩展，这种合理尝试包含了对原始实现情境的抽象。如果一个实验结果成功地被应用于某个特定领域，并且如果它在一个或更多新领域中可能被实现，那么我将说这个实验结果是可复制的。可复制性结果的概念是一个模型概念。它指定了一些实现条件，它们能够保证实验结果的实际复制，如果这些条件能够并将被实现。这个观点可以概括为，出现在描述可复制性结果中的理论概念具有一个非地方性的含义（nonlocal meaning），它们超越了原本所具有的含义，即仅是对已经实现的实验过程其结果的解释。因此，这些理论概念的非地方性含义反映了"未意料到的结果"，这些结果可能起因于它们在新境况下的潜在用途。[4]

正如我们已经看到的，在贾尼奇的论述中，科学最终能够建立在独立于语言之外的仪器活动的基础之上。相反，本节内容的主张是，可复制性要求的频繁出现以及理论概念的非地方性含义，反驳了可以把实验结果还原为一套固定的仪器活动。贾尼奇假定了实验上可测定的概念（如对一个物体长度的测量）其含义被特定的实验程序规范地固定，而这些概念能够通过这些程序来得到实现。然而，以上的论述却意味着，在对可复制性结果进行描述时这些理论概念能够用语言进行表达，它们不是一种固定不变的含义，而是一个非地方性的含义。正是由于这种特殊的"无尽开放性"（open-endness），理论概念及其语言表达不能还原为一套固定明确的、独立于语言的活动。[5]

8.1.3 可复制性在爱迪生建构白炽灯中的作用

为了论证提出可复制性观点的实际重要意义，我将思考托马斯·爱迪生（Thomas Edison）发明白炽灯的案例，正如拉图尔对它的回顾和解释那样。在拉图尔的行动者网络理论中，科学被视为基本上近似于技术。（Latour，1987：131-132，168-169）。更具体地，拉图尔关于科学的理论方面类似于贾尼奇的主张，即理论定律和理论的含义不会超越在第一地点产生它们的所有活动（即网络间相互作用）。一个理论公式，如欧姆定律，"在本质上无异于能使元素组合、移动、排列、展示的其他工具，无异于一个表格、调查问卷、清单、图表和标本集"（Latour，1987：238）。而且，定律和理论并不是自主的。与拉图尔经验主义倾向的研究特点相一致，他尽力不去把一个自主的含义赋予"抽象的"理论或公式。它们的含义不能从产生它们的网络中进行抽象（例如，通过一个具体实验过程产生的一个图表）从而得到确定。"这些公式……构成了，照字面的意思说，所有这些移动、评价、检验和联结的总和。它们告诉我们什么与什么相联系"（Latour，1987：240）。定律和理论只不过是对更"经验性的"科学结果的一种特别概括，也因此，它们的含义仍然与不同的地方性网络的含义以及它们所概括的结果相联系。[6]同时，拉图尔强调了理论和数学的研究对于（研究）科学的基本意义。数学理论被称为科学网络的"真实的中心"，并且它们的研究和解释被认为比那些事实的建构更为重要（Latour，1987：240-241）。

爱迪生在 19 世纪 70 年代末~80 年代初建构了一个电照明的系统，拉图尔用这个案例来阐述了他关于定律和理论的观点。这个庞大的技术系统必将与煤气照明系统相竞争并最终取而代之。这项建构工作一个主要的部分就是白炽灯的发明。爱迪生的发明是一个经济、技术和科学等方面综合而得到的产物（Hughes，1979；Hughes，1983：chap. 2）。一方面，考虑到铜线的高昂价格，铜导线需要尽可能的细，以便使这项技术更有竞争力。另一方面，为了在配电过程中使通过以热形式损耗的能量降低到最小限度，导线需要有一个很大的横截面。欧姆定律和焦耳定律的结合为爱迪生和他的同事们提供了一条走出这个两难困境的道路。通过提高灯丝的电阻，电流就会变小；因而即便在细导线中，能量的损耗可以被限制。这样，任务就是要找到一个高电阻的灯丝，这同时也碰到了其在白炽灯中使用的另一些技术需要，如它的持久性、耐熔性以及并联接线的可能性。

按照这种方式，爱迪生的推理过程结合了理论–数学的论证以及经济和技术的考虑。受欧姆定律和焦耳定律推论结果的引导，他着手开始了系统的实验研究来寻找一种合适的灯丝。托马斯·休斯（Thomas Hughes）把这个阶段描述如下："1878 年秋，爱迪生开始用碳丝来实验，但他发现主要的问题在于这些碳丝的电阻太低……一个表面上的深思熟虑（用大量的铜线作为导体），其问题的结症确实在于商业上……继而爱迪生说为了获得一种高电阻的灯丝，他从碳转到许多的金属，并一直不断继续实验，直到 1879 年 4 月时他对铂金有了极大的信心，由于密封的气体已经被抽出灯泡，因而提高了它的耐熔性"（Hughes，1979：137）。拉图尔通常用爱迪生的这个案例来支持他的行动者网络方法，尤其是他对理论概念及其含义的"操作主义"解释——如出现在欧姆定律和焦耳定律中的那些理论概念。

然而，我所回顾这个案例的重点在于表明，爱迪生发明白炽灯的案例并不适合于拉图尔的框架，相反，它验证了可复制性结果其非地方性含义的重要意义。要明白这点，我们要思考对事件的以下论述。借助于 19 世纪电、热理论的概念如电流、电压、电阻、电力、电源等，一些有争论的实验结果得到了描述。在爱迪生开始研究时，这些结果已经被欧姆和焦耳在大量的特殊实验过程中实现，同时它们被发现与一定具体的方式有关。爱迪生对高电阻灯丝的研究和他想要用"许多金属"所做的实验，包括铂金，都基于一个预设，即欧姆和焦耳的实验是可复制的。那就是说，只有当爱迪生假定相关的实验结果在他自己实验的新情境中能够被重复时，他的计划才是有意义的。换句话说，当爱迪生在开始他的实验研究时，他假定了这些结果具有一个非地方性的含义，它超越了它们原本在欧姆和焦耳的实验中所具有的作为使用的后果。

爱迪生寻求一种具有特殊属性的新金属。他并不是努力使他的实验尽可能地与欧姆和焦耳的实验相似。通过一种特殊的方式，他"切断了"欧姆和焦耳从网络中获得的实验结果，它们到那时为止只在这个网络中被实现。或者说，相关概念和定律其含义的非地方性暗含的想法构造了爱迪生的研究，并在一个特定的方向上引导着他。很关键的一点是，这种构造和引导发生在重复欧姆和焦耳的实验实际上还没有实现之前。相反，拉图尔主张，只有"一旦网络处于合适位置"（Latour，1987：239）时，理论定律和数学概念或公式才能够起作用。因此，他不能解释爱迪生建构电照明系统这个重要阶段。这个缺陷的基本原因在于，把实验结果视为仅仅是过去行动的一个总和，这种解释不能公平地看待实验可复制性观点所具有的未来导向（future-oriented）和启发性意义。

8.2　无理论实验的不可能性

本章的第二个主题就是实验实践中（现存）理论的作用。许多哲学家们已经强调了实验活动对于理论的相对自主性。在贾尼奇 1978 年的文章中，他表达了以下的观点："一方面对学术传统的高度重视以及另一方面对技术应用的一定轻视，导致了历史上的一个信念，即实验无非就是从自然获取真知识的一个手段，尽管实验在一开始人们使用工具时起了很重要的作用，并且它导致了独立于任何理论主张的技术的发展"（Janich，1978：18）。伊恩·哈金（Ian Hacking）也从相似的路线提出了论证。他探讨了"实验必须总是由理论来推进"这个主张，并提出要区分这个主张的强与弱两个版本。"弱版本只是说在你做一个实验之前，你必须对自然和你的仪器有一些观念（notion）……但是有一种强版本……它说，只有当你是在检验一个有待验证的现象的理论时，你的实验才是有意义的。"（Hacking，1983：153–154）随后，哈金认为弱版本是似是而非的或者甚至是不重要的。按照他对实验实践的理解，没有观念的"实验"是无意义的，因而根本都不算是实验。相反，强版本的主张除了别的以外，由李比希（Justus von Liebig）和波普尔所倡导。据说基于科学史的例子是无法得到保证的。因此，许多值得注意的现象在没有依赖于任何理论解释的情况下照样可以对它进行经验研究。[7]特别是哈金提到的大量在 1600 年至 1800 年间早期光学史中所做的实验，就是如此。

　　最近，实验独立（或依赖）于理论的问题得到了较为详细的检验。弗里德里希·斯坦尼（Friedrich Steinle）探讨了实验是否总是受理论"引导"的问题。如果一个实验被清晰的计划、设计、操作，并按照一种关于验证对象的具体理论主张的视角来被使用，那么它就是理论引导的（Steinle，1998：286，289）。在这个意义上，理论引导处于持有某种观念和检验某个理论之间的某个位置。它比前者更为具体但却比后者包含更多的东西。接着，斯坦尼介绍了探索性（exploratory）实验的概念，并且认为这种类型的实验在上述意义上不是理论引导的，即使它的确需要反思和深思熟虑。通过论述 1820 年安培所做的电磁学实验，他阐明了他的论证。此外，他认为探索性实验同样也发生在其他科学家和其他科学之中。

　　更进一步的最新研究来自海德伯格。他使用了"理论负载"这个术语并对"通过理论解释的理论负载"和"通过参照一个前理解的理论负载"进行了区分（Heidelberger，1998：85-86；Heidelberger：this vol.，chap. 7）。与哈金和斯坦尼的精神相一致，他承认实验确实依赖于前理解，它需要具有关于实验操作的某些期望。但他同时主张，某些类型的实验有可能既不依赖于一个对相关现象的理论，也不依赖于一个对仪器的先在理论解释。由于增加了后面这点，他的观点似乎比哈金和斯坦尼的观点更强一些，因为他们仅仅是主张合理的实验并非总是预设一个关于需要验证现象的理论。海德伯格论述这个观点。他用三个范畴提出了一个仪器的分类：生产性仪器（如空气泵），建构性仪器（如风洞）以及表征性仪器（如温度计）。在此基础上，他认为只有那些使用生产性仪器或建构性仪器的实验才是完全独立于理论的。

　　哈金、斯坦尼和海德伯格所提倡的观点共享这两个基本的主张。首先，他们假定，一方面是"观念"（或"理解"），另一方面是关于自然和仪器的"理论"，这两方面在哲学上有着重大的差异。其次，他们援引了科学史中的许多例子，以此试图举例说明实验由观念或者理解来引导，而不是由理论引导。

8.2.1　实验和理论的关系：四种不同主张

　　实验和理论的关系是一个复杂的问题，本章的观点是，它要求一个更为有差异的处理，而不像到目前为止它所被推进的那样。面临的一个挑战就是我们既要考虑实验活动的具体特征，也要考虑理论解释的许多作用。在本节中，我将讨论四个不同的主张，它们都是关于实验和理论如何相互联系。最先的三个主张相对来说是没有争议的。因此我将很快的处理这些主张，然后集中对第四个主张进行讨论，它包含一个与上述概括的观点十分不同的反对意见。

所有实验都是对相关对象的现有理论的明确检验

这是一个关于实验依赖于理论的最强版本。它完全把实验探究置于理论研究之下。尽管这个主张能够被很有把握地总结，但是关于什么算做一个实验的任何明智理解都使得它最必然地成为错误之说（参见以上提到的研究，它们仅是其他许多研究中的很少部分）。而且，实验不仅仅是对理论的检验，这一事实并不当然意味着检验一个理论不可以是一个具体科学环境中的重要目标。因此，鲁尔（Lüer, 1998：200-204）认为，到目前为止，许多心理学实验已经显示出它们有很强的自我生命力。在心理学中，对实验方法的唯一关注已经使得对基础心理学机制的理论理解付出了很大的代价。相应地，鲁尔主张，如果想要使心理学实验变得更有益，那么它们应该更加密切地联系说明性的理论。

所有的实验都是理论引导的

这个主张是说，实验是被计划、设计、操作的，并且按照一个或更多个关于相关对象的理论的视角来被使用。因为这里所意味的"引导"是在一种相当强的意义上说的，即有关研究对象的理论对实验过程中成功阶段的许多活动将产生一种具体和持续的影响，所以这个主张太过于极端因而是不可信的。斯坦尼认为，在这个意义上并非所有的实验都是理论引导的，这个观点十分正确。但是再者，这不妨碍理论引导的例子在科学实践中会出现。斯坦尼（1998：282-284）本人通过论述安培实验的例子来检验了他的假说，即所有磁性都是物体中电流循环的结果。现代粒子物理学是理论引导的实验经常发生的另一个领域。

实验（即刻或随后）的意义受它们所处的理论情境的影响

这个主张比之前两个主张包含有更广的理论作用。在或多或少的程度上，实验的意义被认为是依赖于它的理论相关性。让我们再思考一下流电与磁针相互作用的早期实验，特别是奥斯特和安培所做的实验。奥斯特（Hans Christian Oersted）最初的实验即刻被公认的意义很大程度来自一个事实，那就是实验实现了看似与主流理论话语相悖的一种现象。很重要的一点是，似乎不存在一个非牛顿主义的、即非中心的力的存在（Gooding，1990：29-36）。特别是，正如斯坦尼（1998：274-277）提到的，电磁相互作用的存在同样不适合泊松（Siméon Poisson）对电的理论论述。托里拆利（Evangelista Torricelli）于1644年所做的著名实验为上述主张提供了另一个阐述。托里拆利将水银倒入一根玻璃管然后把这根管插入装满相同物质的凹槽中。关于空间本质的关键问题留给了水银柱的顶部：是否有一个真空的存在？因此，由于与长期以来关于真空存在可能性的争论有直接关系，实验也就获得了它的理论意义（Shapin and Schaffer，1985：41）。在这两个案例中，所涉及的理论既没有受到检验，也没有通过各种方式来引导实验的实现。相反，它们增加这些新现象的理论相关性，并因而强有力地推进它们后续的实验探索。

理论的更进一步发展也可以使得实验的意义在最后阶段发生变化。在这种情况下，相同的实验的物质性实现导致了关于实验过程的不同理论以及不同理论结果的出现（Radder，1988：chap. 3；1996：chap. 2）。所有的阐述可以在卡利尔（Carrier，1998：186-189）中找见。他讨论了菲佐（Hippolyte Fizeau）的实验，在这个实验中菲佐测量了当光经过流动的水时干预图中的位移。卡利尔表明，在最后阶段，这个实验有三个在概念上迥异的解释被提出：菲佐自己的以太曳引说明（1851）、洛伦兹根据光和物质的带电成分之间相互作用而做出的解释（1892）以及爱因斯坦通过速度的相对论补充做出的说明（1905）。因此，通过极其新颖的理论进行重新解释，菲佐最初实验的意义基本上受到了改变。

基于这个案例可看出，实验即刻或随后的意义受它们理论情境的影响这一观点是充分可信的。然而，这种观点不必与哈金、斯坦尼以及海德伯格的论述不相兼容，因为在这里实验和理论之间的关系比起在前两个主张的例子中，没有那么紧密。正如我们已经看到的，它甚至适用于斯坦尼所说的安培的探索性实验的例子。他提到，冰岛晶石的双折射现象震惊了17世纪的物理学家，并且这个震惊有一部分原因是它与当时折射的理论定律存在明显的冲突。

操作和理解实验依赖于我们对物质性地实现实验过程中发生什么所做的理论解释

这是我本人长期以来所持的一个观点，我的理由是实验包含有物质性实现和理论解释两方面（Radder，1988：59-76；1996：11-12）。正如我在本章的开头所解释的那样，实验至少包括对象和一些仪器之间相互作用的物质性实现，通过这种方式，产生了对象和仪器它们一些特征之间的稳定相关性。

按照这种说法，我的主张就是，物质性地实现一个稳定相关性以及要想知道我们从检查仪器中能够对对象了解到什么，这些都依赖于关于实验系统和它所处环境的理论见解。因而，这些见解属于实验过程中这样一些方面，它们与获取一个稳定的相关性有关。认为理论解释为实验过程的任何细节提供了一个完整的理解，这种观点是不必要的，而且在实践当中它通常也是不成立的。

为了避免误解，我们应该清楚一点，就是对科学实验的这个论述并非意味着发生在实验实践中的每一个和所有活动都包含理论解释。相反，这个论述很明确地承认了我们有可能用"常识的"、非理论的语言来描述实验的物质性实现。它所反对的是，没有理论解释的作用，也可以获得对科学实验一个适当的哲学理解。

然而，这种理论依赖的特殊形式与我在本节开始时讨论的观点——作者所提倡的论述相悖。例如，哈金写道："……许多真正正确的基础研究先于任何相关理论，这仍然是事实。"（Hacking，1983：158）海德伯格也说："生产性仪器和建构性仪器在实验室的使用并不预设一个理论解释。"（Heidelberger，1998：87。Radder 翻译）正如我之前提到的，许多实验探究先于，或者没有预设理论解释的这个观点被认为受到了很多科学史案例的支持。所以，为了对这个观点的可信性进行评定，我将略为详细地检验两个涉及的案例。

我从早期光学史的一些实验开始入手。Hacking（1983a：156）告诉我们，牛顿对光色散的实验观察先于任何理论解释，Heidelberger（1998：82）把棱镜列入他独立于理论的生产性仪器这个范畴之内。1660～1670 年，在牛顿关于光色散的许多实验中，棱镜是他的主要仪器。一系列的实验尝试都用一个单独的棱镜来产生有色光，并把它们投射到屏幕上。更进一步的，也是很重要的一系列实验，就是要研究当第一个棱镜产生的特殊颜色的光经过第二个棱镜时，将会发生什么。下列对牛顿棱镜实验的论述表明，这些实验依赖于至少三种不同的理论解释，它们是关于在实验过程的物质性实现中，发生了什么的理论解释（Schaffer，1989；也见 Hakfoort，1986：chap. 2）。

第一，在对有关研究对象（在射入棱镜之前的光）的仪器进行检查（观察屏幕上的颜色）时，可以知道什么。只有当射出去的光与投射进来的光在本质上基本相同，我们才能够通过检验前者来知道后者的一些情况。但是，关于光的经院理论会通常区分两种颜色：由修正光（比如在棱镜中）产生的表观颜色（apparent color）以及由光显示而不是由光产生的真正颜色。因此，根据这些理论，棱镜用来探索真实的光以及真实的颜色它们的本质，是不合适的。这就是说，根据这种观点，在这点上棱镜的光只不过是仪器的人为假象，而不是光的内在组分。然而，在笛卡儿对光学的研究中，他批评了这种对真实颜色和表观颜色的区分，并主张，所有的颜色都是表观的，或者是从属的。在这方面牛顿追随了他。正如谢佛（Schaffer，1989：73-74）总结的那样，正是因为这个变化的理论情境，才使得棱镜能够在关于光和颜色的实验研究中获得了某种重要的作用。

第二，存在一种光射线的观念。射线沿直线传播并能在射入另一种媒介时产生折射，这个观点历来就被牛顿和他之前的许多人用来分析实验。它在操作实验时同样也起作用。在许多实验中需要用到一条"单射线"。出于这个目的，光线需要通过一个大小合适的缝口，同时做实验的房间在其他方面也应该尽可能地暗。按照牛顿的观点，这种条件对于实现一个稳定的实验并能够被其他人重复是极其关键的。因而，由射线沿直线传播以及射入一个不同物质时射线会发生折射所构成的理论模型，塑造了牛顿操作和理解其光色散实验的方式。[8]

第三，存在对原始（primitive）射线更为特殊的观念，它们具有一种特殊的折射性。这个观念对于牛顿来说十分重要。他声称这种射线的存在能够通过双棱镜实验来证明：如果射线在通过第二个棱镜时它的颜色没有改变，那么这条从第一个棱镜射出的射线就是基元的（或非混合的）。然而，按照一种稳定的方式来实现这个实验是极其困难的。许多来自其他不同国家的实验者没有成功地重复这个实验。在牛顿对此的回应中，他认为他的批评者没有能够在第一地点制造出原始射线，从而强调了他本人理论解释的绝对权威。这样，牛顿自始至终地坚持了他的理论，认为光是一些可折射的不同基元射线组成的异质混合体，这个观念始终贯穿于他从大约1666年起所做的棱镜实验（Schaffer，1989：71）。尽管如此，这并不是唯一一种可能的理论解释。例如，罗伯特·胡克（Robert Hooke）的确成功地重复了牛顿的实验，但他用他自己关于光和颜色的振动理论对其进行了解释（Schaffer 1989：86-87）。

现在让我们转到第二个主张实验独立于理论的案例。正如我们已经看到的，海德伯格区分了生产性的、建构性的和表征性的仪器。生产性的和建构性的仪器主要的目标都是要创造稳定的现象。空气泵、棱镜以及粒子加速器都是生产性仪器的典范，而莱顿瓶和风洞则是建构性仪器的代表。仅仅是使用生产性仪器和建构性仪器的实验被认为是无需理论的。那就是说，既非这种实验真正的目标在于检验一个预设的理论或甚至是相关的前理解，这种前理解也不会暗示着一个实验的理论解释（Heidelberger，1998：86-87）。我将抛开这种提出仪器类型学的充分性这个问题（对于此问题的探讨，参见

Buchwald，1998：384-391）。相反，我将检验海德伯格提出的一个案例，它被海德伯格用作生产性仪器独立于理论的首要例证，即空气泵。

让我们更加具体地，思考玻意耳（Robert Boyle）16世纪50年代后期至60年代早期所做的空气泵实验这个案例（Shapin and Schaffer，1985：chaps. 3-4）。这个案例表明，玻意耳用空气泵所做的生产性实验其运行和可能的结果都直接地依赖于理论假设。这些假设被霍布斯（Thomas Hobbes）在他对这些实验的批评中明确提出。玻意耳的核心主张是，他的空气泵产生了一个（几乎）完全没有空气的空间。这个主张需要的条件是，一般的空气泄露是"可以忽略不计的"。然而，霍布斯从他自己关于自然以及空气成分的理论出发，认为空气泵并不仅仅是轻微和偶然泄漏，如玻意耳所让步的，更是严重和持续泄露（Shapin and Schaffer，1985：115-125）。按照这个理论，普通空气是不同物质的混合物：土状或水状的流体以及纯的或以太气体。由于后者的存在，空气是无限可分的。结果是，一个绝对不可渗透的密封系统是不可能的，因而空气泵必将会泄漏。此外，霍布斯声称他的理论同样也可以说明玻意耳实验的结果。例如，在一个试验中，一根放置在空气泵接收器内的蜡烛在一段时间的抽气后熄灭。玻意耳用气泵没有空气来说明这个现象，而霍布斯则仅仅认为蜡烛的熄灭是由于抽气所产生的强烈气流导致的结果。通过这种方式，霍布斯试图表明玻意耳的实验（结果）依赖于有问题的理论假设。

联系海德伯格的主张，这个实验科学中的片段告诉了我们什么？只要玻意耳没有试图用他的空气泵实验来明确地检验一个已经有效的理论或者他的前理解，那么海德伯格就是正确的。因此，这个案例验证了之前的观点，即并非所有的实验必定要检验理论或者其他的知识主张。

尽管如此，这个案例还有更多的东西。让我们考虑这个主张："空气泵产生了一个真空，它是人类没有这个仪器就无法在自然界中经验的事物"（Heidelberger，1998：81。作者从德文版翻译）。事实上，这个主张并非总是明证的。在玻意耳的时代，接收器内的空间是一个真空这个结论是相当有争议的，因为当时的充实主义者（plenists）和虚空主义者（vacuist）们对自然界是否存在真空这个问题有很大的理论争论。因此，玻意耳这位不希望超越"事实"的科学家，有意识地防止做出那样的结论。这样，他对真空的理解就是，一个（几乎）完全没有空气的空间而且不是一个没有任何物体的空间（Shapin and Schaffer，1985：46）。

然而，认为空气泵实验证明了玻意耳意义上的真空的存在，这个观点同样依赖于理论解释。玻意耳已经制造出了一个没有空气的空间这个结论所需要的条件是，他从当时正在进行的关于自然和空气成分的理论争论中采纳了一个立场。在他对霍布斯的回应中，玻意耳退一步认为，空气可能会有一个以太的部分以及这个部分将可能会总是被留在接收器中。但他否认这个以太的存在会对他的实验结果造成影响，因为以太在实验上是无法"感觉到的"（Shapin and Schaffer，1985：178–185）。普遍的观点是，只有当实验装置组成一个封闭的系统时，仪器的特征（如蜡烛熄灭）和研究对象的相应特征（如空间中没有空气）之间的相互关系才是稳定的。[9]要想知道一个系统是否是封闭的，需要对（对象—仪器）系统及其环境的可能相互作用进行理论解释。在我们所谈论的案例中，霍布斯认为存在这样一种相互作用（外部空气向接收器的侵入）并且它使得所谓的实验结果不成立。相反，玻意耳认为，这无论如何对于稳定实验事实的产生都是不相关的。

上述的讨论中，所采用的例子都是从早期实验科学中被特意的选取出来的。毕竟，在这里实验可以无需理论的观点最初似乎还是有点道理的。无疑，当所研究的对象愈益脱离日常经验，以及仪器更加高级和复杂时，这样的一个观点将更加不太可能。[参见 Rothbart and Slayden（1994）中对吸收光谱分析仪例子的讨论。]海德伯格尤其主张，现代物理学的粒子加速器能够呈现无需理论的实验，这些实验能够产生出新的物质成分。然而，很容易表明，对这些实验进行操作和理解需要大量的理论，既包括粒子本身，也包括对仪器操作的理论（Morrison，1990：6–14）。

8.2.2 实验和理论的关系：系统的论证

迄今为止，我用了许多实验科学史中的案例主要集中分析了理论的作用。同时，这种分析被一个对科学实验的理论说明所贯穿其中。在这一节中我将讨论一些更进一步、更加系统的论证，它们与下面这个主张相关：对科学实验进行操作和理解依赖于理论解释。

首先，我认为存在着一个一般的并且强有力的论证来证明实验依赖于理论。它的确适用于我们已经讨论的那些历史案例，尽管它没有很明显地表现出来。这个论证在定量的实验中尤其明显，但它同样也适用于定性的实验。它与朝向同一个实验的不同过程其实验结果的稳定性有关。正如朗格（Lange：this vol.，chap.6）所强调的那样，一个单一的实验过程不足以保证一个稳定的实验结果。然而，一组不同的实验过程，将总会产生出或多或少可变的数值。随之而来的问题就是：这个事实告诉了我们什么是关于那些被测量的属性的本质？它是否是一个概率的属性？或者它真正的数值是不变的而变化是由于随机干扰因素的影响？在实验实践中，对于此问题的答案基于一个对被测量属性的本质的先行理论解释。在定性实验结果的案例中，变化在本质上总是定量的。但是，同样的问题也许也会问：朝向同一个定性实验的不同过程，它们有差异的含义是什么？

例如，我们可以操作大量的实验过程来测量在被认为是相同条件下的液体沸腾温度。当然，所得的测量值可以按特定的方式进行平均，但认为这个平均值表征了一个固定沸点的主张很明显是依赖于理论的（Radder，1988：68）。相似地，索恩（David Sohn，1999）探讨了在心理学实验中不同个体的实验结果存在差异的重要意义。他正确地提出了一个观点，认为实验结果在不同个体间是可变的（或，可以说相反的），这依赖于一个先在的理论解释。在这两个案例中，理论解释决定了研究对象的一个特殊和重要的方面。

其次，注意这一点是非常重要的，就是在实验实践中，理论解释并不总是明晰的，并且实验者并非总是意识到它的用途和重要意义。一旦一个特殊实验的操作成为惯例，理论假设便"从意识中退出"并成为一个类似"世界的窗口"（参见 Heelan，1983：chap. 2）。然而，在一个学习操作和理解实验的情境中，或者在一个实验结果是合乎逻辑或是有争议的境况中，暗含的理论解释将被清晰明确地表现出来，并且它们易于受到经验和理论的审视。这意味着，理论解释的主要场所在于相关的科学共同体，而不是个体的实验者。[10]因此，在他讨论从仪器状态到对象状态的推论（inference）中，科索（Peter Kosso）正确地提出："我们这里所谈论的推论指的是辩护（justification），它对认识共同体来说是可变的，并且它应该要求对信息内容进行清晰地论述。"（Kosso，1989：141）所以，认为对一个实验的操作和理解依赖于理论解释这个哲学主张本身就是一个理论主张。它并非主要意指发生在个体观察者中一个经验上可确定的过程，相反，它涉及的是实验如何在认识共同体中起作用的逻辑维度。同时，正如我在上面表明的那样，在具体条件下，实验依赖于理论的理论主张可以被经验性的验证。

最后，存在一个关于区分"观念"（或理解）和"理论"的问题。正如我们已看到的，这个区分被哈金、斯坦尼和海德伯格用来支持他们的观点，即实验可以被一些观念或前在的理解引导，并仍然是基本上不需要理论的。鉴于本章的内容显然不在于去全面地评价理论—观念这个区分的哲学优点，我将仅限于简要地表明一些主要问题。尽管如此，我们会越来越清楚，将理论和观念进行对比的哲学意义将是极其有限的。

第一，对观念和理论作区分是为了辨别理论概念这一更普遍策略中的一部分。[11]因此，哈金（1983a）引入了高层理论和低层理论的一个（进一步的）对比。根据这种对比，理论负载这个教条的两个重要哲学后果可以被避免：假如所有对理论的实验检验都负载理论本身，那么就有可能出现恶性循环；假如科学知识完全依赖于永远变化的高层理论，那么它就不会是对独立于人类的实在的见解，这是一个反实在论的结论。我认为第一个主张是有道理的，尽管出现许多十分直接的循环。这些例子是，对自由夸克进行实验探测的一些尝试（Pickering，1981）或者通过电子显微镜对单原子的实验观察（Kosso，1989：84-97）。相反，第二个主张用来区分理论和观念，以便论证实体实在论的观点——经不住挑剔的检验。[12]

除此以外，存在着又一个理由限制了对比观念和理论的哲学意义。理论负载早期的支持者如波普尔、汉森、库恩以及费伊阿本德的主要意图是为了证明经验主义的非充分性。这就是说，他们反对一种具有各种形式的认识论，按照这种认识论，科学知识建立在独立于理论的观察或实验的基础之上。因为正如他们的批评适用于被预设的理论，同样也适用于观念（或前理解），因此出于经验主义目的而对这种区分的任何诉求都是没有保证的。于是，无论"新经验主义"[13]具有什么更进一步的优点，它都不会包含传统经验主义的主张，即科学知识是，或者应该是通过"被给予的"经验得到辩护。

而且，我们将会明显地知道，严格地定义理论是什么，并因而知道它如何与有关自然和仪器的纯粹观念有所差异，这都是很难获得的。尽管如此，还是有人付诸了一些努力。于是，Hacking（1983a：175）把理论视为"关于特定主题的一组相当特别的推测或命题。"还有 Steinle（1998：285）把理论视为以说明整个不可观察实体领域为目标的系统。但是，从这一观点来看，牛顿对光和颜色本质的解释以及玻意耳对空气的说明的确可以算做是理论。这样，认为牛顿关于光色散的实验以及玻意耳的空气泵实验受观念而非理论引导的观点，从历史来看被证明是错误的。

将观念和理论进行对比的最后一个缺点就是它将导致某种"现在主义"（presentist）的偏见。根据这个区分，将会产生一个倾向来把过去的理论解释为仅仅是观念，而把现在的特别是微观的理论视为真正理论性的。如果有关实验依赖（独立）与理论的哲学主张在历史上是充分的，那么就应该避免这个现代中心主义的陷阱。

于是，在2.1节和2.2节中所探讨的案例和论证允许我做如下总结：实验的意义受当前或随后的理论情境所影响，对科学实验的操作和理解依赖于一个对在物质性实现实验过程中发生了什么的理论解释。通过对作为试图实现对象和仪器具体特征之间的稳定相关性的实验进行哲学分析，这个结论受到支持。而且，牛顿的棱镜实验和玻意耳的空气泵实验表明，即便有些案例乍看好像是独立于理论的，但更仔细检查，它们在许多方面依赖于理论解释。

8.3　结　　论

在本章中，下列的主张已得到了辩护。首先，我们已经知道，主要是通过实验的物质性实现，科学才密切地与技术相关联。但是，实验的（理论解释）结果不能还原为像贾尼奇主张的独立于语言的行动，或者还原为过去网络相互作用的一个总和，像拉图尔所认为那样。这种不可还原性的原因在于可重复性实验结果其含义所具有的非地方性品格。其次，我赞同实验并非附属于有关研究对象的理论这种观点。同时，我提出了许多论证，表明了对实验的操作和理解确实以及为什么需要一个对在实验过程中发生了什么的（至少某些方面的）理论解释。因此，与贾尼奇、哈金、斯坦尼以及海德伯格不同，我将坚持实验独立于理论的不可能性。

这样，实验和理论之间关系的两个不同维度已经得到了解决。一方面，实验独立于理论的不可能性暗示着，具体的实验实践总是被特定的理论解释所构造。另一方面，从最初被实现的情境中获得的可重复性结果进行抽象，在从特殊的实验实践到一个依据有非地方性意义的理论概念的科学话语这个过程中，是最初但却是非常关键的一个步骤。

尽管如此，应该很清楚的是，本章的主张并不意味着是对理论优位的回归，不管从逻辑的或是时间的意义上都不是。系统地去考虑物质性实现和理论解释之间的相互依赖性，这种科学实验的相互作用观被证明是最恰当的。

注　　释

[1] 贾尼奇大部分著作的主题在于物理学，但他最近的研究（如 Janich, 1996a）也关注了其他科学。有关基于贾尼奇著作对实验生物学的详细论述，参见 Lange（1999）。

[2] 为了评价这个一般进路的意义，我们不需赞同贾尼奇所有方面的论述。这样，这个论述一个较为有说服力的方面（除了文本主要部分所讨论的观点之外）在于实验干预其作用的观点。按照贾尼奇（1996a, 33-36；1998：102-107），实验活动和生产的目的，是去准备并开始一个实验过程，而这个过程将需要按它自己的进程发展。与这种观点相对最初由 Von Wright（1971）提出，我已经论证，实验过程不会自行发展：终止实验系统的条件在实验过程的整个进程中需要被实现并维系（Radder 1988：63-69；1996：chap. 6）。

[3] 实验的一些研究者声称，在实际的科学实践中实验的可重复产生和可重复性规范是不重要的。然而，部分借助于那些相同学者的研究，我们很容易得到相反的结论

（Radder 1996：20-28）。例如，Latour 和 Woolgar（1979：169-170）描述了免疫学研究的一个阶段，其中可重复性规范的引导作用和效力是很明显的。然而这些学者却没有注意到这个事实，并且反而把研究的这个阶段描述为一系列的"偶然相关事件"。

[4] 围绕含义和抽象的问题在哲学上是很复杂的。在这里我能提供的只不过是我自己观点的一个简要概括。更多的论述，参见 Radder（1996：chap. 4），此外更详细的论述，参见 Radder（2002）；后者同时也讨论和批评了关于意义的操作主义理论，并把它和波普尔的三世界本体论做了一个比较。

[5] 在一个更为一般的层次上，这个结论与下列事实相联系：如果概念的含义完全被特殊的地方性情境所固定，那么一旦超出了不同的境况，它们就不能被用来交流。

[6] 因而，上述所引用中拉图尔所倡导的（描述性）操作主义（operationalism）与贾尼奇的（规范性）操作主义（operativism）相似。参见 Janich（1996a：26-31）。

[7] 至少，这是 Hacking（1983a）的观点。但是他在 1992 年的文章中的主要观点是，实验室科学的稳定性产生于一个许多异质要素相互调节的过程，包括理论和实验的干预。尤其是，他现在断言说，理论"处于实验的智力组分之中"（Hacking 1992：44）。我们不能立刻清楚这两种观点如何才能被调和（Harré1998：369-374）。

[8] 关于这个模型的理论本质及其实际运用的一个颇有洞见的论述，参见 Toulmin（1967：esp. 16-28）。注意到这个模型是理论相关的：从广义相对立的理论视角来看，光线是按照欧几里得轨道直线传播的。

[9] 对于这个观念，参见 Radder（1988：chap. 3；1996：chap. 6）。也可参见 Boumans（1999）对经济学中测量的论述。他的说法是，外部影响应当要么是不变、可忽略的，要么是不存在的，我很愿意在后面增加"要么是不相关的。"

[10] 在 Radder（1988：chap. 3）中，我没有很充分地承认这一点。那些实验依赖于理论这个观点的批评者们，他们的批评建立在对个体科学家们各自案例的研究基础之上，因而也忽视了这一点。

[11] 我想感谢 Francesco Guala 对这个主题的一个有益的探讨。

[12] 参见 Radder（1988：119-120）；Morrison（1990）。

[13] 对于这个标注，参见 Rouse（1987：9-12）；也可参见 Carrier（1998：179-181）对其与逻辑经验主义之间的相似性的探讨。

149

9 实验的偶像：超越"等等列表"

吉欧拉·赫恩

> 我们的逻辑指导着理解活动并训练它，并不是（如普通逻辑那样）用虚弱无力的精神来探索和把握抽象的事物，而是去真实地剖析自然，去揭示大自然躯体的力量和活动及其深藏在物质之中的法则。因而这门科学不仅起源于心灵的本质，而且还源自事物的本质；因此，这个科学到处都散播和阐述着对自然的观察和实验，而作为我们艺术的标本，也就不足为奇了。
>
> ——弗朗西斯·培根（《新工具》，1620）

9.1 导 言

在"实验：它们的意义和多样性"研讨会（比勒菲尔德，德国，1996年4月）（Heidelber and Steinle，1998）的总结会议上，越来越变得明显的是，有关科学实验的一个划分使得科学史家区别于科学哲学家。我们知道，实验哲学正滞后于对实验的广泛历史学研究，并且它还没有整合历史学家们已经处理的许多方面（技术的、文化的、社会学的以及人类学的）。显而易见的是，实验哲学本应该已经提出一个更强的论点。不可否认，这种哲学也已付诸了努力，而且我应该简要地描述它们其中的一些要点。然而，这些努力还没有连贯地进入一个对实验强有力的、自洽的哲学分析，从而为认识论和实验编史学做出深刻的洞察。

拉德（Hans Radder）也同意这个观点。在他的《成熟的科学实验哲学的问题》一文中，拉德从实验哲学的视角来对"比勒菲尔德研讨会"进行了评价。拉德明确地承认，实验哲学目前仍然尚未得到充分发展，特别是相比较实验的历史学和社会学研究而言（Radder，1998）。根据拉德的观点，这种洞察适用于比勒菲尔德会议也更为普遍地适用于在更广的科学哲学研究领域中实验哲学的观点（Radder：this vol.，chap.1）。我完全赞同拉德的这个印象。因此我的目标在于致力于一个更为成熟的实验哲学。通过帮助巩固科学实验史和科学实验哲学的一组哲学划分，我将探索实验的哲学从而在两者之间架起一座桥梁。对这项工作有益的是，首先的步骤就是要去识别建构实验哲学所面临障碍并刻画出它们的特点，这些障碍被证明是难以驾驭的。我将大概地论述实验史和实验哲学之间的张力，并将它作为一个背景性知识。

9.2 实验史与实验哲学

布克瓦尔德（Jed Buchwald）的观点很好地代表了科学史家们的观点。他简明扼要地主张："活生生的科学不能以准确的普遍化概括和定义所囊括，试图用一个精确的逻辑结构来理解有活力的科学，所得到关于科学的信息同解剖尸体来得到动物行为的信息是大致一样的；许多依赖于活动的事物我们将看不到。"（Buchwald，1993：170-171）的确，按照布克瓦尔德的观点："公理体系和定义系统是物理学的逻辑陵墓。"（Buchwald，1993：170-171）按照当代科学史家的观点，是把科学视为一个活动，不是一个结束了的结果而是一个过程，一个"活生生的"和"有活力的"过程。历史学家声称，以逻辑结构为形式的任何普遍化概括，简单地扼杀了这个栩栩如生的科学。活生生与死气沉沉的隐喻很显然对布克沃尔德以及更大范围内的科学史家们来说是至关重要的。他们追随库恩的金科玉律，它恰恰被库恩在其《科学革命的结构》中的开篇之处所阐述。根据库恩的说法，科学史的目标"是对能够从研究活动自身的历史记录中涌现出来的科学概念的一个素描。""活动"显然是区别于"被完成的科学成果"的关键特征。（Kuhn，1970：chap. 1；Latour，1987）。

因此，历史学家将乐于详细描述并对活动进行透彻的分析这个特殊的"活生生的东西"；但是哲学家，如哈金简要和直接提出一样，必定会将它直接明了地贯彻到"不管是特殊的还是普遍的方面"中（Hacking，1992：29）。这没有别的选择。倘若我们想做哲学——如果我们相信哲学与某种活动有关系，那么我们必须去寻求它的普遍特征，它的基本原则。换句话说，我们必须去揭示它的逻辑结构并刻画出支配这些活动的方法论原则，但却不忽略它具体的方面，即"活生生的"执行活动的方面。现在毫无疑问的是，对于实验，哲学应该与这种活动有关系，这种活动是产生知识的首要方法之一。那么我们除了从外部来分析实验别无选择，也可以这么说，要密切和广泛地注视实验作为充满活力的活动的特征。布克瓦尔德的观点应被视为是一个警示而非责难。我们应该留意这个警示并追随怀特海的格言："一个过大的普遍化概括将导致内容的贫瘠。正是这个过大的概括，被一个巧妙的具有丰富内容的特殊性概念所限制。"（Whitehead，1929：39）因此，一个很成熟的科学实验哲学应该连贯地结合实验活动的规范性方面——它的描述性（descriptive）和规定性（prescriptive）维度以及实验全面的理论概念。实验的理论说明概念阐明了实验的主要特征，这些特征保证了我们所获得知识的可靠性。

我打算提议"实验误差"（experimental error）的概念是达到这一目标的一个有效工具。我将寻求实验活动的普遍概括，它在对实验误差的研究中会被呈现出来。我主张当我们理解实验活动的本质时，实验误差的概念也可以反映实验的主要概念特征，尽管它是负面地反映。换言之，本文探索作为限制条件的实验误差的类型，通过这些限制，我们可以揭示出实验的普遍特征。实验误差概念的阐明源自规范的维度——如何在实验活动中纠错并真正地避免这些误差。尽管如此，这个阐明同时也反映了实验的结构和原则。因而这种努力的目的就是，通过实验误差的概念来同时把握实验的规范性方面和理论概念。

9.3 设置哲学场景：两簇问题

要设置哲学场景，首先要去识别阻挠我们通往一个可行的实验哲学道路所存在的障碍，这是很有用的。我辨别了建构这种哲学的两簇主要障碍。并不出乎意料的是，这两簇问题都与从特殊到普遍的这一转变有关。鉴于它们将变得越来越明晰，我想把第一簇问题称为"认识论的"，把第二簇问题称为"方法论的"。它们正好在上世纪末出现，两位同时也是哲学家的物理学家出版了有关这些问题的开拓性并且有影响力的著作。马赫（Ernst Mach）于 1905 年出版了他的《知识与谬误》。在这本论文集里面，他探讨了有关他所说的"科学方法论与知识心理学"（Mach，1976：xxxii）。马赫用了一章（第 12 章）来分析物理学实验并识别了它的主要特征。一年以后，1906 年，迪昂出版了《物理学理论的目的与结构》一书。在这本书中迪昂明确地提出了一个问题"物理学中的实验究竟是什么？"（Duhem，1974：144）。迪昂主要探讨了认识论的问题，而马赫则是关注了方法论的问题。

9.3.1 认识论问题簇：从物质到论证的转变

我认为，实验哲学的第一簇问题出现在物质性过程到命题知识的转变，前者是实验的真正本质，而后者是科学知识的真正本质。正如迪昂所看到的，实验物理学家们致力于"判断某些抽象和符号观念相互关系的表述中，而只有理论把它们与实际观察到的事实联系起来"。任何物理学实验的结论，以及科学中的这个问题，的确是"一些抽象的命题，如果你不知道作者所接受的物理学理论，你就不能理解附在抽象命题上的意义"（Duhem，1974：147-148）。我们还要再次地提到迪昂的观点，实验最后的结果并不"仅仅是一组事实的观察陈述，而同时也是在物理学理论中的一些法则的帮助下，从这些事实到某种符号语言的转变"（Duhem，1974：156）。换句话说，这个障碍是指，从被操作与经历一些观察过程的物质，转变到由一些理论（用符号所表达的语言）提供意义的命题，这条道路是问题丛生的。

让我们转到一位当代的学者皮克林（Andrew Pickering）身上，他把这个问题看做是实在论问题的实质性要素。皮克林写到，他关注"所被观察到的"和"创造意义"的这个过程；即，他探索那些被阐述的科学知识与它们的对象——物质世界的相互关系（Pickering，1989：275）。他构想出任何实验事实产生的三个阶段发展：物质过程，仪器模型以及现象模型（Pickering，1989：276-277）。按照皮克林的说法，这三个阶段的范围囊括了实验实践的物质性和概念性维度。应该铸造这两个从事实到知识维度的拱形结构的通道。皮克林的看法是，这条通道"应该做成连贯一致的道路，而不是本性一致的。"换句话说，物质过程和概念模式之间的连贯一致性是一个人工的制品，它取决于行动者成功地实现对物质世界中出现的阻抗（resistances）进行调节（Pickering，1989：279）。

在处理这个认识论问题上做出一个不同尝试的人是贝尔德，通过发展一个关于知识的唯物主义概念，从而推进了这个问题进路的发展（Baird：this vol.，chap.3）。通过避免需要从物质到命题的上升（或按照皮克林的术语，做拱门），这个形而上学的物质性知识将可能指明了一条通往实验哲学的新道路。对于贝尔德来说，上升是一个错误的隐喻。在他的观点中，科学的物质产品，如仪器和药物等构成了知识，确切地说这些知识不同于命题知识，而是如贝尔德所主张的那些完全具有相同基础的知识。贝尔德探索了一种形而上学，在那里物质的世界和符号的世界都将是由相同地位术语的知识所构成。

按照相似的思路，我在别处也补充了一个概念，我把它称做"物质性论证"（material argument）（Hon，1998a）。用这个概念，我试图把包含在实验之内的所有要素都整合到一个哲学语境中，这些要素包括：操作的理论情境和思想、物质性过程，在本质上是命题的最终科学知识。我引入"物质性论证"这个概念的目的，准确地说，是为了能够识别出从物质操作到刻画实验知识特点的命题这一转变。描述实验知识的命题被声称是实验的最终结果。因而，从物质到命题的这个转变为实验哲学呈现了第一簇困难。我把这簇问题称为"认识论问题"。

9.3.2 方法论问题簇：超越策略、方法、程序等的清单

第二簇问题是在物质的操作层面上说的；我们可以把这簇障碍称为"方法论的"。在这里我们关注的是，从大量的测量、方法、程序、概念、样式等转变到实验的一些普遍、有结合力以及连贯的观点，这种转变是一种从自然界抽取知识的方法。从哲学的视野来看，我们获得实验的一个普遍但却是基础性的思想是很富有成效的，这种思想以紧凑的经济学方式把握了实验大量的方面和特征。

达里格尔（Darrigol）的"横向（transverse）原则"，是展现实验所拥有的大量方面和特征的一个有说服力的历史说明，他把这些原则运用到了 19 世纪的电动力学。这些原则并不是科学方法的普遍法则；相反，它们是同时协调理论和实验的方法论感知对象，因而是"横向的"。受传统或某个人自己的灵性所引导，物理学家遵从了一个横向的原则，这个原则与他研究实际实验的物理学理论概念有关。显然，这个原则的运用更多地有助于物理学家方法论形成的确定（Darrigol，1999：308，335）。

我们来思考一下法拉第的例子。按照达里格尔的观点，法拉第的理论"是分散和整合各种不同力的法则。"法拉第摒弃了牛顿对力及其作用之间的区分。按照法拉第的观点："一个作用只有通过它产生的活动来认识。"（Darrigol，1999：310-311）因此，对一个物体作用于另外一个物体最好的研究过程就是画出作用物体的不同位置和结构。位置要求的是连续性（contiguity）的原则。根据达里格尔的观点，这个原则协调着法拉第的理论实践与实验实践："在理论方面，这个原则要求他关于直线力的概念是连续作用的链条，并且要求他拒绝力和作用的二分，在实验方面，这个原则决定了必须强调实验来源与法拉第研究的探索性、开放性特点之间的空间"（Darrigol，1999：312）。当达里格尔把法拉第的这个方法运用到对 19 世纪其他电动力学家的研究中时，理论和实验实践的概念其多样性与丰富性就变得明显起来。达里格尔很有说服力地论证了 19 世纪电动力学中理论与实验存在着密切的联系。正是由于实验如此紧密地与理论相联系，因此实验的概念及其实际程序变得变化无常和纷繁复杂，至少在那个历史时期是如此。这样问题立刻就自己出现了，那就是一个人，如一个哲学家，应如何用普遍的术语来把握这个实验概念及其物质性程序的实践所具有的极其多样性？

在马赫关于物理学实验主要特征的文章中，他意识到这些特征还没有被

穷尽。那么我们似乎不能获得一个普遍的概括。马赫所描述的实验的形成特征，用他的话来说，是"从实际进行的实验中抽象出来的。这个清单并不是完整的，因为天才的探究者会继续用新术语来补充它；它同时也不是一个分类，因为不同的特征一般并不排斥其他特征，以至于它们中的一些在实验中能够被统一"（Mach，1976：157）。是否这个清单的确是不完整的或者是否它事实上就在最后受限制的分析中？假如没有什么限制的条件强加于这个研究方法，那么我们就肯定不会获得什么分类和普遍概括。这个方法将是折中的并且是临时的。

富兰克林（Allan Flanklin）很好地阐述了"认识论策略"的详细清单，它超越了马赫的初级清单但始终是临时的。富兰克林用详细的案例研究有力地支持了他的结论。以下是富兰克林描述的策略清单：

（1）实验的核查与校准，使仪器重复产生已知的现象。

（2）重复产生预先知道会出现的人工物。

（3）实验者操作被研究对象的干预活动。

（4）运用不同的实验来独立确证。

（5）消除错误以及对实验结果的其他说明其可靠来源。

（6）用实验结果本身来证明它们的有效性。

（7）运用对现象的一个独立确证理论来解释结果。

（8）在一个确证理论的基础上使用仪器。

（9）运用统计学的论证（Franklin，1990：104；1986：chaps. 6 – 7；1989）。

富兰克林断言，这些策略的设计是用来使实验者们坚信实验结果是可靠的并且它们反映了自然的真实特征。按照富兰克林这个策略的清单展示了实验获得可信性的不同方法。实践中的科学家追求这种策略来为他们所合理信任的实验结果提供基础（Franklin，1989：437，458）。对于富兰克林来说，这些策略的运用便具有"合理性的品质证明"（Gooding，Pinch and Schaffer，1989：23），并在这个意义上他正试图致力于一个实验的哲学。

尽管富兰克林所提出的策略清单十分详细和复杂，但在本质上它与马赫在关于实验主要特征的论文中所列出的清单却是相似的。与马赫一样，富兰克林也注意到了这种方法的局限性。这种说明是临时的。富兰克林的确声明他所列出的策略既不是唯一的也不是详尽无遗的。而且，这些策略或这些策略的子集都没有为合理性信念提供必要或充分的条件。"我不相信"，他陈述道，"存在这样一个普遍的方法"（Franklin，1989：459）。尽管如此，富兰克林坚信科学家们都是理性地行动的。按照富兰克林无限的乐观主义精神，正如古丁、平奇以及谢佛（1989：22-23）所贴切地提出那样，科学家们运用"一些认识论法则，它们能够直接运用到某个领域中去，并从错误的谷壳中剥离出一个正确结果的麦穗"。

富兰克林更多关注的是工作中的科学家，或者毋宁说是实践中的实验者，而且似乎他所列出来的清单事实上是对实际实验的抽象，正如马赫一个世纪以前所做的那样。他所列出的那些策略尽管丰富多样，但仍然是折中和临时的。虽然这张清单上的每一条都提供了对实验程序的一个具体阐述，这些阐述的设定也为合理性信念提供了基础，但是似乎没有一个总的指导原则来统摄这张清单自身。最重要的是，这张清单没有阐明实验所固有的内部过程、认识动力过程，它们联系着命题与物质。例如，支配实验的背景理论与装置实际功能之间的联系；或者另一个联系，即物质与由观察和测量而得的结果其命题之间的联系。这张清单上的每一条处理的是某个特定的程序，某个特定的实验方法论，也可以说，处理的是实际发生在实验中的那些事以外的东西，即把一个受控和被限制的过程转译成一些命题来表现这个过程的结果。因此，不足为奇的是，这些清单中的条目并没有形成对实验的一个全面的观点。这样一个清单是不完整的，因为它没有什么限制条件强加于它之上。这个方法将不会获得对实验的一个连贯的普遍概括。

于是就会有另外一个问题摆在实验哲学家的面前，即，如何超越"这张清单"？如何概括组成这张清单的各种不同条目？要尝试回答这个问题，我们应该在留心哈金警告的同时注意不要"去趁机退回传统的方式并认为仅仅存在那么几种事物、理论、数据或其他的什么东西"（Hacking，1992：32；也参见：43）。

9.4　"等等清单"

沿着哈金的思路，我把这个问题称为"等等清单"。在他的《实验室科学的自我辩护》一文中，哈金提到许多学者，尤其是皮克林和古丁，在他们的文章中确定一系列条目。例如，皮克林所说的"实用实在论"是"事实、现象、物质性程序、解释、理论、社会关系"的共同产物（Hacking，1992：31）。类似地，哈金描绘了古丁拥有的另外一张"等等清单"。按照哈金的说法，古丁"称之为一个'实验的过程'，它表现为'模型、现象、一些仪器以及对所有这一切进行表征的产生过程'"（Hacking，1992：32）。哈金继续说，我们同意，"这个清单上这些要素的相互作用导致了实验科学的稳定性"

（Hacking，1992：32）。在这点上，哈金赋予了实验的物质性方面在实验科学稳定化过程中的一个关键性作用。至于这个物质性方面，哈金意指“仪器、工具、被研究的物体或对象。这种物质性的东西一方面在观念中（理论、问题、假说、智能仪器的智能模型）体现，另一方面体现在标记与对标记的操作（铭写、数据、计算、数据简化、解释）中”（Hacking，1992：32）。

于是，看起来似乎哈金向我们展现了他自己的“等等清单”。当然哈金并不满意这个“等等清单”（Hacking，1992：32），并且冒险尝试对实验的要素做了一个分类，这使得他超越马赫和富兰克林而向前走得更远。

在实验中，物质性体现为：一方面是观念，另一方面是标记。这个概念为哈金把开放清单用三组实验要素汇集而成这个建议提供了一条线索，这三组要素包括“观念、事物和标记”（Hacking，1992：44）。“观念”是实验的智力成分，“事物”表征的是工具、仪器，最后“标记”由实验结果的记录组成。哈金对马赫认为分类将不能做的主张并不担心，马赫认为这是“因为不同的特征一般并不排斥其他特征，以至于它们中的一些在实验中能够被统一”（Mach，1976：157）。事实上，哈金很乐意建构一个灵活的分类，因为他的观点是，实验结果的稳定性正是由于一些要素相互作用的结果。无论如何，这个分类都不应该是苛刻的（Hacking，1992：44）。通过这个分类，哈金立刻试图去证明“实验科学的混杂性”，并致力于发展一个实验的哲学，以便我们不会单纯地“从一个迷人的案例到另一个迷人的案例”（Hacking，1992：31-32）扩展，正如他所说的那样。

如我已经表明的那样，第一簇问题我所关注的是其他地方，即我分析了实验的“物质论证”，并把它作为实验认识论问题的一个关键方面（Hon，1998a）。在本章中我想去处理第二簇问题，那就是方法论问题，即“等等清单”。我们的目标是要去超越这张清单，联系这个分类阶段，并试图超越它获得实验的原则。

9.5　指导性观念：从误差的视角逼近知识

我的指导性观念是，通过研究实验可能出现的错误来研究实验。我认为，通过检验实验的可能性失误，有助于我们进一步了解这种研究的方法。于是我的研究方法采用了一条完全不同于富兰克林的进路。我没有去寻求那些被设计用以保障可靠结果的认识论策略，这些策略反过来又为合理性信念提供了基础。正如我们所看到的，这个方法导致的是一张不完整和临时的清单。而我所追求的是可能性差错其种类的普遍性描述。我们将会看到，虽然是一个负面的视角，但是实验错误种类所呈现出的类型学却反映了哈金的类型学。尽管如此，这其中仍然有一些关键性的差异。我们进一步希望，对于发展一个实验的理论并从中呈现出一般的原则，这个最后的类型学将能够起到一个分析框架的作用。

对于分类来说，这里有一个简要的阐述来说明这个方法如何运作。让我们来考虑分析实验误差的典型方法——即系统误差和随机误差的二分法。很明显，这个二分法反映了误差的数学方面旨趣：是不是有一个决定性的法则支配着错误？或者这只是一个统计学的定律？关于前者，正如众所周知的那样，误差是系统的，而后者则是随机的。这个二分法是非常有用的，它经常被用在对实验实践的分析中，特别是在通过引入正确的术语以及简化数据来分析实验结果的过程中。因此，这个二分法应该包含在策略的清单之中。然而，这个二分法对于误差的来源却没有任何解释作用；换句话说，在哲学上它是没有用的。误差可能起源于不正确的工具理论假设，以及起源于一个有差错的校准，这两者属于一个类别。它们都是系统的。而另一种情况是，观察者在估计刻度分划时所导致的小错误以及在一些具体条件下不可预测的干扰因素，例如仪器的温度变化和机械变动，这两种情况都可以算做一个类别，因为这些误差在本质上都是随机的（更详细的分析参见：Hon，1989：474－479）。

我坚持认为，出于哲学的目的，我们应该区分各种误差的可能来源。在这里我遵循康德的箴言："要避免错误①，我们必须力图揭示和解释它们的来源、假象。然而很少有人那样做。他们只是尝试去反对错误本身，而没有去表明导致错误的假象。尽管对假象的揭示与打破对获得真理而言比直接反对错误更为重要，如果我们直接反对错误，那么我们就不能堵住这些错误的来源，也不能防止同样的假象再次使我们在其他地方出现错误，因为我们对它不熟悉。"（Kant，1992：562）从认识论的视角来看，探究误差的来源但不过多地去检验误差的数学特征以及我们如何计算它，这是值得的。在这里我们更需要因果的特征而不是实用的特征。因此，使用仪器导致的误差应该区别于有关数据解释的错误。一旦不同来源的区别被得以引入、保留并被详细地说明，我们会发现，实验中误差可能来源的图式知识（knowledge of scheme）对于阐明方法的真正结构将如何至关重要。特别是，我们会发现，不同误差来源的特征反映了实验中所包含的不同要素。

---

① 康德与培根都提到 error（既可译为"误差"，也可译为"错误"，在英文中是同一个词）。——译者注

从负面的视角即从误差和差错来获得知识的研究方法并不新鲜。事实上，"第一个也差不多是最后一个实验哲学家"。用哈金对培根的描述来说（Hacking，1984：159）他采用了一个相似的方法论。培根在哲学上意识到了错误问题并明确地处理它。的确，培根开拓了错误的概念并把它作为举起其科学新纲领的杠杆。正如在《新工具》（Bacon，1859，1960，2000）中所详细说明的那样，他的纲领性哲学由两个主要的步骤组成：第一，识别错误，如果它不能被消除，我们就要防止它；第二，真科学的崭新开始奠基于实验和归纳。我现在将主张，培根的概念正是我们所想要的，特别是在谈及实验培根的研究工具时。培根研究方法的缺陷将成为我论证步骤的关键。因此这里对培根的错误理论做一个概要性的说明。

9.6 培根的错误类型学：心灵的四种假象

培根在他备受欢迎的《新工具》一书中提出，亚里士多德"已经用他的逻辑败坏了自然哲学；……他已用各种范畴造出了世界"（Bacon，1859：39）。按照培根的观点，亚里士多德学说的应用更多地验证和造成了由粗俗概念所导致的永久固定错误，而没有推进对真理的研究（Bacon，1859：13-14）。

培根的纲领建立在认为真理是简单事实的显现这个学说上，但是要使他的学说成立，作为自然的研究者必须抛弃掉一切偏见和预先形成的观念。正如培根所说明的那样，"心灵的全部工作应该重新开始。"（Bacon，1859：4）只有这样以后，自然的研究者才可以经验到真实的事物。"我们的计划"，他解释道："包括对确定性程度的预计，包括通过纠错过程使感官不受错误影响……因而包括通过感官的真正知觉为心灵开始和建构一种新的确定方式。"（Bacon，1859：3）这样，培根总结道："我们在人类的理解力中建造了世界的一个复本，我们发现这样的复本不是人类通过自己理性的整理而获得的。"（Bacon，1859：120）因此，科学家的第一项任务就是通过"心灵的赎罪与净化"以他或她的认知能力去消除错误；只有这样，科学家才能进入"解释自然的正确道路"（Bacon，1859：51）。

因而，培根认为，在展开他的积极纲领——基于实验的归纳研究方法之前，有必要通过大量的细节详细说明对自然进行正确解释时所存在的障碍。他花了将近整整第一本书《新工具》来检验这些障碍，他把这些障碍称为假象。"心灵的假象。"这个命名反映了柏拉图的映像（eidolon）概念，意指实在的一个转瞬即逝的影像，与在柏拉图意义上表征实在的理念（idea）概念正好相反（Bacon，1859：16-17n）。尽管培根认为"通过正确的归纳来发挥概念和公理体系的作用必定可以恰当地反驳和清除假象"（Bacon，1859：21），但是他始终觉得明确地指出幻想并详细地对它们进行说明是极其有意义的。因为，正如他所解释的，"假象学说对自然的解释与诡辩者对普通逻辑的反驳所采取的是同一立场"（Bacon，1859：21）换句话说，按照 Jardine 的阐述，"假象与归纳方法的关系可以类比于一系列谨慎的谬误论证与三段论的关系"（Jardine，1974：83）。尽管如此，正如我已经指出的，我试图更进一步，不停留在仅仅是"谨慎的清单"，而是要获得一个基于错误来源类型学的一个实验概念图式。培根关于错误的理论，与关于假象的类型学及其批判，是我研究方法的一个哲学阐述。

培根分类四种不同的假象，他认为这些假象"包围着人类的心灵"（Bacon，1859：21），它们包括：种族假象、洞穴假象、市场假象、剧场假象。

种族假象

第一类假象——种族假象，是指那些根植于人类普遍本质的错误。这些错误最显著的方面表现在我们易于用正面的例子来支持一个预先形成的意见，而不管所有的反例；我们易于通过少数的观察而获得一个普遍概括；我们易于把简单的抽象看成是实在。这种类型的错误也可能根植于感观的弱点，它只能提供猜测的范围（Bacon，1859：21，24-29）。培根提醒自然哲学的研究者要抵制认为人类感官是事物的衡量标准这一信念。对培根来说，"人类理解力正如一面不平的镜子，物体的光线照射到镜子上面，同时镜子在反应事物时掺入了它自己的性质而使得事物的性质变形和遭到破坏"（Bacon，1859：21）。要想对自然进行正确的解释，按照培根的说法，人类心灵应该像一面光滑的镜子一样如实反映。

洞穴假象

第二类假象——洞穴假象，是指那些根植于每个个体中特殊的精神和身体构成的错误（洞穴比喻直接沿袭自柏拉图在《理想国》中的明喻）。这些错误有可能来自于内部，即从个体特殊生理状况产生；也有可能来自外部，即从一个人所处的教育、习俗或普遍社会状况等这些社会环境中产生（Bacon，1859：22，29-30，32-33）。

市场假象

第三类假象——市场假象，是指那些由语言的本质所导致的错误。正如培根指出的，语言的本质在于其作为人类交流、交往和结合的工具（Bacon，1859：22-23，33-35）。按照培根的说法，语言导致了我们观察世界的两种错误模式。第一，有些词汇它们仅仅是"那些不存在的事物的命名（正如由于观察不足而不能对一些事物命名一样，也存在一些由于荒诞猜想而导致有名无实的事物）"。第二，有一些"有命名的事物的确存在，只不过这些命名语义含混不清，定义不当"（Bacon，1859：34）。培根于是注意到，语言对自然表述的不透明可能会导致研究者误入歧途。因此他警告研究者留意语言的错误并呼吁要回归它的透明度。

剧场假象

第四类假象——剧场假象，是指由业已被接受的"哲学体系的教条，甚至是不正当的论证定律"所导致的那些错误（Bacon，1859：也参见23，33-49）。在这里培根主要提到的是三种错误：诡辩的、经验的、迷信的。第一种错误对应于亚里士多德，根据培根的说法，亚里士多德"把他的自然哲学做成只是他的逻辑的奴隶，从而把它仅仅当做辩论的工具而近于无用"（Bacon 1859：30）。第二种错误——经验的错误，意指从"狭隘和晦涩的实验"到普遍结论的跳跃。培根心里尤其想到的是他那个时代的化学家和吉尔伯特及其磁石实验（Bacon，1859：41-42）。第三种错误——迷信的错误，代表的是那些引入理想化、神学化的概念来对哲学的败坏，培根认为毕达哥拉斯体系就是一个很好的例子（Bacon，1859：42-44）。

通过对四类假象，培根主张所有哲学假象"必须以一种坚定和严肃的决心来放弃和杜绝它们"（Bacon，1859：49）。他坚决主张要把人类的理解力从这些假象中肃清和解除出来，以至于培根认为："建立在科学之上的通往人国的道路，可能与通往天国的道路相差无几。"（Bacon，1859：49）因此，当完成了这些"心灵的赎罪与净化"，我们"可以开始确立一条解释自然的正确之途"。（Bacon，1859：51）由此可见在培根那里，宗教的含义是明确的，并且应该被强调。

很明显，如果出于有点刻意的话，培根的假象学说是体系性和有条理的。他整齐地划分了作为"偶然的或固有的"假象。培根解释说，偶然的假象"是从外部，即哲学家们的教条和宗派或者论证的不正当定律进入心灵。但是固有的假象确实内在于人类理解力的本质，它比感官更易于导致错误"（Bacon，1960：22）。假象的种类从内在的逐渐发展到偶然的，相应地从最顽固的发展到最容易被抛弃的。从人类的普遍特点开始——种族假象发展到组成种族的个体特征，即洞穴假象，进一步发展到个体之间的交谈、谈判和交流——市场假象，最后达到个体所认定的那些教义学说——剧场假象。培根意识到内在固有的特征很难根除的事实，因此这些假象是不可能被消除的。"我们所能做的"，他说明："就是去指出它们，以便使得我们可以铭记并谴责心灵的这种狡猾活动（否则……我们所得到的将只是错误的变体，而没有清除掉它）。"（Bacon，1960：23）相反，偶然性的假象，能够并且应该被我们所消除。在经历过这些认识论的洗礼之后，培根认为，一个人将可以重新开始对自然进行正确的解释。

培根所描绘的这个类型学有助于我们进一步了解错误来源的本质。假象的思想为我们看待那些阻碍知识的要素提供了一个系统和有条理性的观点：错误来源的相互作用与心灵的普遍本质有关，与个体和它们所处的社会有关，与语言和信条有关。这个思想也许看起来有点虚假和刻意，但是它却是培根对于新知识的产生及其阻碍这个完整构想的一个不可或缺的组成部分。在许多方面这个假象的思想预示着很多新学科的出现，即人类学、人种学、心理学的研究以及语言和文化的、政治和宗教的思想体系（Coquillette，1992：233–234；参考文献参见第 300 页注释 24）。

9.7　对培根图式的批判

问题很自然地出现了，那就是，是否这个无所不包的错误类型学能够适用于培根所倡导使用的研究方法——实验。"毫无疑问有时候它适用"，培根回应了这个问题，"实验本身有一些不确定性和错误；因此我们可能将会认为，我们的发现建立在错误的和可疑的原则之上，因为它们的基础就有问题"（Bacon，1859：111–112）。这似乎是一个出人意料的判断。是否培根所提倡的研究方法易于受到反驳，并且所有那些心灵的净化和洗礼都是毫无用处的？不是！培根立刻消解了这种威胁："这不算什么，"他呼喊道，"因为这一类的事情在起初总是不可避免的。"通过一个类比的方式培根解释说，"这就好比，在书写和打印的时候出现一两个写错或排错的字母，但通常这并不妨碍读者，因为这些错误很容易随着文义的显现而获得纠正。所以我们应该反思，尽管在自然史中会存在许多可能被错误地相信和接受的东西，但它们将会很快随着一些原因和定律的发现而被消除和驳斥"（Bacon，1859：112）。培根向我们承诺不应该被这些驳斥所干扰，他在重点论述实验史的同时再三强调了这种信心（Bacon，1960：280）。然而，他承认，"如果自然史和实验中产生的错误是重要的、频繁的和持续的，那么即使是智慧或方术的妙用也不能纠正或补救，这却是真的"（Bacon，1859：112）。

因此，如果不时地有一些"虚假的和错误的东西"趁隙钻入培根的自然史中，尽管这个自然史被认为是被"如此审慎、严格以及宗教性小心地"搜集而成，我们也不应该担心这一点。培根用了个反问修辞方式来回应："对于那种相比之下是十分粗疏而不精确的日常自然史，或者那些建立在……流沙上的哲学和科学来说"，我们又应该说些什么？（Bacon，1859：112）

尽管培根的承诺十分绝对，但这种驳斥还是很烦人的。可以说，培根似乎只是向我们示意而已，而没有提供一个有力的论证来捍卫他的主张。他想让我们相信，一台打印机的错误和一个实验的错误之间的类比是十分可信的。然而，情况却并非如此。按照培根的类比，实验情境的意义（sense）正如文本的含义（meaning）一样，都是给定的；但恰恰是在这个意义上，实验科学缺乏实验安排活动的物理学含义并在实际当中试图去发现和确立这种含义。例如，位于放射性阴极射线管旁边的照片底片会变黑，在伦琴理解这个烦人的现象之前，众所周知这是一个令人讨厌的东西。我们假定这个物理学含义是正确的，在这个物理学情境的意义上（放射管射出的是一种新的射线），伦琴就能够把这个讨厌的东西转变成为一个重大的发现从而变革实验物理学。这两类错误——打印机和实验的错误在范畴上是不同的（我在别处区分了这两种可能的差错（faults）。我把过失（mistake）看成为是由于可避免的愚昧而造成的差错，而错误（error）是从不可避免的愚昧中产生的。因此，打印机的错误就像是计算错误，在事实上是一个过失而已（Hon，1995）。

令人奇怪的是，似乎培根并没有将他对错误的重要图式一以贯之地应用于他所研究的工具——实验。不可否认的是，他关注了那些困扰心灵的错误：一旦一个人把他的心灵抽身出培根意义上的那些假象，用培根的镜子隐喻来说就是，以宗教的热情来克服他理解力中的那些凹凸不平，那么他的理解力就会变成一面光滑的镜子并因此可以真实地反映事物的光线（Bacon，1960：22），于是他就可以着手对自然进行正确的解释。在这里的问题不是说，按照这个说明来净化一个人的心灵在实践上是不是可行的，而是说，一个人的研究工具本身可以是一个严格的检验对象。的确，正如我们已经看到的，这个问题的提出比迪昂提出并解决的问题"物理学中的实验究竟是什么？"（Duhem，1974：144）提前了很多时间。一个人声称他已经从实验中获得了知识，但这些知识时常面临许多错误的出现，这种顽固的阻挠用培根的心灵假象的图式来解释是不完备的。培根表示实验错误是很容易消除的，因而他非常详细其研究的工具，这是可以批驳的。我将接着论述这种批驳并试图检验困扰实验的不同假象。

9.8 实验的假象：剧本、舞台、观众和寓意

构建一个图式来说明困扰实验的假象与培根的图式有着相似的目标，但是在分析上却更进一步，并在其中明确地主张，这个图式反映了实验的潜在原则。我再次声明，我的意图并不是像马赫和富兰克林那样去寻求一个临时的策略。那就是，我们所再次提到的古丁、平奇和谢佛所精辟论述的评语（1989：22-23），按照富兰克林的观点，"存在一些认识论法则，它们能够直接运用到某个领域中去，并从错误的谷壳中剥离出一个正确结果的麦穗。"我的目标不是以一个折中的方式去列出这些法则的清单，而是去建构一个"错误的谷壳"的图式，它能反映作为研究工具而产生出知识的实验其结构。因而这个指导性原则就是要去对错误的不同可能来源进行分类，通过这种方式使每一假象都能反映实验过程中所对应的一个要素，因此这些假象图式的结合能囊括组成实验的那些要素。

本着培根隐喻语言的精神以及遵循他的剧场假象，我建议去识别困扰实验的四种假象：剧本假象、舞台假象、观众假象和寓意假象。戏剧剧本的形象由实验中合适和有用的隐喻环境构成，因为像一出戏一样，一个实验是一项活动的结果，这项活动的舞台中心确实有"一项表演"（关于实验和戏剧，参见 Cantor（1989：173-176））。如果你愿意，在一个实验中，自然可以被用来展现一个按照一些剧本来构思和设计的舞台表演。表演由一个人或观众来观察和记录，并最后从一个观点进行解释来提供一个寓意。即作为物理世界知识的实验输出结果。这四种假象反映实验过程的要素：实验的背景理论—剧本、关于仪器及其运作的构想—舞台、进行观察和策略活动—观众、理论的结论—寓意。

误差是一个多样性的认识论现象。它表达了那些有很大差异标记的分歧——差异来自评价过程，与选择的标准不一致。差异的本质、它出现的原因以及当它被觉察和领会到时我们可以从中学到什么，这些构成了研究误差问题的广泛主题。这四个假象组成了我所认为的图式，它们描述了在实验过程中不同阶段可能出现的不同种差异。

实验的推进关键在于两个阶段：准备活动和检验活动。在准备阶段实验者设置了仪器和系统的初始条件，通过这个阶段实验将得以展开，这是实验的理论性和物质性框架。一旦实验者设定了这个框架，实验就开始了它的进程：检验——在设计的实验框架中系统将演进展开（详细的分析，参见 Hon，1998a）。应该着重指出的是，"准备"和"检验"这两个术语在这里是在一

个非常宽泛的意义上使用的。实验不一定是一个检验，也不一定定义它具有一组已知的初始条件。尽管如此，这两个不同阶段的二分法，即准备活动和检验活动，在下列意义上是非常关键的：即实验总是展现了一个（准备的）系统的演进。

也许我们可以立刻看出，剧本和舞台的假象与第一阶段的准备活动有关，而观众和寓意假象与后一个阶段的检验活动有关。这样，这些假象涵盖了在不同情境中所有可能的差错，在这些情境中实验的错误来源可能会突然出现。因而，组成这个错误来源类型学的这些假象，反映了有问题的要素在整个实验结构中将起的作用。我的观点是，实验过程中不同情境下的可能差错阐明了实验的认识结构。这个图式提供了一个整体的看法，同时也提供了一个对实验四个阶段的详细分析：背景理论、仪器、观察和测量、最终的解释。

我所提出的这个分类学其独特的特点在于，它关注的是误差的来源而不是结果。通过专门性地对不同类误差来源进行定义，这个分类学从一个负面的角度阐明了那些包含在实验中的各个要素以及它们的相互作用。这样，一个不正确的或不适当的背景理论（例如，在埃伦霍夫特声称发现亚电子的例子中，他把斯托克斯定律运用于对微小不平的金属粉尘粒的研究中）、一个剧本的假象，不同于错误地认为特定物理条件在装置中占主导位置（例如，决定霍尔效应的物理条件在技术上很难得到实现）。后一个错误是一个舞台假象。观众的假象在于，物理学、生理学以及心理学的要素干预了被研究现象的显示或者测量装置的数据读取（如对存在 N 射线的自我暗示），这种假象不同于对实验结果赋予一个错误的解释（例如，弗兰克和赫兹把他们所测量的第一临界电位解释为电离电位，而不是激发电位）——寓意的一个假象。然而，我们认为的那些误差——实验误差，它们能够被我提出的四个假象之一所涵盖（关于用历史案例对四种实验误差的一个详细论述，以及关于上述案例的参考文献，参见 Hon, 1989b）。

这个实验的误差类型学采用了一种完全不同于黛博拉·梅奥在其《误差和实验知识的增长》（Mayo, 1996）一书中的分析方式来处理了实验以及误差的问题。梅奥提及的是实验的知识而非科学的知识，这与她的主张有关，她认为实验知识是一种建立在从误差出发而得的论证之上的知识（Mayo, 1996：7）。梅奥与皮尔士、奈曼（Neyman）以及皮尔森（Pearson）站在一边，反对他们的共同对手——贝叶斯主义者。她把她的立场冠以"实验的误差统计哲学"（Mayo, 1996：410，442，457，464）称号，因为梅奥研究进路沿袭了奈曼–皮尔森统计学的方法，其主要特征是误差概率的中心主义（Mayo, 1996：x-xi）。梅奥认为，我们有必要考虑实验过程的误差概率，以便决定什么推论是由数据得来的。按照梅奥的看法，这个主张是她研究进路与其他人截然不同的主要要素（Mayo，1996：442）。她总结道："我们在实验知识方面取得了进步——实验知识得到增长，因为我们具有明显充分的方法来从错误中学习。"（Mayo，1996：464）出于这个原因，用来处理实验知识的错误和统计学方法变成建造我们称做科学的知识主体的工具。

无疑，误差统计分析是一个强有力的工具，它经常被用于数据简化的技术领域中。毕竟，误差概率的分析能保证量化的可靠性（Mayo，1996：424-425）。的确，按照这种分析方法可以有助于阐明方法论问题，而且这可以添加到富兰克林的策略清单中。然而，至少其本身没有在哲学上真正反映出那些复杂的概念，如错误和实验知识。梅奥的那本书不是关于误差的，而是关于误差概率，并且书中所论述的实验知识的概念毋宁说是关于一些实验特殊结果的概率的知识（Mayo，1996：12）。

梅奥的实验哲学既不依赖于科学理论，也不依赖于实验的一个理论；相反它依赖于方法——统计学方法，这是用来产生实验结果的方法（Mayo，1996：15）。这个洞察是十分关键的。它解释了这种研究方法所展现的实验观的局限性。尽管梅奥谈到了我们要处理实验的实际实践，但她主要的注意力还是单一地专注于统计学计算方面。这并不是有些人所认为的那样，具体地说就是像法拉第、亥姆霍兹、巴斯德、赫兹、卢瑟福、吉布森、拉比或者卡皮查等人。让我们来思考皮尔士对于实验类型的考察："在那个时代的所有人当中，法拉第最有能力从他的实验中直接获得他的思想，并使他的物理学仪器按照他的思想来运行，所以实验和干预并不是两个过程，而是一个。要理解这意味着什么，我们必须去阅读他的《电学研究》。因此他的天才远超过亥姆霍兹，后者仅仅是用一个预先持有的适当构想来套现象，正如一个人用塞子来塞瓶子一样。"（Peirce，1966：272）梅奥"内容充实的（full-bodied）实验哲学"（Mayo，1996：444）并不适合实验活动本身；它其实关注的是最终结果：数据以及它们的统计学检验。例如，像对实验结果的解释这种问题在这种研究框架下并不出现。另外，在这种研究方法中将不会出现任何实验的理论（对比的方法参见 Radder，1995）。

在梅奥的哲学框架中，实验知识完全是统计学的。如果成功地获得了实验知识，那么它就被这种哲学解释为是所运用统计学方法的结果。梅奥的实验误差统计哲学建立在对误差的分析之上，这里的误差很大程度上并不是真正的错误，而毋宁说是一个特殊和狭隘的误差，即误差概率。误差概率并非假设（hypotheses）的概率，而是特定实验结果发生的概率，是关于实验系统的一个或其他假说为真的概率（Mayo，1996：367）。于是我们可以把梅奥这本书的主题称为"误差概率与实验数据的统计学评估"。梅奥的研究对传统意义上的实验设计以及对误差概率的分析的确很有贡献。尽管如此，它并没有阐明实验的内部认识过程，而这正是实验的假象——我提出的类型学所试图阐明的，我的研究方法在于关注误差的来源，而不是它们的统计学表现（关于对梅奥这本书的评论，参见 Hon，1998b）。

这个类型学的另一个重要特征在于，它刻画了"剧本"——仪器和工具的概念及理论的引导性线索，即背景理论在分析方式上区分于"寓意"，即那些为实验结果的解释提供基础的理论。这种区分在逻辑上是十分关键的，因为它分开了构成实验概念框架的那些理论以及那些为实验结果提供物理学意义的理论。实验方法的一个重要特征，即纠错过程，很早就被伽利略认识到。在所有其他的身份当中，实验者最应该是一名好的会计："正如一位计算者一样，他希望他所计算的是砂糖、丝绸和羊毛，而一定不会包括箱子、包和其他袋子，因此数学家（几何学家），当他想要具体地认识他所证明的那些抽象形式的结果，那么他们必须扣除掉物质性的障碍，如果他做到了这一点，我敢向你们保证事情就是论证和算法计算。于是，错误不在于抽象或具体，不在于是几何学或物理学，而在于一个计算者不知道如何正确的计算"（Galileo，1974：207–208）。很明显，一个实验者要想成功地进行正确的计算，他需要求助于一个理论。这个理论应该是由"剧本"而不是"寓意"所提供的，以免造成循环论证。

迪昂十分明智地对规则错误的纠错过程进行了逻辑分析，这种规则错误是现代实验的一个关键特征，迪昂的分析恰恰是基于属于"剧本"的理论，而不是那些属于实验的"寓意"。迪昂觉察到，一个物理学实验不仅仅是对受控约束条件下产生的一组事实的观察。假使是那样的话，那么所谓进行纠错就是荒诞可笑的了，"因为去告诉一位已经做了认真、仔细和谨慎观察的人说'你已经看到的东西不是你应该看到的东西；让我做些计算来教你应当观察到什么'，这将是滑稽可笑的。"（Duhem，1974：156）

接着迪昂的思路，实验观察一定将能被转化为符号语言，如一个公式，而且正是物理学的理论提供了这种转化所需的法则。实验者必须不断地去比较、延续迪昂论证的线索，即两方面的对象：一方面，那些在物理上实际被操作的真实、具体的对象——仪器。另一方面是那些我们推理的抽象和符号的对象（Duhem，1974：156）。这种在实验中重要的对比活动允许引入必要的纠错环节，它完全依赖于"剧本"。相反，为实验的解释提供基础的理论，即"寓意"，在某种程度上说是来自外部的；它们不在对规则错误进行纠错的过程之中。尽管如此，它们对解释的错误进行纠正来说是十分重要的〔解释其错误的一个案例研究参见 Hon（1989a）]。

我们或许要想到哈金，他把实验的要素分为三类："观念、事物和标记。"（Hacking，1992：44）正如我已经指出的，我所提出的困扰实验的四假象图式反映了哈金的类型学，尽管是从负面的角度反映。尽管如此，我的四假象图式在两个重要的方面与哈金的类学相异。大致来说，"观念"对应的是"剧本假象"，"事物"对应的是"舞台假象"，最后"标记"与"观众假象"的要素有关。还剩下"寓意假象"这类明显没有被哈金的类型学包括到；或者，可以说，在他的类型学中"观念"的要素既包含了实验的背景理论，又包含了对实验结果的解释，而没有对两组要素进行区分。哈金认为要素的灵活性和要素之间的相互作用对于实验结果来说至关重要，在这点上我同意他的观点，因此我们可以把第四组假象，即"寓意假象"包含在他的"观念"之中。这是对实验实践的一个实在论观点，因为"剧本"——按照哈金的说法即"观念"常常贯穿于对实验结果的解释之中。

尽管如此，我强烈认为"剧本"和"寓意"之间应该有一个明显的区别，这是出于分析和逻辑的理由。哈金的分类学消除了这两组假象之间的重要差异。我再次强调，"剧本"是由一些理论所组成，这些理论被我们预设它们支配和塑造着实验：包括仪器的运行和工具的应用。实验者不会把这些理论带到检验过程中；它们被预设和被认为是正确的。这些理论为实验的执行提供了一个框架。相反，属于"寓意假象"的那些理论是要被检验的，并且可能会被摒弃、替换或被否定并证明是错误的，从而没有对整个实验、实验的论证以及实验所积累的数据主体起任何作用（弗兰克–赫兹实验就是一个很好的例子）（Hon，1989a）。

进一步说，另外一种组合方式，即把"观众"和"寓意"放到哈金的"观念"这个类别中也应该是不合适的。再次，出现在读取数据的错误来源和纠错过程不同于对数据进行分析、简化和解释的过程。因而，从负面的视角来看，即从错误的视角来看，把哈金的"标记"分成我所称"观众"和"寓意"这两种不同的类别是十分有益的。

9.9　总结性评论

为了抵抗坍塌的背景理论和经院认识论的衰落，以及这种衰败所引起的许多关于认识相互对立的观点（Solomon，1998：xv），培根构想了一门科学，在那里他试图"去揭示大自然躯体的力量和活动以及它们深藏在物质之中的法则。因而这门科学，按照培根的说法，"不仅起源于心灵的本质，而且还源自事物的本质"；培根提供了他设定用以"真实地剖析自然"的一种新逻辑（参见上文中培根的箴言）。这种新逻辑能使我们获得真实的"对自然的解释"（Martin，1992：147）。它主要包含两个方法。第一，如培根提出的，"肃清理解力使之能够应对真理"（引自：Martin，1992：147）。培根阐述了困扰心灵的假象图式，从而实现了第一个方法。第二，要通过建立关于自然史和实验史的哲学来推进，即提供知识本身的物质性方面（Martin，1992：146-147）。

通过类比，我处理了第二个培根主义的方法，按照这种方法我们可以为知识提供物质性方面的东西。我所提出的实验四假象图式吸收了培根主义正确解释自然的双重方法。尽管如此，我这个图式的要点不是认识论的，而是方法论的。在这里与培根方法的类比就结束了。我提出的这个图式把培根主义批判纲领转移到了实验本身。

这个图式主要集中论述了四种不同类型的错误可能来源，它们可能在实验中会突然出现。在那个意义上，这个图式反映了实验的规范性方面。然而，一旦我们设定了这个类型学，那么可以发现，实验的四个不同情境包含了不同种类的错误来源，于是可以说，这几个情境穷尽了所有错误的可能来源。换句话说，这四个假象（剧本、舞台、观众和寓意）涵盖了所有的错误来源。每一个假象刻画了一类相似的错误来源的特点，即有相似属性中存在差异。这个图式所强加的限制条件及其对分类的清晰描绘，从一个负面的视角为我们提供了一个对实验的整体性把握，这个视角并不依赖于不完整的清单。由此我们超越了这张"……清单"。我认为，对组成各个假象的要素之间的关系进行研究，能够帮助我们对内在于实验的动态认识过程即实验的概念基础做一番洞察。通过超越这张清单，对这组实验的假象的安排为我们提供了实验的一个全面、概念性的观点。

9.10 结　语

通过这个四假象图式来试图理解误差的普遍概念到理解实验中不同误差的可能出现为止，也许变得越来越清楚的是，安排错误的实验是不可行的。因为实验作为一个物理过程，它展现了一些现象作为其输出结果，认为结果是假的，这在哲学上是个误导。毕竟，在现代的观念中，自然有其自己的规律并且是绝不会出错的。可以这样说，我们的确希望在实验装置的严格精确的物理限制条件下，自然能自己交代出它的规律。无疑，这是分析方法的核心本质。正如卡特赖特所解释的，"要理解世界发生了什么，我们需要把事物分成它许多基本的小块；为了控制一个境况，我们要把这些小块聚合在一起，并对它们进行重新组合，以便使它们将按照我们所希望的那样共同运作。你把这些小块从一个地方挪到另一个地方，或者以新的方式在新的情境下重新聚合它们。但是你总是会假定，它们的行为在新的组合条件下会表现得与其他组合一样。其实在每一种情况下，它们将按照它们自己的特性来表现"（Cartwright，1992：49；Hintikka，1988）。我们可能会想到，错误"并不在于抽象或具体，不在于是几何学或物理学，而在于一个计算者不知道如何正确地计算"（Galileo，1974：208）。实验者在探索知识过程中的任务就是去避免错误。"避开错误！"正如詹姆斯提出的那样。"我们可能会把对真理的追求视做极为重要的，错误的避免是次要的；另一方面，我们可以把错误的避免视为更加迫切的，而对于真理则顺其自然"（James，1897：17–18）。

通过对实验误差来源的集中论述，这个四假象图式完成了对实验场所特点的刻画即实验的具体情境，在那里会出现可能的误差。并且，我们可以理解这些误差的差异特征。很明显，纠错过程要根据我们所刻画的差异种类来进行。尽管如此，正如我试图表明的那样，实验误差不仅仅是一个我们避开和计算忽略不计的东西。对它的认识以及随之而来的纠错方法，可以有助于我们洞悉那些组成实验的要素以及它们相互结合而产生知识的方式。

注　释

非常感谢 Willem B. Drees、Hans Radder 以及一位不知名的读者，他们对本章的最初草稿做出了敏锐和富有价值的评论。

10 模型、仿真和"计算机实验"

伊夫林·福克斯·凯勒

一旦存在一个分析机器，那么它就必定对科学将来的发展进程起指导作用。

——Charles Babbage（引自：The Life of a Philosopher，1864）

10.1 导　论

正如尼尔森·古德曼（Nelson Goodman）敏锐地觉察到的："在流行话语和科学话语里，很少有哪个词的用法比'模型'（model）这个词更加杂乱。"（Goodman，1968：171）在这个断言出现30多年后，同样的情况可能适用于"模拟"（simulation）。然而情况并非总是如此。这两个词都有悠久的历史，但直到最近，至少"模拟"这个词的含义才明显的被确定下来：它常常意味着欺骗（deceit）。《牛津英语词典》（OED）1947年以前对于这个词所提供的用法包括"伪装"（false pretence）；"由行动、姿势或行为产生的欺骗（1692）"；"表示否定时的一个托词"（1711）。简而言之，OED所提供的证据表明，只有在第二次世界大战之后，这个词的含义才开始和当前一样与模型这个词的含义相近："通过一个恰当类比的境况或仪器来模拟一些境况或过程的技术，特别是出于学习或人员培训的目的。"在这里，这个词的含义发生了决定性的变化：如今变成是生产性的而不仅仅是虚假的[1]，尤其是含有选取一项技术来提高科学理解能力的意思。这种转变反映了一个重要的变化，这不仅仅是在对模拟的价值认识方面，而且，像许多人已经注意到的，在科学知识生产的方式方面（Rohrlich，1991；Humphreys，1991；Galison，1996；Winsberg，1999）。甚至，正是由于这个词新意义的出现，致使在当前的许多历史和哲学著作中它的用法通常要么是与"模型"这个词互用，要么是一个复合名词的一部分（在"模型与模拟"这个词中）。然而，一个显著的问题出现了，即如下：模拟在当今科学实践中的实际使用是否事实上能保证这样一种简单的同化？或者，稍微换个方式来说，是否模拟在第二次世界大战后科学中的使用明显添加一些新特征，以至于它能包含在早前"建模

171

（modeling）的实践范围之内"？我的答案是肯定的，但是我认为这种新颖性在其效果上表现为多层面的和累积的，其意义在历史演进中呈现出细微差别，而不是像现在已经确定的那样。

第二次世界大战后科学中的模拟并不是只与计算机的出现有关——事实上，这个词的最早借用主要来自电模拟器以及电子模拟器的使用，这些装置被设计用来模拟真实世界（real-world）现象的行为表现。[2] 然而，正是由于数值计算机的出现为在科学研究中采用模拟技术提供了一个主要的动力，并且出于这个原因，我的论述将仅限于讨论什么被我们认为是"计算机模拟"。十分粗略地说，有人会认为，这些新技术对科学实践的即时影响将会极大地拓宽那些可以进行量化分析的问题的范围。但是，这种拓宽的方式是多种多样的，并且其含义是多变的。实际上，即使"计算机模拟"这个术语涵盖的活动范围如此复杂，但某些分类似乎看起来还是有序的。是哪种分类？我们将沿着学科分界线开始划分——对物理科学中模拟的使用与生物学科学、认知科学、经济学或管理学中模拟的使用做一个区分。但是继续按照一个标准的进化树来进行区分很显然是不合适的，因为这种结构会丢失一些具有交叉结构的东西，后者是科学需要以及导致的交叉混合产物。另一方面，很明显存在着不同的目标、旨趣和传统，它们与后来的历史发展有极其重要的关系。因此我认为，沿着准学科界线来追踪模拟的历史，但同时仍然留心技术创新的广泛跨学科往来，这将是有益的，因为后者也是这段历史中不可缺少的一部分。在本章中，我主要关注的是物理学科学，并且我主张，即使在这样一个主要的学科分类里面，一些重要的部分仍需要被细分。并且，这些细分中的每一个部分将推动着最初的学科边界以独特的方式分开。[3]

10.2　物理科学中的计算机模拟

物理学家弗里茨·罗利克（Fritz Rohrlich）是首次引起科学哲学家们注意到计算机模拟具有新特征的代表人物之一，他提出"一个性质上新颖而与众不同的方法论"存在于"传统理论物理科学及其实验和观察的经验方法之间的某个地方"。在很多情况中，他写道："这个方法论具有一个逐渐取代传统的新句法（new syntax），而且它具有一个在性质上新颖而有趣的理论模型实验。这样科学活动也因此达到了一个新的里程碑，这个里程碑在一定程度上与开创经验研究方法（伽利略）以及动力学的决定论数学研究方法（牛顿和拉普拉斯的传统方法）是可以相比拟的。"（Rohrlich，1991：907）其他人也提出了类似的看法。例如，彼得·伽里森（Peter Galison，1996）以犀利的洞察力区分了新的计算机模拟与早先的相似体（analogue）模拟。他认为，尽管后者可以很容易的纳入相似体模型（不仅包括船模和风洞，而且包括19世纪用"滑轮、弹簧和转子来重现电磁效应关系（Galison，1996：121）"的模型）的历史长河中，但是，计算机模拟的新技术引起了在物理科学中一个激进的认识论变革，致使"物理学进入一个异常脱离于传统实在的领域，因为传统实在是在实验和理论的领域产生的"，并且创造了一个"在方法论地图上同时不存在又无所不在的梦幻岛"（Galison，1996：120）。这些见解已经被我们所熟知，并且它们逐渐被我们认为是不矛盾的。经过过去的半个世纪，物理科学的一个新领域出现了，它被广泛地认识，它与旧的理论物理学和实验物理学领域迥然不同，并且相应地出现了一个新的名称，即"计算物理学"。"计算物理学"不过是一个简单的术语，指的是用计算机模拟的手段来分析复杂的物理系统，因此毫无疑问是非常新颖和独特的。

这种新的尝试这么独特新颖到底意味着什么？当回答这个问题时争议就出现了。在某种程度上，答案是很明显的：计算机模拟开辟了研究复杂系统的一个新途径——它使得迄今为止不能用数学处理的现象也可以得到分析。直到计算机出现以前，微分方程是物理学家们随意用来表征物质系统机械学和动力学其理论理解的主要工具，而且他们的主要任务就是要去把这些微分方程的解和被观察的实验效果联系起来。但是当微分方程离开线性的领域，它们就变得极其难解，特别是在表征许多物体的内部相互作用时尤为如此。因此，在计算机之前，物理学家们对于复杂非线性现象的研究仅限于可以用摄动法、简化模型/近似法（如"有效场"近似法）或纸–铅笔图表来进行数值近似的方法来完成，[4]并且第一次也是最明显地使用"计算机模拟"（在最宽泛的意义上使用这个词）的情况是提供运算的机械图表，从而极大地拓展了有效分析方法的范围。[5]当计算机不能为给定的方程提供准确的解答时，通过已经确定的理论原则或者通过使这些原则变得更易于控制的不同模式——计算机可以给出一个高准确率的近似答案，其运算速度是很快的，并且它所具有的能力很明显地变革了物理学科学的领域和实践。

但是尽管如此，仍然存在认识论的新颖性问题。高速运算的有效性如何从根本上转变那些数值分析家已做工作的认识特点，尽管是在一个明显更小和更慢的尺度上？更确切地说，在什么意义上这些较早的运算表能被当成是模拟？它们模拟的是什么？最后，尽管很容易看出数值分析是如何超出了传统以来被视为"理论"的范围，但那些把它们带入"实验"领域的技术又是什么？将这些问题排好序后，我将主张，我们现在将要看到的是，计算机模拟其认识论新颖性的出现事实上不过是渐进的——它并不是任何单一技术引进的结果，而是一个不断扩展并且很明显是可塑性新技术的累积效果：这种新技术可能本来就被设计用以解决现存的需要，但这种需要从它一开始出现的时候就孕育了许多新的机会和新的需要。正如计算机通过所有其他方式改变了并继续改变着我们的生活，同样的情况也因此适用于计算机模拟，而且可能在科学的真正意义上。我们只能模糊地看到，并且必将只能开始去描述那些方式，这些方式是我们通过对新技术的利用和不断信任从而改变我们的经验、科学以及心灵的方式。

计算机模拟最初的出现不过是对传统数值分析方法的一个机械拓展，传统数值分析方法中被"模拟"的是那些前计算机（precomputer）、手写的方程式，并且这个词的意义在当时还仍然是很有争议的，但是这些方法迅速有效地成长，以至于它们开始挑战传统，并很快预示着将取代它们所模拟的那些方程式。经过这段时期后，不断发展的计算机模拟实践产生了许多截然不同的科学研究方式，其中意义以及"理论"、"模型"并最终"实验"和"数据"的含义和位置都同样出现了错位：模拟开始丢掉了早前意义上的本体论自卑，即它的"冒牌者"地位，同时也丢掉了它的认识论自卑，因为一开始它只不过是数值运算这种最低级科学工作的机械化。按照伽里森（1996：119）的意思，我们可能会同意模拟最终会构成"一种交替的现实"（an alternate reality）。但是没有任何一项技术变革能起决定作用。伽里森和其他人所说的变革源自许多不同结果的集体和累积性成就，其中新技术的发展看似以非常不同的方式建立在旧的技术上，但只要我们仔细审视就会发现，每一项新技术其认识论上的新颖性以及它自己面临的障碍都与传统"理论"、"实验"、"数据"的概念有密切关系。

我权且认为有三个这样的阶段：①通过传统或新的数值分析方法，运用计算机从预先指定（prespecified）但不能从数学上解决的方程组中获得答案。②运用计算机来跟踪理想化粒子系统的动力学（"计算机实验"），以便识别出实际的物理近似物（或模型）所需的显著特征。③构造现象（"理论"/"实际"）模型，对这些现象来说，不存在任何普遍的理论并且只有相互作用的基础动力学的一些根本推论适用于它们。随着这些实践的不断成功，以及新技术运用（同时我们信任它们）的不断增加，必然提高了模拟其所谓的认识论价值，甚至本体论价值。这些旧方法的主导地位因而受到威胁，并且甚至面临被模拟方法所取代的危险，但它们在这三种不同的实践中表现得极为不同。第一种情况中最明显受到质疑的是作为理论物理学首要工具的微分方程及其传统地位；第二种情况的实质是建模以及建模与理论构造的关系；第三种情况是说明的意义以及说明的目标都将受到变革。有趣的是，所有这些实践的来源以及第一次使用计算机作为"实验的"工具，可见于洛斯阿拉莫斯国家实验室一位数学家乌拉姆（Stanislaw Ulam，1909-1984）的工作。

10.2.1 作为试探性辅助手段的计算机："理论中的实验"

发展计算机模拟技术的直接动力来自 1946～1952 年间制造有效热核武器的可行性研究，地点是洛斯阿拉莫斯。[6]在这里，首要的要求就是要绕过传统被用来描述高度非线性现象（如中子散射、冲击波以及"倍增"或分支反应）的那些方程式，它们在数学上是不可能的。乌拉姆与冯·诺依曼、费米以及其他人一道，着手开始用大量的新方法来研究那些现存的运算程序，这些程序是当时已经对复杂系统进行分析的结果。乌拉姆的主要贡献并不是依赖于计算机，而是通过对组合分析以及统计抽样的部署来寻找传统微分方程的解域。

伽里森（1996）广泛地对其中最著名的蒙特卡洛方法进行了探讨，这个方法的引入（Richtmyer and Von Neumann，1947；Metropolis and Ulam，1949）有时候被当做模拟起源的标志（Mize and Cox，1968：chap.1）。然而，事实上，蒙特卡洛方法的认识论新颖性（至少在其首次被引入时）与计算机并没有多大关系。它在微分方程中的应用取决于用概率理论的某些方程对其进行形式同构。这个方法的首要新颖性在于颠倒了传统对概率和微分关系的使用（即利用概率关系来解决微分方程，而不是用微分方程来分析概率关系）；第二个新颖性在于通过对大量的"实验"轨道、试验或"游戏"进行抽样来估计正确的结果，从而取代了对所有事件结果（或个别轨道）组合可能性的运算。正如乌拉姆所写道的，"给定一个偏微分方程，我们构造一些适宜游戏的模型，并通过玩游戏的方式，即实验的方式来获得相应方程解的分布"（Ulam，1952：267）。这个方法的首次公开使用是去"解决"中子散射的预先指定（波尔兹曼类型）方程。乌拉姆将这个过程解释如下："选择随机的数据来表示链式反应系统中的大量中子。这些中子的寿命以及它们的次级粒子由对这些中子的运动和碰撞的详细计算来决定，通过在定点上随机取值的方式用准确的概率来表示不同过程的出现。如果持续的时间足够久，所表示的链式反应可以视为所讨论的系统中一个链式反应的代表性样品。通过统计分析这些结果可以得到为了与实验比较或是设计问题的各种平均值。"（Ulam，1990：17）

计算机的这种应用之所以变得很重要，仅仅是因为它无论在范围还是在速度上都超过了用手或其他机械装备来完成所需的"详细运算"。换句话说，应用这种方法时计算机所带来的效果与用更传统的数值分析方法所带来的效果是一样的。正是因为它的速度（并因而导致它的多功能性），乌拉姆把这种电子计算机描述为："在某种程度上，它使我们通过计算就能够来做'理论中的实验'（experiments in theory）（Ulam，1990：122）。"他所说的"理论中的实验"指的是什么？按照我的理解，对于乌拉姆来说，思想实验是"实验的"，因而在相同意义上，计算机模拟也是"实验的"。所不同的仅仅是，计算机可以如此快速地计算出一条假设的蕴含项，以至于它能够比得过思想的速度，它无疑比以往任何传统的有效计算方法都快得多。它们延伸了数学家们的分析能力，并且，就这点而言，它们应当在解决纯数学的问题方面与解决数理物理学方面有着同样的价值。它们决不能与确证理论的实际实验（"实践中的实验"？）相混淆。同样，这种模拟也不能与工程师们用物理材料摆出的"设计问题"相混淆。这些问题必定在一个具有爆炸性能量的装置引爆以前就已经得到解决。当制造实际的炸弹时，根本就不可能对模拟和真实的事物造成任何混淆或偏离（slippage）。[7]

可能正是由于不可避免，这种"理论中的实验"——尤其是由于它们曾经被证明比较成功，开始呈现出它们自己所具有的生命。的确，正是它们的成功，给更为传统的数学工具（或所需的）的优越性带来了明显的压力，这点对微分方程而言极为突出。类似的，那种成功给存在已久的数值分析实践增添了新的合法性。但是，尽管这两种效果能够断言某种认识论的新颖性[如对不断变化的表征其绝对性和实在性的挑战以及对"经验认识论而不仅仅是数学演绎认识论"的要求（Winsberg，1999：290）]。[8]但对我而言，似乎它也没有改变这样一种感觉，即用实验结果来检验理论预测的基本目标。计算机模拟眼下依然只是用来推导出一个精心制定的理论模型的蕴含项。

10.2.2　分子动力学中的"计算机实验"

一个相当不同意义的"实验"——这种实验让数学家和物理学家相比，明显更接近物理学家的理解。20 世纪 50 年代中后期进入计算机模拟的文献。在这个词更早的意义中，被模拟的是传统理论物理学家的那些方程，而在新的模拟实践中被模拟的是物理系统的理想化版本，其目的是为了得出一些方程（或模型），这些方程在物理上是现实的并且在计算上易于处理（tractable）。[9]事实上，"计算机实验"（这种技术很快就被这样称呼）实践有两个层次的模拟：第一，通过一个"人工系统"对实际物理系统进行模拟。第二，通过计算上易于控制的方案为数值分析替换第一层模拟所产生的方程。

这样，它们在这个词的两层意义上是"实验的"——不仅在乌拉姆"理论中的实验"这个意义上，而且在我们可称为"模型中的实验"的意义上，并且它们的目标是在两个对应的层次上补偿理论的难以处理性（intractability）：描述的和计算的。正如这个方法的两位首倡者所描述的那样"这个在高雅的理论与实验硬件的中间的半成品（half-way house），即我们计划的关于物理定律和边界条件的方案，我们称之为"计算机实验"。它不同于对一个理论结果的传统计算，在这种计算中我们无法对自然界中所蕴含的数学表达式进行评价，但是我们却可以用计算机来模拟物理系统。"（Buneman and Dunn，1965：4）

为了理解模拟新用法出现的必要，我们需要回顾 20 世纪 50 年代中期对液体、气体和固体的宏观（热力学）性质的"理论"情形。在这种情境中，"理论"指的是统计力学，它的目的是为了在那些组成粒子的分子动力学中推导出多体（many-body）系统的平衡状态和非平衡状态，于是一个显著的问题就是如何处理如此大量的粒子。很明显，一些简化的形式和连续的近似化过程是必要的。例如，我们一开始就可能忽略粒子间所有的相互作用（理想气体近似化）；下一个步骤是稍进一步，可能就是把粒子看做是准独立的（quasi-independent），它们各自以特定平均电势运动，这个电势取决于系统中其他所有的粒子。但是这些近似化对于高密度的情况是不够的，对于描述最有意思的现象即相变（phase transition）也是不够的；正因为如此，我们需要对分子间相互作用的效应有一个更为现实的表征。最关键的下一个步骤（通常被称为现代流体理论的起源）出现在 1935 年，当时科尔伍德（J. G. Kirkwood）根据一个有效电位（由其他所有粒子决定）运动的粒子对来重写了方程。如果重写，我们只需要两个函数：分子间对势（pair potential）函数以及径向分布（或对向分布）函数；然而，如果没有关于原子间或分子间作用力的知识，这些函数都不能被详细说明。描述对势的许多模型都是有效的（例如，硬球模型；以及硬球加正方形；Lennard-Jones），但是直到 20 世纪中期，径向分布函数（表征原子间或分子间距离的分布）才从简单流体中的 X 射线图或中子衍射图中找到唯一的解决途径。这种测量方法不仅很笨重（每次变换密度和温度时都必须要重做），而且还限制在有限的频率范围内，甚至决定这些范围的数据常常是十分的模糊。最后，也可能是最重要的一点，这种经验的推导在理论上不是令人满意的，因为它们没有对决定函数形态和状态的分子动力学提供任何洞见。

20 世纪 50 年代后期，两位在利弗莫尔（Livermore）国家实验室工作的物理学家阿尔德（Berni Alder）与温赖特（Ted Wainwright）从这个问题的另一种进路入手，从而把计算机带入了这个领域的历史中。依靠洛斯阿拉莫斯小组率先做出来的 N-体系统的蒙特卡洛（Monte Carlo）算法，以及利用 Livermore 所具有的高速计算机，阿尔德和温赖特能够跟踪一个具有特定数量粒子（范围从 32 到 500 个）系统的行为，它们可以理想化被看做是在变化密度和温度条件下的许多小硬球。正如他们写的那样，"有了快速的电子计算机，我们有可能用既简单而又十分熟悉的相互作用来设定人工多体系统。用这种系统所做的实验不仅能得到系统在任意密度和温度下的平衡性质和传递性质，而且还可以得到所想要的任何更详细的信息。如果在简单系统中操作这些'受控'实验，那么就有可能缩小分析图表最好地逼近多体相关性这个问题的范围"（Wainwright and Alder，1958：116）。其他物理学家在经典流体理论（classical fluids）和等离子体物理学的研究中很快注意到了这种方法以及这种术语，并且采用了它。阿尔德和温赖特的方法拓展到了通过一个勒纳德–琼斯（Lennard-Jones）电位而相互作用的粒子系统中，在关于这个计算机实验的第一组论文中，沃列特（Loup Verlet）解释道："这个与经典流体理论相关的'准确的'机械运算有一些目标：有可能实现一些'实验'，在其中分子间作用力是已知的；于是可以明确地（unambiguously）检验近似化理论，并且可以用一些指导性准则来构造出尽管不存在的理论。用真实实验来比较这些运算的结果，是研究高密度状态下分子间相互作用的最好途径。"（Verlet，1967：98）

在这里，显然计算机实验的目标被规定为：为了检验那些存在的"近似化理论"以及为构造那些不存在的理论提供指导性准则。同样，在这里，"精确的"这个词的用法突出了蒙特卡洛模拟和一些新方法的区别，前者最初在洛斯阿拉莫斯实验室中的目的在于运算：与"精确的"机械运算相反，正是那些理论（或模型）将被这些现在我们所公认为"近似化"的新方法所运算。在这种用法的转变中，运算（传统以来它与理论的应用有关）的目的悄无声息地服从于另外的目的，即构造理论，而且正是由于追求后一种目的，模拟（或"人工系统"）成为"实验的"探针（probe）。模拟是一个试验性理论，机械运算的作用是为了实现对"清楚的"理论的检验。然而，正如最后的一句话（上面所引用的段落中）说得很清楚，仲裁的最终力量依然来自"真实的实验"中，尤其是来自那些提供宏观性质测量数据的真实实验中。

物理学家们很好地注意到"实验"这个词用法的不规则性，这种用法导致对"实验"和"理论"的传统理解构成威胁。这从 20 世纪 60 年代许多著作对此问题讨论的重现中可以得到证明。在一个最早的这种讨论中，两位学者，布内曼（Buneman）和杜恩（Dunn）把他们的注意力放在了"计算机实验"和"理论"之间的关系上。他们开始观察,"我们站在一个研究新纪元的门槛前"。计算机实验"产生了令人惊讶和重大的答案";它们保证"一个定性的或者甚至是分析的理论"能够得到演算,并且能够让我们"在看待一个问题时,猜测什么是重大的结果以及什么是正确的方法"(Buneman and Dunn,1965:56)。仅仅在一个很短的时间内它们就变得很成熟,这种更新型分析模式的使用得到了迅猛的发展。在发表于1966年的一项回顾性研究中,另外一名观察者,伯德塞尔(Charles Birdsall),估算出从1956年起有关计算机实验的文章数量呈指数增长,其指数因子为1/3。这个迅速的增长,伯德塞尔写道:"它表明了计算机实验以强劲的趋势进入了与理论、分析以及实验室实验至少是一个初级合作的阶段。"(Birdsall,1966:4)很明显,这个趋势将会继续并且同样明显的是,一些问题,不管是它们的认识论地位还是它们的专业地位将会出现而且事实上已经出现。在回答这个问题时,布内曼和杜恩开始捍卫他们的方法,他们的做法是凸显出"理论"意义所已经存在的某种差异性。他们写道:"有时,人们对计算机实验产生一些偏见。这种偏见部分的原因是由于对数学过分崇拜(用复杂论证的贝塞尔函数来对皮层效应进行形式化描述,这比起用一些图片来表明它实际上更受人青睐!)。但是通常人们听到抱怨说一台计算机充其量只能说'这就是它如何发生的',而决不说'这就是它为何发生的'。这里给出的这些例子应该能满意地答复这个抱怨。计算机能够产生出'如何'这个简单的事实已经多次告诉我们'为什么'。"(Buneman and Dunn,1965:56)

然而,20世纪70年代初期,争论已经蔓延(倘若不是转移)到至少是关于真实实验和计算机实验的关系上。基于X射线散射的径向分布函数运算仍然在技术方面困难重重,但是,相反,模拟者的超凡技术、他们的机器以及那些给机器安装程序的人飞速增加。这样一来,对计算机"观测"其可靠性的信心很快就超过(倘若不是取代)了对实验测量其可靠性的信心。这不仅是前者更容易获得(即更加经济),而且还是因为对"模拟器"有效、内部相容的指令系统很快赋予了它们的"观测"一个可信性,这个可信性是实验家的方法所不能启发的。[10]

尽管如此,情况依然是,在通常被称做"理论"的领域中,首先还是"计算机实验"获得了它们主要的胜利。今天,随着40年的经验累积,它们作为理论工具的价值——用于构造理论,已经得到了大量的证实,并且Buneman和Dunn之前觉得需要捍卫的那种类型似乎不再被要求。或者,至少,我们可以从文献中的重视程度总结出这点。对于一个当代的评价,我这里将引用当前《大不列颠百科全书》关于流体分子结构的话。在这里,普劳斯尼兹（John M. Prausnitz）和波林（Bruce E. Poling）写道："自 1958 年以来，计算机实验就已经比所有当代理论工作给简单流体的分子结构知识增添了更多东西，并且还继续成为研究纯流体以及包括混合流体在内的一个积极领域。"（Prausnitz and Poling，1999）

10.2.3　元胞机与人工生命

我想探讨的第三类计算机模拟至少在一个很关键的方面不同于最先的两类：它被用以模仿一些现象，在物理学家们所熟悉的术语的任何意义上，这些现象都缺乏理论支撑，那些没有方程，或者说没有准确或近似的方程存在的现象（例如，在生物进化中），或者是那些有方程但方程还不足以描述的现象（例如，湍流）。在这里，所被模拟的不是一个完善的微分方程（如在乌拉姆的"理论中的实验"那样），也不是系统（如在"计算机实验"中）的基本物理成分（粒子），而是现象本身。与传统的建模实践相反，它可能被描述为从上述所说的现象中建模。

也许这种模拟的运用最显著的例子是在人工生命研究（A-Life Studies）中，人工生命研究的正式命名是 1987 年朗顿（Christopher Langton）在洛斯阿拉莫斯组织召开的一个会议上提出的，他当时是洛斯阿拉莫斯国家实验室理论部门（Theoretical Division）的一个成员（Langton，1989）。我之所以将人工生命放在"物理科学中的模拟"这个范畴里面的一个简单的理由是，尽管它有明显的生物学意味，但是它的发展以及它的大多领域是由物理学科学家们掌握着。而且，虽然朗顿已经提出"人工生命"这个术语作为生物进化的计算机模拟的标志（并使之流行）[11]，但是，模拟重复与自然选择的生物过程的基本方案实际上更加持久：的确，在相同的语境（以及相同人群的研究）中，它有其自身的起源，运用计算机模拟来实现数值分析正是出现在这种语境中。

冯·诺依曼（Von Neumann）是最通常被誉为"人工生命之父"的人，他对于这个领域的贡献直接地来源于他对一个问题的极大关注，这个问题也许可以算是所有关于模拟的最古老和最基本的问题，即一个机械模拟物可以在多大程度上被用来聚集成一个有机体？更加具体地，他问道：是否能建造一台可以自我复制的自动机器？从 20 世纪 40 年代开始，冯·诺依曼使用一台浮在大量原料上的运动学模型的自动机来工作，但是他没有完全成功地获得自我复制的关键逻辑。突破性的进展来自他亲密的同事乌拉姆（Stanislaw Ulam）的建议，即一种元胞的观点（与乌拉姆在其蒙特卡洛算法中所运用的类似)——这种观点认为运动学模型中所需的连续物理运动将被信息的离散转移所取代,这将提供一种更有效的途径。"元胞自动机"(cellular automata),从此它们就开始这样被称呼,它们与生物的细胞一点关系都没有(并且,更确切的,从一开始它们也被用来分析复杂的水动力学问题),但是它们确实让冯·诺依曼想到一个方法来避开他的运动学模型所出现的问题。在这里,所有的变量(空间、时间以及动力学变量)都被视为是离散的:一个抽象的空间被表征为一个栅格,栅格节点之间有元胞自动机器(一个数学对象——"一个有限状态"的机器)。每一个这种自动机器与它最近的邻居相连,当在 T_n 时刻读到其邻居的状态时就会及时更新,然后根据预先指定的简单规则在 T_n+1 时刻移动到一个新的状态。乌拉姆和冯·诺依曼推断,并确实很快地得到证明,从这种简单的规则而得到的集体动力学机制对自我复制和进化的生物学过程产生了外形相似的模拟。

冯·诺依曼在 20 世纪 50 年代最初的设计是非常笨重的(它需要200 000个单元并且每个自动机器有 29 种状态),但是设计还是成功的。接下来发生的故事(极其简化的)——从康威(John Conway)的《生命的博弈》(*Game of Life*,参见:Gardner,1970)到朗顿甚至更为简洁的自我复制的"循环"(loops,1984)已经详述过许多次,在这就无需赘述。[12]多少有些鲜为人知的是那段使用元胞自动机来对复杂物理现象(如湍流、结晶过程等等)进行建模的那段历史[13],这项工作像"人工生命"一样,在 20 世纪 80 年代的时候同样引发了"超级计算机"的出现。实际上,关于"元胞自动机"的第一届研讨会同样也是在洛斯阿拉莫斯举办的(并推动了 4 年后关于人工生命研讨会的召开),同时这次会议为朗顿提供了一次开始进军人工生命的机遇,而之前的那次会议的主题是关于物理学科学(Farmer,Toffoli,and Wolfram,1984)。[14]对于元胞自动机的这段历史,一个合适的叙述还是留给历史学家来写吧,我这里所要关注的并不是过多历史性的,而是概念性的:那就是,去尝试鉴别这种新的模拟有何独特之处,以及去理解其认识论的新颖性。以下充其量是一个非常粗糙(和有必要简短的)特征化的描述。

元胞自动机是最卓越的模拟仿真:它们是人工的世界,按照相互作用的局部规则进行演变,这些规则是预先已经规定的。改变初始条件,就会改变历史;改变相互作用的规则,就会改变动力学机制。在这个意义上,它与微分方程相类比是很明显的。同样明显的是,在 CA(元胞自动机)和 DE(微分方程)之间有许多差异:CA 的世界是离散的而不是连续的;它的规则一般描述的相互作用是局部的(例如,最近的邻居)而不是远的范围,是均匀的而不是在空间上可变的;对于一个特定的相互作用,CA 系统的临时演变是可以精确计算的（只要给足够的时间），而 DE 是极少容易受精确的分析结果影响的，并且只是在它们不能精确解时，才可近似计算。[15]但是目前更重要的是，在使用它们当中、在制作它们的过程当中以及在评判它们的标准当中所呈现出来的差异。

CA 在人工生命的研究中占据了主要位置，这恰恰是因为微分方程对 CA 模拟的这个过程没有什么办法；相似地，CA 能够模拟一些如可激发介质、湍流以及地震，因为现有的那些方程还不足以去描述我们感兴趣的这些现象。的确，有时候在使用它们时，CA 模型可以被视为是仅仅对 DE 模型的替代品，这是在 DE 模型中其精确的可计算性能够使我们对近似理论做清晰的检验时——仅在它被用于分子动力学的时候，才无须引文标注。但是，更为通常地，它们被用于一个完全不同的目的，更多的是旨在制造一些"有意思的"现象的可辨别的模式，这些现象是属于全球动力学或宏观动力学里面的，而不是微观动力学的。正如沃尔夫拉姆（Stephen Wolfram）写的那样：

传统以来科学致力于通过把系统分解成一些简单的组成部分进而去分析系统。一种新型的科学现在正在发展当中，这种新科学研究的是，组成系统的那些部分是如何一起作用并产生了整个系统的复杂性的。

这种方法最基本的是要去研究一些模型，这些模型在建造上尽可能是简单的，但是它们却能够体现出用以仿造我们所看到的系统复杂性其本质的数学特征。CA 也许提供了这种模型的最好例子。（Wolfram，1986：V）

这里需要强调几点，它们是相关的：第一方面与建造 CA 模型的过程有关，第二方面与它们的人造（synthetic）性能（在这个词的两个意义上）有关，第三方面与专注于在它们得到的结果和它们被设计来模拟一些过程的"整体现象"（物理学的、生物学的、经济学的或者其他）之间的相似性有关。[16]托夫利（Toffoli）和马格洛斯（Margolus）对于这个主题的说明是有启发性的，在这里我详细引用如下：

在希腊神话中，宇宙的设计是众神他们自己……在更近一些时候的观念中，世界完全由它的运行机制创造：一旦它开始运动，它就由它自己运行。上帝处于宇宙之外并时刻注视着它。

元胞自动机是程式化的、人造的宇宙……他们有自己的东西在其内部空间和时间中循环。我们可以想象它们是多么的千变万化。我们能够实际构造它们并观察它们是如何演化的。像一个没有经验的造物主一样，我们不太会在第一次尝试的时候就理解一个有意思的宇宙；与其他人一样，我们可能会对到底是什么让宇宙变得有意思而产生许多不同的想法，或者对我们将要用它来做什么产生许多不同的想法。无论如何，一旦我们已经想象出了一个元胞自动机器，我们将想要造出一个我们自己的；一旦我们已经造出了一个，我们将要尝试另外一个。在造出一些以后，我们就将有一定的信心来定制一个元胞自动机来实现我们的某种目的。

一个元胞自动机机器是一个宇宙的人造物。像一个器官一样，它有一些按键开关器，通过它们这个设备的部件可以进入运行、组合和重新改装。通过它的彩色屏幕这个窗口，我们可以观察到这个宇宙是正在"运行的"（Toffoli and Margolus，1987：1）。

CA 诱人的能力是明显的，许多人（包括 Toffoli）都被深深吸引。在模拟全球效应方面的成功鼓舞他们改变的不仅仅是模拟（和模型）的含义，而且，至少在一些著作中，那些早先被认为是初始的，即真实的东西，它们的状态（或者甚至是位置）也发生了改变。这样，比方说，维尼阿克（G. Y. Vichniac，1984）提出了"作为物理学初始模型的元胞自动机"，并且他提出了一种可能性，即物理世界实际上是一个信息单位的离散的空间—时间栅格，它根据一些简单的规则进行演化。这种观点在 1983 年的会议时在许许多多的报告中被提出来，其实它早就从计算物理学（有时候指的是"人造（synthetic）物理学"）的领域获取了大量的资源；然而，事实上它自从 20 世纪 60 年代以来就已经被一些人（最著名的算是 Ed Fredkin）提出来。[17] 而且，从这种关于物理世界的主张到朗顿（1989）对"人工生命"的论断（"我们希望这种人工的方法不仅引导我们朝向已知的生物现象，而且更多的时候使我们超越这些现象；超越我们所认为的生命进而到达一个它所可能是的生命这个王国）只是一个短暂的过程。这里关键的地方是，无论是维尼阿克还是朗顿的提法中，元胞自动机原先被用来作为说明性的支撑，作为对一些前在事物的模拟以及对被认为是更为基本同时更为"真实"的世界特征的模拟，不知为何就已经变成了具有本体论优先性的一些实体。

对模拟和现实关系的传统理解进行如此偏激的颠倒还仍然不是普遍的——无论是在物理学科学或生物学科学中（的确，它们还没有对大多数的生物学家产生任何重要影响）——但事实是它们已经变得可以想象了，并且在一定程度上甚至是可以接受的，这值得我们注意。至少，它表明了 CA 模型有能力颠覆了传统以来，人们对真实与虚拟的区分以及真实与人工的区分，并因而表明它们有能力建立一种"交替的现实"。在这个意义上，CA 模型其认识论上的新颖性与乌拉姆和冯·诺依曼所最先提出的蒙特卡洛技术完全不同（尽管它在其技术发展中可能得益于这些早期的发明），同时也与分子动力学的计算机实验所具有的新颖性极其不同。在我们拓展"数学的"的含义以及另外"理论"的范围的地方，CA 模型的首要新颖性可能就很好地体现在拓展了这些"真的（real）"的范围。但是，我要说的是，我们将会发现，CA 模型实现这种拓展的主要路径在其能力上不能很好地在视觉上展现人工（即人造或虚拟的）物体其引人注目的形象，相比而言，在那个词的另一种意义上讲，即通过使用 CA 来人工合成明显是真实的新对象方面，其人工能力是较好的。这点，我认为在人工生命研究中是尤其明显的。

尽管最初希望 CA 建模的价值在于促进理论的优化，尤其是为了更好地理解生物学规律。但是人工生命研究对实践中的生物学家却显得毫不起眼。它们更深远的影响在于对工程师们的影响。在最近一本名为《创造：生命及其如何制造它》的书中，格兰德（Steve Grand）写道："对人工生命的研究激发了一门新的工程科学的出现，它致力于将生命带回到技术中去。通过使用人工生命作为研究人工智能的一种途径，我们开始对当前无生命的机器赋予了灵魂……第三次伟大的技术时代即将到来。这是生物学的时代，其中机器将和人工的有机体合为一体。"（Grand，2002：7-8）

人造生命的形式由材料组件在现实的空间和时间中组装而成，在这个意义上，它们是真实的对象，并且通过直接来自赛博空间中对"类生命"模拟研究的一些方式得以清楚地建造出来。工程学是一门科学，其特别之处在于调和符号和事物之间的鸿沟，而机器人工程师们，与在相关学科领域中的同仁们一样，拥有先进的技术，能将一个领域转换到另一个领域中去，或在建构物质对象时把模拟隐喻变为现实。对生物有机体的计算机模拟可能应该是"隐喻的表征"，但是长久以来它们被看做是某些指南或蓝图，在这个意义上它们也是模型：在熟练的工程师手中，它们可以并且也的确被用来指导建造一种完全不同的介质。这里，赛博空间中的模拟有机体被用来指导物质对象的人造物去模拟真实世界中生物有机体的行为。毫无疑问，这些实体都是真实的。但是另一个问题就马上出现了：它们是"有生命的"吗？这个问题困扰了很多哲学家，但是，正如我在其他地方所提到的那样（Keller，2002，chap. 9），这可能是一个很好的问题，但它更应当属于历史学领域的问题而不是哲学领域的问题。

注　释

[1] 尽管这个词含义从虚假到指导说明的转变本身无疑是很值得研究的，但我在本章中的目标仅仅是去检验这种转变的影响，而不是其发生的过程。

[2] 参见例如对回流模拟器的探讨，这种模拟器是德国研发用来训练拦截飞机雷达装备中人工智能操作员的仪器（1942）。

[3] 生物学科学中计算机模拟的运用——它如何来自并区别于物理学科学中计算机模拟

的运用——是我尤其感兴趣的主题，但我建议读者去阅读 Keller（2002）第 8、9 章中关于此问题的论述。

［4］ 过去的计算可能已经使用了人类计算的大型有组织的系统，但是计算的物质媒介是由纸和铅笔构成（发展到后来就是计算器）。

［5］ 这里说的是，按照 Paul Humphreys（1991：501）对计算机模拟的 "工作（working）定义"，即 "任何的探索用分析方法无法获得的数学模型属性的计算机工具性方法"。

［6］ 本节开头的 "理论中的实验（Experiments in Theory）" 不应与 Deborah Dowling 的 "关于理论的实验"（Experiment on Theories，1999）相混淆，后者的这个概念想要囊括计算机模拟功能的广泛范围。

［7］ 然而令人奇怪和明显的是，模拟的新话语以及由这种话语所导致的偏离，恰恰是在实际实践当中不可能出现这种偏离的时间和地点，恰恰是出现在试图产生毁灭的工程语境之中。这样一种巧合迫切需要一个解释，但是有可能是，这种巧合需要在男人和女人所需的心理调适中寻找，在日常生活中，他们有可能就已经对这种大规模杀伤性武器感到恐惧（感谢 Loup Verlet 的这个建议）。

［8］ 尤为重要的是，Winsberg 提醒我们要注意模拟所产生的计算机结果获得了权威性和可靠性的这个过程。

［9］ R. I. G. Hughes 同样也做了区分。在我刚写完自己的文章后，他的一篇文章引起了我的注意。他将早期的用法称做 "为了实现计算的计算机技术"（1999：128），并且把 "计算机模拟" 这个词的意义留给对物理系统的模拟，而不是在本质上对方程的模拟。

［10］ Verlet 想到从 20 世纪 70 年代起模拟者与实验主义者之间的一个邂逅很能说明问题："理论家们" 一直以来对先前一个报告中出现明显的反常感到十分疑惑，这个报告是关于从 X 射线散射获得的氩气径向分布函数。但很多人怀疑这份报告是建立在一些错误的基础上。两年后召开的一次会议上，原来报告的那位作者公布了他的新报告，改进了一些结果，他声明："终于，分子动力学与 X 射线实验已经达成了共识。" 然后，Verlet 插了一句话（让很多听众都感到很好笑）："对于记录我将要说的是，然而分子动力学还没有改变！"（个人谈话，2000 年 3 月）

［11］ 在 Langton 第一次使用这个术语的时候，他写道："研究人工生命的最终目标将是要在一些其他媒介中创造出 '生命'，理论上在这种虚拟的媒介中，生命的本质从它的任何具体模型的各种实现形态中被抽象出来。我们想要建造一些如此类–生命（life-like）的模型，它们不会成为生命的模型以及生命自身的标本（example）"（1986：147）。

［12］ 尽管还有很多对这段历史更完整的叙述——其中包括有乌拉姆、Barricelli、Holland 和许多作者的著作——当然这些著作都是可以用的。

［13］ 关于在流体动力学和统计力学中运用 CA 的一个较好的评述，参见 Rothman 和 Zaleski（1997）。

［14］ 如此之多的这些著作都来自洛斯阿拉莫斯实验室并非偶然，因为洛斯阿拉莫斯是当时少数拥有并行处理能力的 "超级计算机" 的实验室之一，这种 "超级计算机"

能有效执行 CA 系统。正如 Toffoli 和 Margolus 所写到的那样,"在这个背景下,平常的计算机变得没有用……另一方面,元胞自动机器的结构在理论上适合于在一台具有高度并行、局部和均匀互联的机器上实现。"(1987:8)。然而,相反地,我们同样也必须要说的是,这种机器的设计(至少如 Hillis 所设想的那样)是"建立在元胞自动机的基础上"(Hills,1984)。

[15] 提倡 CA 的人把精确的可计算性看做是一个比 DE 优越的主要之处。正如 Toffoli 写道:"我们从模拟当中发现的任何属性都可以说是模型本身的属性,而不是一个模拟的假象。"(1984:120)

[16] 很多时候需要诉诸 CA 模型是因为想要各种形式的展现能获得它们视觉上的相似性,但是这种视觉上的展现在一个重要的意义上是假象——它们是我们通过自觉的努力使形式相似性转变成视觉相似性的结果。

[17] 今天,Stephen Wolfram 是基于数字化的物理学(digitally based physics)的主要倡导者,但在许多场合中,Richard Feynman 同样也表示赞同这个观点,他很早就假设:"物理学最终将不需要数学的说明,而最后机制将会被揭示出来,并且这些规则将被证明是简单的,就像棋盘一样虽然看起来复杂但是规则简单明了。"(1967:57)

11 没有物质干预的实验：模型实验、虚拟实验和实质实验

玛丽·S. 摩根

11.1 导　　言

实验可能被描述成其包含了在物质世界一定控制条件下对一些要素的操作活动。物质性实验操作的一个简单例子就是，往盛有许多液体的试管中倒入某样少许化学物质并直接观察（或者可能测量）结果，这个来自中学化学课上的例子为我们对实验的观念提供了一个固定（stereotype）范例。这样一个实验所包含的控制范围包括实验的环境以及实验的操作活动过程。

最近的科学社会文化研究强调了大部分的实验与这种定型的范例如何不同以及它们包含了哪些更多的东西。[1] 即使在那些"简单的"实验范例中，对世界运行方式的理论信念、如何能使实验运行的个人知识以及我们相信实验结果的可信性、继而的推论适用于相似情况的那些信任网，所有关于这些都被看成是实验经验的关键要素。现代科学的很多研究方式甚至常常超出了这种看法，因为它们依赖于科学家和自然之间一个巨大的技术交界，不管是在干预的过程，还是在对这些干预的结果进行理解和评价的过程中。这个交界包括用以干预的工具、用以探测现象最终变化的仪器以及更多的是那些阐明、评价和提供证据的可读仪器。与仪器装备、实验技术一样，默会知识的作用以及理论引导与实验活动之间的相互依赖关系现在已经很好地得到了说明。所有这些似乎使得去刻画实验变得更加困难重重，如果我们想要独立于它们的具体情境、独立于与它们有关的理论和自然现象来进行研究。

奇怪的是，也许，同时对科学的研究正在基于"实践"而得出对科学更加完整的说明，"新实验主义"认为，我们可以把实验看做是它们有其自己的生命，同时以前认为实验本质是以一些物质性的东西来进行受控操控或干预的这种旧观念，仍然有待进一步讨论。[2] 尽管目前有大量对科学实践的研究，但是"实验"的传统方法论策略在很大程度上依然是原封不动的。更引人注目的是，甚至我们正面临着各种各样非物质性的实验，它们现在已经侵

入到科学研究的许多领域。当对这种"模拟"的哲学分析已经意识到这些认识论工具中有一些新东西出现的时候，这项工作只是很缓慢地反馈到对实验的说明中去。[3]

在本章中，我关注的是一些"替代性的"（vicarious）实验，无论是在它们的对象还是在它们干预活动中，它们都仅包含一些非物质性的要素。这些干预活动出现在对使用模型和实验的结合时，这种结合创造出了大量有趣的混合体（hybrids）形式。[4]通过使用一些来自经济学[5]、力学以及生物学的案例，我探讨了两个问题，它们似乎与这些现代的混合体的哲学说明有着密切的关系：

问题1：什么算做是物质性的干预？

实验中对计算机的使用在一定程度上对这个问题的关注引导我去问，我们可以把什么算是实验中"物质性的"这一概念拓展到什么程度？我将大概说一下两种类型实验的特点："实质上的"（virtually）实验，在这种实验中我们对（或者用）半物质性（semimaterial）对象进行非物质性的实验，而对于"虚拟的"（virtual）实验，在这种实验中我们没有物质性的实验，但是它可能包含对一些物质性对象的模拟。

问题2：这些替代性实验的结果如何与世界相联系？

关于实验正确性的问题有很多，但是我在本文中认为，实验结果的正确性同样依赖于实验中用到的对象、模型它们如何与那些会告诉我们真相的事物联系。实验中用到的模型通过不同的方式表征了物质世界，这也为那种替代性实验能够支持的推论的范围提供了一些蕴涵式的说明。[6]

11.2 什么算做是"物质性的"干预？

11.2.1 实验室实验与数学模型实验

实验的原型（archetype）假定，无论实验条件怎样被限制、控制和构建，实验还是与一个物质系统（或在物质系统中，或有一个物质系统）有关。从真空泵到超级对撞机的使用，无论实验环境是何人造的，实验的干预本身包含了所施加的活动或者物质对象或现象的创造活动。相反，现代经济学基本上倾向于通过运用拓展的思想实验来起作用，在其中是不涉及物质领域的。因为我将说明它与物质实验相比是有缺陷的，所以我先进一步的描述这种经济学的实践。

早在20世纪50年代后期，经济学家们就成为数学模型的热衷使用者。

在最近即将发表的一篇文章中，对于经济学使用这种数学模型，我认为他们的用法中包含了能够演绎地追踪从答案到关于模型所表征的经济世界的问题，包括"假如……将会怎样？"或者"让我们假定"这种类型的问题（Morgan，2001）。例如，在早期使用建模的时候，经济学家们建立了一些小的数学模型（用 3～8 个方程）来表征凯恩斯宏观经济学理论的关键原理。这些模型能让经济学家们以一种连贯的方式来追踪从答案到关于这个系统的许多类似现实世界的问题：假如政府支出增加会怎么样？假如投资下降会怎么样？这些问题给模型系统提供了外部的"干预"或改变，然后通过探索在数学模型中所描述的经济世界其内部行为和缺陷，这些模型被操作用来解答那些问题。

我们可以将数学模型的现代用法描述为拓展了的古代经济学家们的文字思想实验，这种实验受思想能力的局限，它不能沿着一个系统中超过 2 个或 3 个的变量往下思考。当我们通过伟大的思想实验来描述这种模型的用法时，我们可以发现，用数学模型来提出问题并研究问题，是如此能够使经济学家们一贯和逻辑演绎地进行全面思考，思考这些许许多多的变量是如何相互关联的，并根据许多单元去寻求系统的解。通常在数学模型探索中用到的问题都是关于理论的问题；另外有些时候的问题能够让我们对世界政策问题进行分析。通过这种方式，模型的作用既可以充当理论发展的工具，也可以是我们理解世界的工具（Morrison and Morgan，1999）。但是，把在使用数学模型中思想力量的拓展看做是与物质性实验有相同形式或类型的实验，需要我们对所包括的东西做更多的分析。就此而言，有许多其他的方法，在这些方法中用经济学的数学模型来进行实验与在生物学或化学、经济学中所做的实验是不同的。

首先，在实验控制如何实现这个问题上有一点差别。在实验中，隔离我们所感兴趣的相关要素并对其进行受控的操控（或干预），在一定程度上是通过实验者对实验地点以及特殊物质过程的选择来实现的。但是不管实验地点的选择多么细心，如果没有实验者进一步的工作，即以高度集中的注意力来控制实验环境，那么我们想要的特殊过程就不能被隔离。在这里有必要利用一下博曼斯（Marcel Boumans，1999）在其研究作为测量工具的经济学模型中对 CP（ceteris paribus）条件的例证剖析。[7]正如在做一个好的策略工具时，实验科学家必须努力地去考虑所有可能会影响他们想要得到的实验过程的那些条件和因素。通过比较三种条件类型——其他条件均同（ceteris paribus）、其他条件忽略不计（ceteris neglectis）、其他条件不在（ceteris absentibus），博曼斯拓展了对这些因素的分析。如果实验者可以在物理上把一些干扰的原因排除在装置之外，那么就可声称它们是不存在的（不存在其他条件）；如果那些原因存在但不是实验的主题，并且其中一些原因它们可能被认为在效果上是十分次要的，那么它们可以被忽略（其他条件忽略不计）。其他条件存在但是必须通过程序来控制使其在实验中保持均同（其他条件均同）。这些控制条件使实验室实验的物质装置（多多少少）有点人造的，但即便如此它仍然是物质性的，是在真实世界中的，因为无论科学家们多么有智慧，物质世界只是在一定程度上被我们所控制和操控。

相反，对数学模型实验的控制要求由简化的假定来实现：假定那些次要的原因可以被忽视，假定某些东西是零，假定某些东西不变。事实上，经济学家们坚称"其他条件均同"这个短语就像一个无所不包的东西（catch-all），它意味着所有博曼斯的三种条件都是在不用辨别它们的情况下假设成立的。此外，通过假设，使用者可以在数学模型实验中往模型加入完全独立的两个或更多的要素，这在同等的物质系统中是不能实现的。在实验室实验中这种混杂的原因可能会妨碍实验的隔离和演示，然而在数学模型实验中它们就可以十分轻松地被假定排除掉：当你操控物质系统时，其他的所有东西可能不会是均同的，或者可能不会被排除掉，但是在操控数学模型的时候它却可以保持相同的或者设为不存在。自然的力量给实验者创造了一些边界和限制条件。当然，在数学模型中也有一些限制条件，但是关键的地方是，是否所做的这些假定碰巧与那些被描述的情况相一致，而且在数学本身中并没有什么东西来确保它们那样。[8]

第二点差别在于实验结果的产生上。在实验室实验中我们通过干预物质系统来产生出物质结果，因为实验装置中有特殊的条件。而在数学模型实验中，正如我刚才所论证的，对模型的"干预"始于问题，它促使数学的演绎或逻辑推理能力去导出结果（参见 Morgan，2001）。这种产生或导出结果之间的差别是实验演示和数学演示之间的差别。

我们不禁把这种差别视为一个系统的一种特征，在这个系统中问题的解已经被植入我们所建造的模型之中，它只需通过数学推理来揭示出来，然而无论在理论中我们多么相信世界是如何运行的，我们始终（在某一时刻）需要去进行实验演示。物质世界的实验演示有必要是精确的，因为一些与我们期待得到的结果有关的资源不必要存在于实验装置中：我们也许对将要发生的事持有错误的说明或理论，或者我们关于世界的知识也许是极其不完整的。当然，在数学模型世界，我们知道那些对于我们肯定得到的结果有关的资源，因为正是我们把这些资源加入模型中并构成了实验的装置。我们可能在最初的时候声明这种结果上的差别如下：物质世界有许多可能性，在物质世界领域中的实验有可能会给我们惊喜，而数学实验应该不会。尽管如此，使用模型的重点是为了去找出那些我们之前还没有知道的事情，它们是当模型的各个部分被整合在一起或者我们改变模型中的某种条件时，关于那些结构如何运行的事情。这些是我们预先利用模型实验时不知道的事情，因此在使用模型时，我们应该期待它们有时候会给我们惊喜。原则上，尽管我们已经有惊喜了，但是我们可以回到模型实验并去理解为什么这些让我们惊喜的结果会发生。这种可能性不会发生在我们身上，因为物质性实验中我们的粗心大意会阻止我们解释为什么一系列的结果会发生。然后，有可能是，我们也许最好重申一遍这种差别，即在我们有关物理学、生物学或经济学系统的数学模型实验中，我们可以有惊喜，但是在直接关于那些系统的物质性实验中，我们可能就会搞糊涂。[9]这似乎说明物质性实验比非物质性的实验在认识论能力上的潜力更强一些。

表 11.1   实验的类型：理想实验室实验和数学模型实验

	理想实验室实验	数学模型实验
对输入、干预及环境的控制	实验的	假定的
演示方法	在实验室中，实验的	在模型中，演绎的
输入、干预和输出的物质性程度	物质的	数学的

表 11.1 记录了这两种区别——控制方式和演示方法，即用笔和纸的数学模型实验以及用物质性过程对象的实验它们之间的比较。在这两种类型的实验中还有第三个重要的差别，即在它们潜在推论的范围方面。在实验室的情况中，我们利用实验的结果，从这个实验的过程和结果中证明（或者可能推论出）在其他（可能的）非实验室装置中所出现的相同物质性过程和结果。同样在数学模型实验中，我们也利用结果去证明，或推论其他我们认为与那些模型有相似特点的系统，但在这种情况下那些系统可能是数学的或者物质性的。这些在推论范围中的差异将会在本章 11.3 节有更为详细的讨论（Morgan，2002）。同时，让我来看一下两种中间类型的情况。第一种类型的情况是我们利用模型手段来对半物质性的（semimaterial）对象做实验，第二种类型的情况是我们用模型实验来创造非或拟态的（non- or pseudo-）物质性对象。

11.2.2   准物质对象的实验：计算机骨骼

我们骨骼的内部结构对外行人来说显得极其复杂，似乎即便是行内专家也感到很棘手。Tony Keaveny，加利福尼亚大学伯克利分校生物骨科实验室的主任，指挥着研究骨骼强度（Keaveny et al.，1994；Niebur et al.，2000）尤其是骨骼结构导致的那部分力量的实验室实验。估算结构的强度在现实的物质性实验中是成问题的，因为在物质实验中，力被直接施加在骨骼样本上，但是它不允许研究者去区分材料的强度及其结构强度的区别，也因为这个过程是一个破坏性的检验机制，它使得我们很难去观察和分析随着力的增加，内部详细的结构是如何反应的。

在1999年加利福尼亚大学伯克利分校的一篇会议论文中[10]，托尼·凯温尼（Tony Keaveny）梗概性地说明了克服这一困难的两个不同实验。在第一种类型的实验中，他的研究团队把一块真正的母牛臀骨转换成为一幅计算机图形（Beck et al.，1997）。这个程序包括切割一片十分薄的骨骼样本，让复杂骨骼结构能够在其周围的空间中清晰地凸显出来，并对切片进行数字摄影，形成图像。这些数码图像被采集到计算机中，经过处理成为那块特殊臀骨的高质3D图像。在第二种类型的实验中，研究团队绘制出一个典型骨骼的计算机3D图形，从一种简单的3D网格的内部空间开始来赋予它结构。网格内的每条边被赋予相应的宽度，数值是内部框架宽度测量（从大量真正的牛骨中）的平均值，通过采用一种随机分配的过程，这些条边被轻轻地扭曲与其他边成一定角度。

在两种情况中，即切片骨骼和网格图像的情况中，实验又"应用"了一种传统以来被接受的（在应用领域中尝试并测试）力学定律的数学方法，在这种方法中骨骼材料的强度被假定已经从其他测试中采集得到。计算机实验计算出作用于网格中个别要素的"力"的效应，并将这些个别效应采集到对结构强度的整体测量当中。这个过程同样也允许一个视觉上的展示，即在两张不同图像上所展现出来的内部骨骼结构其各个部分，当它们被"压缩"时是如何弯曲和断裂的。两种实验在目标上都是探测性的而不是检验性的：它们被设计用来研究在受压时骨骼的结构是如何反应的，并进而启发我们理解和认识骨骼结构在真实的意外事件中如何反应，最终人类骨骼可能破坏到什么程度是必须要修补的。[11]

首先考虑一下进行的操控活动。在两种情况中都是一样的：应用一个机械力的数学模型来观察"骨骼"在这种干预下的反应。并且，与数学模型的多数计算机用途一样，计算机手段被用来视觉上展示这个过程以及计算出被展示具体情况的效果，那是为了去产生所使用的特殊情况的结果，而不是去演绎或导出一般的结论。因此，两个实验的焦点都是关于演示的过程，它更接近的是传统的实验干预而不是数学模型操控。实验的演示是依赖于数学的，这不仅是因为它的操作，还因为数学手段取代了机械的手段成为干预或操控的施行者。这种演示其混合方法带有计算机模型和数学模型模拟的特征，它可以很好地成为定义这种模拟的方法论特征之一。[12] 这些实验是使用数学模型作为实验工具的实验，而不是对数学模型进行实验来得出其行为是怎样的。但是在两种情况中的实验演示都需要一个对骨骼和材料进行计算机模型的表征，而这种实验演示又需要应用数学模型来操作。这样，模型就出现了两次：有一个干预的模型和一个对象的模型，并且我们所想得到的对象其行为表现构成了实验的主题。

尽管数学在干预中起作用，并且模型两度出现，我的直觉始终是，我试图至少将这两种干预的第一种描述为接近常规的实验。我这样做主要是因为，物质特征以不同的方式存在于这两种模型对象中，而这种不同恰恰发生在我们对实验感兴趣的关键点上，即在骨骼的结构特点上。让我扼要重述一下骨骼实验模型是如何被建构使得这个不同变得清晰的。在骨片的实验中，创立3D 计算机图形的过程能获得对每一块特殊骨骼样本结构的高度逼真性。科学家们从一块特殊的骨骼物理样本开始，并按照传统的实验室准备程序，例如清洗杂质，确保只有骨骼结构是可见的，等等。尽可能在准备的过程中不要被加入什么、过滤掉什么或者被转移到哪里，然后使其进入计算机模型。出于这些原因，我将这些特殊的骨骼图像贴上具有半物质性地位的标签。

我们类似地可以解释第二种骨骼模型，由控制因素决定网格图像的情况。那就是，我们可以说它从一块骨骼开始，然后我们删掉许多复杂的因素，并尽力去使其他一些我们认为会存在和不变的相关因素保持在特定的平均值。但这样一种解释忽视了建构模型的实际过程。通过科学家首先沿着极其理想化的直线来呈现骨骼的结构，这第二种骨骼模型被重新建构出来：一个简单的网格结构是被假设出来的。只有在那个时候，科学家才基于大量物质性骨骼样本的平均属性补回某种物质性特征，从而创造出一个理想化的和简化的抽象结构。[13] 在这里我们仍然与数学模型的建构技术很接近。

因此，第一种骨骼模型的建构所包含的步骤更像在实验装置中的那些步骤，而第二种骨骼模型的建构包含的则是一些更像是数学建构训练的东西。由于建构的原因，第二种结构的所有输入特征由科学家选择并被科学家所"知道"（在某种意义上），但对第一种结构来说并不一定如此。在这点上，第一种实验更像是一个对物质性对象所做的实验，而第二种实验则更像是对数学模型的实验。第二种对象的表现可能会让实验者有惊喜（因为确实如此），但是第一种对象，因为它的结构中可能包含了一些科学家所没有"认识"的东西，所以可能还会混淆实验者。如果对凯温尼自己在伯克利会议上的术语做进一步拓展，当我们观察实验对象的属性时，我们可以说第一种是

"实质上的一个实验"（virtually an experiment），而第二种更像是一个"虚拟的实验"（virtual experiment）。"虚拟的"和"实质上的"这两个术语很好地适用于这里是因为，实验的方法是基于计算机的，但是它们可能对许多不同的非基于计算机的实验也适用。这两类混合体即虚拟的和实质上的实验的特点，在表 11.2 中的中间两列中得到说明，它们处于原先的两类实验中间。

凯温尼的两个骨骼实验也许都与牛津大学纳夫菲尔德整形外科（Nuffield Orthopaedic）实验室进行的几个骨关节实验有明显的区别：在一种情况中我们看到的是对非骨骼材料做成的骨关节物理模型的物理实验（一个对物质对象的物质性实验），而在另一种情况中我们看到的是对高特定程式的（赌场筹码管理者，stickman）计算机模型或骨骼和关节的表征所做的计算机实验（对于非物质对象的非物质实验）。[14] 我们注意到这些实验没有一个与骨骼结构的强度有关，它们在这里被提到只是为了提供在密切相关的领域中更进一步的例子。我们可能会把第一个实验描述为物质性实验而把第二个实验描述为虚拟实验，但是这样做却再次反映了一个事实，那就是，如果我们对真实的实验或牛津大学的计算机实验中所包含的"关节"到底被植入了多少关节的物质特性没有一个更详细的认识，以及对那些设计实验所研究的关节到底有什么特征也知之甚少，那么我们就很难去做出了一个合理的判断。

11.2.3 创造拟态物质性输出的实验：股票市场价格

另外一种选择性的混合的传统实验，它以一种不同的方式夹杂了物质的和非物质的东西，这些实验根据明显的意图用数学模型来制造出一些输出，而这些输出如果不是直接模仿（mimic）世界，就一定是模仿由世界产生的相对没有被过滤掉的观察资料（observations）。我给这样的输入贴上拟态-物质。

这种类型的实验活动在经济学中有相当悠久的传统，在历史上早于今日我们所十分熟悉的计算机模拟。它由一些统计或数学模型组成，通过模拟或"运行"这些模型来产生输出系列，以便达到模仿所观察到的经济学时间序列数据的目的。例如，通常最有效的，但至少是被我们理解的经济学数据之一就是股票价格。建造数学模型来理解它们的特点至少可以追溯到 20 世纪早期股票价格的布朗运动模型（Brownian motion model）。20 世纪 20、30 年代，经济学家们用随机过程模型来探索描述经济学数据的各种方法，并通过模型模拟这些数据的程度来检验他们的描述。今天，股票价格的数学模型同样也以许多方法进行数值的探索，这些方法已经成为许多领域里面所熟知的，在那里非线性和动力学的方程的分析方法仍然不能解决问题。

表 11.2　实验的类型：理想实验室实验、混合实验和数学模型实验

理想实验室实验		混合实验		数学模型实验
		实质上的实验	虚拟实验	
对输入的控制	实验的	实验的	假定的	假定的
对干预的控制	实验的	假定的	假定的	假定的
对环境的控制	实验的	假定的	假定的	假定的
演示方法	实验室实验的	模拟：实验的	数学的应用模型对象	在模型中演绎的
输入的物质性程度	物质性的	半物质性的	非物质性的	数学的
干预的物质性程度	物质性的	非物质性的	非物质性的	数学的
输出的物质性程度	物质性的	非物质性的	非或拟态物质性的	数学的

　　既然这些活动包括了数学或统计学模型的实验，那么在这里与使用数学模型一起出现的假定控制活动就能够在工作中列举出来。但是我把这种实验描述为虚拟的实验，这是因为其演示的方法包含了混合的"模拟"形式，这种形式混合了数学的和实验的模式。然而，从这些实验中，我们可以产生出一些东西，它们类似于我们从自然系统中获得的材料（material）；因此，当经济学家们用这种数学模型的模拟来产生出与由真实市场产生的观察资料同一种形式、同一种类型（即它们有相同的统计学特点）的"观察资料"时，我把它们称为产生"伪物质性输出"（表 11.2）。当这种情况出现时，这些实验被说成是为了那些可能存在于世界背后的可能经济结构和经济机制提供"证据"。实验这样做是因为它们可能会排除掉某些不可能的结构以及接受其他可能的结构。并且在实验本身中，即便实验不考虑物质性的输入，实验的模型也不会去准确地表征物质性输入，但是它们还是这样做。

　　虽然这种虚拟实验的目标是要去模仿真实市场过程产生的观察资料，即去产生伪物质性输出，但是一些股票市场实验其实还是实质上的实验，因为它们使用的输入对象具有与在凯温尼片骨骼实验情况中相同类的半物质性地位［对经济学中这种混合体更进一步的例子参见摩根（Morgan，2002）］。由我在阿姆斯特丹大学的同事霍莫斯（Cars Hommes）与布洛克（William Brock）联合操作的一些实验，概括了所包含要素的范围（Brock and Hommes，1997）。这些实验使用了一些如输入、数学决策规则这样的东西来对应于不同行为，并给这些行为贴上不同的分类标签，它们区别了"基础主义者"（那些相信股票价格反映了有关公司的基本价值的人）和"技术性买卖者"或"股票分析师"（那些按照所观察到的股票价格变化的模式来买卖的人）以及"随潮流者"（trend followers）（那些跟随趋势并可能因此出现过激反应的人）的差别。霍莫斯和布洛克（与其他人一样）用模型实验去探索许多不同的被数学描述的"买卖者"当他们聚集到被数学描述为"市场"的环境时会发生什么。

我们试图准确的描述股票市场的买者和卖者，在这个层次上，对于理解市场中使用的细心观察（well-observed）或看大量报道（long-reported）的交易策略，这些数学决策规则也许会成功。股票市场中的买卖者根据模型中建议的决策规则来进行交易，或者买卖者使用的数学规则是那些在模型实验中用到的规则，如果到了这个程度，那么我们可以认为这些模型实验是对半物质性对象进行的实验。有一些证据认为这些看法也许是合理的，因为至少对于"股票分析师"或"技术性"买卖者来说，我们的确有分析的证据来支持这种交易行为，同时我们也知道，机构的（institutional）交易商依靠数学天才去设计交易得以进行的系统。因此，它表明，并非数学提供了一个非物质性的描述，而是说数学直接地提供了一个半物质性的输入。

在经济学中这些类型的模拟实验显然与本章开始之前就已经提到的那些用经济的数学模型来做实验的探索性和分析性传统有很大差异（参见11.2.1节）。在那里我们所讨论的是经济系统和经济抽象模型所表征的情形。实验由对模型的操作组成，它能够让经济学家去演绎地探索：当具体的事件、政策干预或经济结构改变影响特定变量时，将会发生什么事情。模型实验活动的分支高度依赖于不现实的或一般的假定并且很难去与真实世界联系起来，或者产生出任何与拟态经济学（pseudo-economic）观察资料同等的东西。这种基于模型的实验，正如我已经提到过的，满足的是其他目标而不是模仿（mimicry）的目标。然而，它们被设计用来探索相当普遍的经济学假说的解决办法，或者去推论出模型的复杂要素是如何结合在一起的。

我们现在已经用四种方法填写表11.2中的单元。在一个极端上，我们有物质世界的实验室实验；在另一个极端上，我们有数学模型所做的实验，它们基于理想化的或简化的假定并且十分缺乏物质性的联系。在这两者之间我们有对使用半物质性输入的模型进行的实质上的实验，以及用模型来对非物质性输入所做的虚拟实验，它们创造了非物质性的输出（如在第二种骨骼实验的情况中）或者拟态物质性（模仿的）输出（如在经济学的情况中）。正是这两种混合的情况，即以模型和实验混合的方式以及包含物质性的和非物质性要素的混合方式，这是特别有趣的，虽然我应该在本章的下一部分中继续用这种比较方法来对理想型的情况做分析。

11.3　替代性的实验结果如何与世界相联系？

是否一种实验的情况可以被看成与非实验的世界是足够相似的，即实验产生的结果能够被看成与世界是一样有效的，这个问题是一个重要而复杂的问题。[15]与其尝试对这个问题进行一般的分析，倒不如集中精力去思考我上面提到的混合模型/实验研究它们是如何与其他种类的实验研究在这方面是有何不同的。我们所考虑的维度依然是物质性，尤其是，物质性是如何与不同模型被用来表征世界之物的方式相交叉的。或许这应该被表征联系的本性这一术语适当地表达。

11.3.1　表征的关系和实验有效性：模式生物

生物学上使用模型生物体（model organisms），例如老鼠或果蝇，模型生物体开阔了我们的视野，即关于用模型做的实验它们如何支持在一个特定范围之内和之外的推论，这个范围是直接与我们的混合体情况相关的。如果对于实验室的老鼠我们能确定出实验的结果，那么我们就有可能可以用它们都是老鼠这个事实来对老鼠这个种群做出有效的推论。但是我们从这个实验生物体来推论其他可能的实验生物体的程度，不仅仅依赖于物质性的属性，同时也依赖于我们能够标记我们的实验主题、情形和操作的程度，这些方面不知为何它们比世界上的其他东西更为典型。生物体模型从两种不同方式来发挥它们的表征作用，这为我们的混合情况提供了一个有意思的基准点。

那些被用于实验操作老鼠、果蝇以及其他的生物体模型，它们被培养成一个标准化的品种，这样对它们的实验能够依靠这个生物体的特定方面，在那里变化是受到控制的。一批苍蝇或苍蝇样本的实验结果可以用来推论苍蝇的种群或相同特殊类型的老鼠。同时，生物体模型依然是物质性系统：无论实验室的动物多么标准化和不自然，它们始终是物质性的果蝇和老鼠。实验室的果蝇始终代表（representative of）果蝇，实验室的老鼠始终代表了老鼠。这可以用来证实许多相对不成问题的推论，但不是在特殊的种群当中，而是在地球上具有很强相似性的物种里面。[16]然而，大多数生物体模型研究的兴趣在于在什么程度上建立它们基础之上的实验结果能够被看成是其他生物体的典型（representative for）。老鼠酒精中毒或者癌症的实验结果可以视为是人类那些情况的典型吗？

这两个概念，即"是……的代表"（representative of）和"为……典型"

（representative for），都适用于如生物体模型这样的物质性模型，以及适用于它们对可能涉及并因而对其做出推论的其他对象的表征关系。当我们问实验室老鼠的表现是否是所有老鼠的代表，或者老鼠的表现是否是其他种类哺乳动物的典型表现时，我们是在暗示着两种不同的关系。[17] 我们在"代表"的情况中对其他对象的推论依赖于与样本/种群关系相同意义上对代表性的确定，同时在"典型"的情况中的推论依赖于两种不同生物体的相似关系的确定：这种相似是指某些东西对老鼠来说是共有的，同样对于人类来说也是共有的。在第一种情况中，我们有一些方法拿来检查实验室里的老鼠可以代表其他的老鼠（例如，运用基于统计理论和证据的论证方式可以为这种推论提供依据）。在这里，这种情况的特殊性和物质性对于从实验室里的老鼠到其他老鼠间做出一些可能的推论都会有帮助，它们都是相同的类型和相同的东西。但是那种相同的特殊性和物质性对其他生物所做的推论就比较困难，因此推论就必须由其他证据分别来证明，可以使用案例为基础的（case-based）类比方法或者相似性推理的方法（参见 Ankeny，2001）。

这种情况与南希·卡特赖特（Nancy Cartwright，2000）从物理学实验中描述的情况相当不同，她描述的情况就是，一旦我们已经从平面上独立小球的实验中确定了实验结果的有效性，我们就可以用这个过程来启发我们关于标准球、星球以及通信卫星（她的例子）的一些知识。换句话说，一个物理学中特殊实验对象的行为表现被当成是一个过程的典型（typical of），这个过程"发生在各种环境之中以及发生在各种不同的个体之中"（Cartwright，2000：7）。对实验世界中这种典型行为表现的确定，也许能够让我们从简单的受控情况转移到复杂的非控制的情况，甚至可以让我们用那种知识来对世界做出干预。在这里我们正在观看的一个过程在许多领域中被认为是相同的，因为，正如卡特赖特认为的那样，在这些物理学实验中我们有"对许多具体过程的一个潜在本体论，在这些过程发生的系统之间尽管存在一个（可能是很大的）差异，但是它能够以大致相同的方式来运作"（Cartwright，2000：8）。[18]

当然，毫无疑问的是，在它们都一样的意义上，在生物有机体之中，存在一些典型的（typical）事物，正如在卡特赖特的物理学例子中，所以从一个领域中得到的结果可以有效适用于其他领域。当我写本章时，发现我报纸的科学专栏里面有一个模型生物体的例子，这个例子是关于一种叫 *C. elegans* 的蠕虫，它对持续微波辐射会做出反应，而这种辐射来自移动电话（文章由 David de Pomerai 写，报道于《金融时报》（*Financial Times*），2000 年 5 月 18 日）。文中提到从蠕虫的实验结果推论到人类也有效的两方面可能原因是：

一方面是卡特赖特所讨论的那种类型的普遍相同的过程，即蠕虫释放的一种特殊蛋白质是所有生物体在受到威胁时都会释放的蛋白质。另一方面是以案例为基础的相似性论证，它依赖于两种生物体所共有的一种特殊性，即，人类和蠕虫都共有相同的基因。

与这些模型生物体相反，我发现"是……的代表"和"是……的典型"这两个措辞与我们如何描述数学模型表征世界上与其有关的事物的方式在性质上也不同。如果我们利用休斯（R. I. G. Hughes，1997，1999）的术语来说，这个问题可能就会变得清晰。这个术语将数学模型的表征思想当成是意指（denoting）的一种：一个数学模型意指世界上的一些现象。我们可以有用地（usefully）说数学模型意指一个物质的经济学模型，但是我们不能理智地（sensibly）说老鼠意指人类。尽管模型生物体（老鼠）可以代表我们感兴趣的生物（人类），正如一个数学模型可以代表物理学或经济学的模型一样，但是它代表的方式不一样。经济学中的数学模型，正如我在 11.2.1 节中所探讨的那些模型，最好理解为它们提供了对世界上一些过程、对象或关系的表征（representation of）。[19]

11.3.2 混合情况中的推论

凯温尼的骨骼实验再次提供了例子，使我们能够辨别对于混合情况中的实验推论来说，什么是我们这里所讨论的。正如表 11.3 所示，实验的两种混合形式是分开的，直到最后的情况时才变得一致。让我们想一下第二个骨骼实验，这个实验使用网格图像，从一开始就依赖于对骨骼结构的一个被特殊构建的表征。这个关系的表征在实验的对象和相关的对象之间立即设置了一条推论的鸿沟，这条鸿沟不依赖于模型的其他属性，因为实验的对象和相关的对象不再由相同的东西组成。正如经常在抽象模型的情况中，不仅仅是表达的方法不同，而且模型中的对象也在某些方面被简化和理想化，其经验的（物质的）特征也不再依赖于任何特殊的情况，而是它混合了骨骼的某些平均或典型的特征。用这种对骨骼进行表征的实验可能意味着骨骼承受压力时的行为可能会出现有趣的现象。的确，在这个网格图像的情况中，研究者觉得很惊讶的是，仅有一些模型骨骼框架在实验的过程中发生弯曲。这个结果是建议性的（suggestive），但是对于理解真实骨骼的详细结构具有一定的有效性。模型构建的本质和表征的关系——原先对象的一些特性通过被抽象化、简化和理想化，对正确的推论构成了一个巨大的障碍。

比较一下，在凯温尼的第一个实验中，这个实验使用的是切片骨骼模型，它与生物体模型的推论有共同的特征。它依靠一块特殊的臀骨来产生一个模型对象，这个对象（我认为）保留了足够的物质性特征，这对于确定一块真实骨骼的有效实验结果来说是有必要的。它作为一块有代表性的（representative）臀骨的有效性必须由其他方法来确定[20]。例如，检验这块特殊骨骼的某些特点是否符合从破坏性检验中得到的那些样本的平均特点。一旦这块特殊的骨骼被确定成为这种骨骼的代表，那么我们就有可能用这个实验来对一般性的臀骨其行为表现做出推论。有另一个原因说明这个例子十分符合生物模型的类型：让我们回想实验家们用个别的牛臀骨做实验，这些牛臀骨作为一般性牛臀骨的代表，但同时也被我们试图当做是人类骨骼的典型，因为我们最终的目的是要去了解人类骨骼的一些东西。

表11.3　实验的类型：所有三种实验及其表征关系

理想实验室实验		混合实验		数学模型实验
		实质上的实验	虚拟实验	
对输入的控制	实验的	实验的	假定的	假定的
对干预的控制	实验的	假定的	假定的	假定的
对环境的控制	实验的	假定的	假定的	假定的
演示方法	实验室实验的	模拟：实验的	数学的应用模型对象	在模型中演绎的
输入的物质性程度	物质性的	半物质性的	非物质性的	数学的
干预的物质性程度	物质性的	非物质性的	非物质性的	数学的
输出的物质性程度	物质性的	非物质性的	非或拟态物质性的	数学的
表征与推论关系	是……的代表（representative of）……对于世界中相同的	是……的典型（representation for）……对于世界中相似的		是……的表征（representation of）……对于世界中的其他事物

所有从实验到世界的推论都受许多条件因素的影响。我在这里的探讨是想说，实验中表征关系的种类是另一个相关的考虑因素。真实的（物质的）实验能够让我们对世界上相同种类的事物做出推论，如果实验对象能够被认为是这些事物的代表。同样，我们对世界上相似的事物能够做出推论，如果实验对象能够被认为是这些事物的典型。用统计学推理和类比的以案例为基础的推理方法，我们有许多论证手段和程序来帮助我们评判这些代表性的特点。数学模型的实验结果，例如在经济学中的那些结果，显出了更大的难题：它们也许只能对其他种类的事物做出推论，这些事物是对世界中一些东西的表征，但是对于决定在什么时候一个表征才是一个好的表征时，我们在程序

上有较少的共识。[21] 在本章所处理的一些实验和模型的不同混合体情况中，我们需要细心留意每一种情况的细节。如果混合实验的对象是被我们很好评判的有代表性的对象，那么所做的推论可能在范围上受到局限，但是却真的有可能告诉我们关于被表征的具体对象的一些东西；如果推论依赖于对对象的表征，那么实验的结果有可能是建议性的，但是在我们了解对象的详细情况上提供的帮助更少。

当我们进一步深入现代科学如何结合使用模型和实验的细节时，我们可以发现，在许多情况中，表征的关系是很混杂的即实验的对象体现了世界中的事物同时具有代表性和表征性的特点。我们可以从另一个生物体模型例子中看出这一点，即在安肯尼（Rachel Ankeny）对 C. elegans 蠕虫的分析这个例子中。详细叙述了蠕虫的一小块样本是如何被用来产生那种蠕虫物种的一个"书写关系图"（writing diagram），即命名为"描述性模型"的蠕虫的一个表征（Ankeny，1999-2000）。这个描述是对蠕虫神经系统的一个平均和略微简化的关系图，它被用于研究蠕虫的共同体中来阐明"正常蠕虫"的本质，即对于这个蠕虫种群来说是典型的、平均的或一般性的本质。通过一个比较的过程，它被用来作为"正常"蠕虫的一个有代表性的模型去分析特殊"非正常的"蠕虫，同时通过基于案例的比较和推论，它也被用来作为其他蠕虫的或模型生物体典型去探索相似性关系。在它的构建中，它体现了被认为存在于凯温尼两个骨骼实验中的一些特点；而当它似乎还没有已经成为一个实验对象之前，它只是一个推论基于其之上的对象，以及因果说明可能建立在其之上的对象。休斯（Hughes，1999）讨论了另外一种情况，即物理学中的伊辛（Ising）模型（几何空间中有规则的一系列点），并认为这个模型同样能够被理解为同时是一个代表性的东西和一个表征的东西。他的案例提供了一个例子，即什么已经成为对特殊数学对象的各种计算机实验。每一个在实验中使用的数学模型能够被理解为自然或社会世界中一些事物的一个代表。同时，鉴于每一个模型都是各种数学对象中的一员这个事实，每一个数学模型都充当那种模型的一个代表。此外，每个数学模型可以充当一些世界中与之具有相似特征的其他对象或过程的典型。

11.4 结论：虚拟实验和实质实验

过去 20 年的许多深刻的科学研究著作已经教会我们，在哲学家的理论、实验和证据之间，以任何一种实际的方法来对它们做出一个清晰的划分是多么的困难。当代的科学家们，同样以一种不同的方式来拒绝这种划分：在对模型或者用模型进行的实验中，运行模拟以及诸如此类的，用他们的话说就是用这种完全非物质性的方法来产生观察资料或者完成实验。即便我们去忽视前者的著作以及不考虑后者的这些说法，我们也许仍然会碰到这些替代性的实验并需要去理解它们。

在本文的说明中，我已经提出，一些这样的替代性实验应该被看成是混合体，并且我已经在一端是数学模型实验，另一端是物质性实验室实验的有限案例中间把它们描绘出来（参见文中表格）。通过分析这些不同的混合实验如何工作，我们可以主张对"在中间"（in between）的混合事物做一个分类学，它包括了虚拟的实验（研究的对象和干预活动完全是非物质性的，但可能包括对观察资料的模仿）以及实质上的实验（几乎是一个物质性实验，因为输入对象几乎是物质性的）。

事实证明，这些"在中间"的混合体的特性表现在几个维度上。它们包含了模型和实验的混合。它们混合了演示的数学模型和实验模型。他们将通过假设的控制类型与实验控制混合起来。它们混合了物质性的和非物质性的要素。它们通过表征和代表的混合模型对世界进行表征。通过探索关于混合体的案例材料并将它们与有限的案例进行比较，表明了这些混合并不是相互独立的。再者，由于当代科学正忙于将大量的混合体添加到我们的认识论图景中，情况将会变得日益复杂。我已经将物质性视为这些我们感兴趣的混合体的一个首要特点，并主张当面对这样一种混合实验时，在我们能对其有效性做更多评论之前，我们需要仔细地观察哪里包含物质性？有多少物质性？物质性体现在哪个地方？

注　释

本章的写作是受汉斯·拉德的邀请为"走向一个更加成熟的科学实验哲学"研讨会（阿姆斯特丹，2000 年 6 月）所做的准备。文章内容的写作受两件事情的推动：Tony Keaveny 在 1999 年秋天加利福尼亚大学伯克利分校骨骼实验研讨班和 1999 ~ 2000 年普林斯顿关于"模型系统，案例和范例说明"的研讨会。我要感谢 Tony Keaveny 和他的同事 Michael Liebschner，他们抽出时间与我讨论了他们的工作，同时感谢普林斯顿研讨会的组织者们和成员们开展了一系列令人兴奋的研讨会，它们给了我一个机会了解生物体模型。我要感谢 Marcel Boumans、Margaret Morrison、Dan Hausman、Rom Harré 以及阿姆斯特丹研讨会的许多参会者对文章提出了许多很有帮助的评论。我还要感谢英国研究院（British Academy）在这期间对我的研究给予的支持。

[1] 我认为 Franklin（1986）以及 Gooding、Pinch 和 Schafer（1989）的著作是其中的代表著作。

[2] 这种"新"的观点最早来自 Hacking（1983）。Heidelberger 和 Steinle（1998）一书也为我们提供了精选的当前关于实验观点的论文。

[3] 例如，Rohrlich（1991）提出，模拟是一种新的方法论并且它推动着我们为理论提供一种新的句法学（syntax）。在 Galison（1997）中，特别是在第 8 章里面，他把物理学中的计算机模拟描写为是一种新的方法，它不完全是理论的也不完全是实验的。Dowling（1999）在书中沿袭了这条思路，这篇论文是关于模拟和模型之间关系的几篇论文之一，它们被刊登在《情境中的科学》这本刊物中"建模和模拟"特别专题中（Sismondo（1999）；也可参见 Sismondo 关于 Winsberg 和 Merz 的介绍和相关论文）。Dahan Dalmedico（2000）对模拟探索了一种新的认识论议题。Hughes（1999）则对模拟、模型以及在本章出现的混合案例其相关实验提供了最有思想的哲学分析。关于社会科学中的模拟，有两本重要和有用的论文选集提供了这方面研究的一些评论和案例，它们分别来自 Guetzkow、Kotler、Schultz 主编的选集（1972）（这本书由于其写作的日期，其中讨论了许多种类的模拟，不仅仅是基于计算机的模拟）以及 Hegselmann、Mueller 和 Troitzsch（1996）主编的选集。其中特别对模型和实验的结合有论述的文章来自第一本选集中的 Robert Schultz、Edward Sullivan 和 Thomas Naylor 三位作者以及来自后一本选集的 Hartmut Kliemt、Karl Muller 和 Stephan Hartmann。

[4] 这种提法来自 Schultz 和 Sullivan（1972：9），他们在写到关于模拟的时候说："实验以一种替代的方式出现。"

[5] 关于经济学中使用模型、实验室实验和它们之间的混合体更为完备的解释和比较，见 Morgan（2002）。这后一篇论文包括了一些附加的经济学资料，在原先阿姆斯特丹的会议论文集中有，但在这里被删掉了，后来这篇文章去参加 2001 年在 Pavia 举行的"基于模型的推论"会议时做了一些扩展。

[6] 最近，对于科学研究来说，"模型"比"实验"更加成为一个人们感兴趣的范畴。在 Morrison 和 Morgan（1999）中，除了很多其他特征，我们把模型的一个属性视为具体化表征。这种性质在本章的第 3 节中会进一步地得到探讨。

[7] Boumans 对这个问题的研究与 Hasok Chang（2001）对温度计发展的探讨有关。他们俩的著作都是伦敦经济学院（自然与社会科学哲学中心）与阿姆斯特丹大学经济学史与哲学小组共同参与的"物理学与经济学中的测量方法"这一联合研究项目的成果。

[8] 对物质实验与数学模型实验的控制问题的进一步探讨可以参见 Boumans 和 Morgan（2001）。

[9] 当然，如果这种物质性的东西是数学性的，那么一个物质性实验就是一个数学实验。在本章中，我试着去区分关于自然或社会系统的数学模型（以及随后的计算机模型）实验以及直接在自然或社会世界的物质性领域发生的实验。

[10] 研讨会的名称是"加横隔的骨的微观力学——虚拟实验的未来一瞥"，是奈曼研讨会系列（Neyman Seminar Series）中的一个，时间为 1999 年 10 月 20 日。

[11] 我们注意到实验者们用的是母牛的骨骼，这是因为很难去用人类骨骼做实验，尽管会议的背景明确指出实验室研究的最终目的是要去理解人类骨骼中的强度因素。

[12] 从骨骼到计算机图像的转换这个过程，使我们很难更深入去理解所包括的演示的准确含义以及在什么程度上我们可以把演示方法看做是包含实验、数学或其他种类手

段的资源。并不是所用的模拟都包含了计算机模型和数学模型 Oreskes（2000）。探讨了地质学家们过去通常在不同的比例和不同的手段上模拟地质过程，但他们使用的是物质性资源。模拟（Mimetic）实验，如在 Jevon 或 Wilson 早期的云室实验中，它们都被设计来模拟云的形成（Maas，1999；Galison and Assmus，1989），使用物质性的资源来产生出与自然效应相似的效应，但是在一种类比的手段上用。Hackmann（1989）把这称为"模型实验"，尽管不是很清楚他是否区分这种实验与物质性类比模型实验（material analogical model experiments），诸如那种在菲利浦机（Phillip's Machine）上操作的实验（Morgan and Boumans，2002）。模拟实验，类比实验和物质性模拟为我们对实验进行哲学的分析提供了一片肥沃的土地，但在这里不做讨论，因为它们与我们所想讨论的混合的物质/非物质属性无关。

[13] 注意，这个问题在这里并不复杂：这两种类型的骨骼模型可能多多少少都不比其他模型要简单或复杂（尽管那到底是什么意思我们也不清楚）。问题是对象是如何被建构的，以及从兴趣的角度来看，是否有一些精确反映物质特性的要素存在。我要感谢 Arthur Petersen 提出的问题，它们让我澄清了这个问题以及其他地方。

[14] 我对这些实验的考察是在 1996 年 10 月到这个实验室的访问期间进行的，它是伦敦经济学院"物理学中的模型以及经济学研究项目"的一个组成部分。

[15] Francesco Guala，另一位来自伦敦经济学院"建模"和"物理学与经济学中的测量方法"项目组的成员，他对"相似"（parallelism）问题及其实验经济学中设计的文献进行了一个仔细的分析（Guala，1999b）。尽管他没有主要关注物质/非物质的混合体（他暂且把"混合体"这个词用实验–附有–模拟来替代），但是他把实验看成是与模型一样起着相同种类的调节功能（Guala，1999a，2002）。我要感谢 Francesco Guala 帮助我弄清了我对实验的这个方面和其他方面的考虑。

[16] 我强调了相对这个词是因为，正如科学研究的著作已经写得相当清楚，我们当然不容易把实验结果确立到这个领域中去。我假定所有这些困难是存在的；我在这里指的是另外一种。

[17] 这个术语是具体的但是很容易与其他的用法相混淆。我使用术语"代表"和"典型"是为了主张在模型对象和推论比较的对象之间有不同的关系。它与表明模型的目的无关，比如在积极的/规范的（positive/normative）这种划分和术语学中。同样它也与不同模型表征不同对象的方式无关，这些对象是在相同领域的模拟中，如在本书 Evenlyn Fox Keller 的那一章中。

[18] 我总结 Cartwright（2000）中的这个论证并删掉了她对外部有效性的讨论，但是我们注意到，如果在具有共同过程的物质之间它们仍然有很大的变化，那么一个在很广泛的环境中具有的典型共同过程也许不算非常重要。例如，化学物质中从固体到液体再到气体的变化这个一般性过程可以很容易隔离。但是认识到这个过程对于化学家来说却毫无价值，因为在那种过程中的变化意味着，用这些物质来研究需要我们知道个别情况中的细节。

[19] 尽管 Morrison 和 Morgan（1999）没有区分表征（representations）和代表（representatives），但是我们认为，模型可以被用来同时表征理论和世界；"表征"

这个词在这里的用法具有相似的可能性。

[20] 在每一块骨骼能够被用于计算机实验之前，它们必须被转换成为对那个臀骨的计算机表征，这一事实当然会使得情况变得复杂，但正如我们应该看到的，这个事实不会使我们说臀骨具有代表性就不正确。

[21] 有两点：第一，在"是……的代表和典型"这种情况中，我们有一些程序来做出一些种类的推论，但是这个事实不会完全让我们很轻松地在实践中去做出推论论证。第二，在"是……的表征"这种情况中，一般我们会赞同，在实验模型结果的情况中以及对于这些混合实验结果和模拟程序，一些外围的证据和附加的信息对确定外部的有效性是必需的（Oreskes, Shrader- Frechette and Belitz, 1994; Oreskes, 2000）。所缺乏共识的是：例如经济学家认为表征的准确性取决于模型假设的实在性；Cartwright（2000）认为我们需要的是原因（causes）的外围知识；Hartmann（1996）主张我们需要的是独立的理由（reasons）来相信所使用的模型。

12　设计仪器与自然的设计

丹尼尔·罗斯巴特

直到目前为止，20世纪的科学哲学家们还没有对实验室的仪器（或工具instruments），甚至是产生重大实验结果的装置给予足够的关注。按照当代经验主义导向的哲学家们的观点，发现的有效性依赖于并不完全显明的（quasi-transparent）标准，即用纯粹感觉经验来判定一个真正的实验。从当前研究实践的理解中，我们现在知道的更准确一些。以前对显明方法的渴望一直受到了大西洋两岸哲学家们的质疑。从实验技术旨趣的复兴中，我们了解到仪器技术如何为我们提供了一个对实验进行洞察的哲学来源。最近的研究包括阿克曼（Ackermann，1985）、贝尔德和福斯德（Baird and Faust，1990）、博根和伍德沃德（Bogen and Woodward，1998）、富兰克林（Franklin，1986）、伽里森（Galison，1997）、古丁（Gooding，1990）、哈勒（Harré，1998）、拉图尔（Latour，1987）、皮克林（Pickering，1989）、拉德（Radder，1996）、拉姆齐（Ramsey，1992）、夏平和谢佛（Shapin and Schaffer，1985）这些人的著作。伊恩·哈金的著作尤其具有影响力。通过复兴实用主义的主旨，即知由行来实现，哈金认为仪器的工程活动比理论的证实更具优先性地位，他宣称对实验室仪器的使用充满着哲学的意义（Hacking，1983a）。

但是这些作者没有一个去检查与工程师们使命相联系的哲学任务，即与设计相联系的哲学承诺（commitments）。即使在哈金的著作中，设计很明显从属于技工对仪器的实验操作，这作为哲学的一个基础，对仪器的设计方案给实验者们提供了参与一部分环境的处方，这些处方由不同的哲学承诺所驱使。在本章中，我认为仪器设计为实验者提供了一个重要的关于探究的哲学承诺。设计者关于仪器设计方案的视觉模型复制了样品的能力（specimen's capacities）、仪器的能力以及实验者的能力。我对实验活动的研究是对设计中的视觉模型进行的。

12.1　思想与视觉

哲学史常常会提到认知是视觉的一种形式。对于一些先哲们来说，三段论式的推理被类比为一种认知视觉（cognitive vision）。亚里士多德把直觉识别为一种思想的精神性观察，错误则是视觉的幻象。理智（intellect）被认为是通过形而上学之光对一个对象的感知。按照这种方式，去认识就是去看。视觉和理智确立了在心灵与被观察对象之间的一个关系（Pomian，1998：211）。笛卡儿对清楚明晰观念的强调依据的是他把直觉的概念视做"理性的自然之光"。理智的视觉是进入形而上学的一个入口，它提供了关于主体的广延和运动主要属性的知识。对于洛克来说，直觉是一种无需证明就能看到各种观念之间关系的一种能力。

查尔斯·皮尔士扩展了这个传统，大胆地提出认知是看（seeing）的一种形式这个论点。所有理性思想都完全掺杂了一种精神性感知；所有推理活动都是图示性（diagrammatic）的。心灵形成了想象中的视觉图示，产生了周围环境各个部分的各种骨骼性式样。他写道："通过图示性推理，我指的推理是，按照我们一般所说的感觉来建构图示，对这个图示进行实验，标注它们的结果，并保证其本身对任何一个由相同感觉建构的图示所进行的相似实验都具有相同的结果，然后我们用一般的术语来表示。"（Peirce，1976，4：47-48）。心灵在想象中形成图示的目的是对问题的解决办法进行表征。那么这种精神性图示必须是一种精神的"实验"。这种实验是对一个图示表征的实验，而不是使用实验室仪器。这样，所提出的解决方法能够通过在想象中积极的实验活动来被替代地检验。

对于皮尔士而言，图示性推理需要：①对没有在定义问题中给出的新要素进行一个假设性引入；②这些要素被作为一般性的概念来使用；③为将来的检验做出新的假设（Fernández，1993：263）。这样一种实验需要对检验所提出方案的周围物理环境有一个积极和富有想象力的探索（Fernández，1993：237）。

当然，视觉化活动在理论科学中是普遍存在的。几个世纪以来研究者已经依据概念模型对真实的世界过程进行视觉化。通过模型，科学家能够在观念的抽象领域中模拟世界的一些过程。[1] 真理和谬误的范畴不能决定一个理论模型的成功或失败。充其量，一个模型提供了一种简化、近似化以及抽象化的方法。一个理论模型的作用是对世界范围内的事件某些方面的一个概念性复制品。路德维希·玻尔兹曼（Ludwig Boltzmann）主张麦克斯韦的理论不仅仅需要的是一个方程组系统。理论由其可视化模型来定义，是对精神性图像或者说是"思想图像"（thought-pictures）进行构造活动的结果，这些图形是对现象的推测性表征（Nyhof，1988）。关键的地方不是所有科学理论必须由其可视觉化的模型来定义，而是说，视觉化活动在理论科学中是很普遍的，正如我在其他地方提出来的那样（Rothbart，1997）。

工程活动的一个主要目标是对人造物的设计（Layton，1991：66）。结果是一个理想化的视觉图，一个准图示（quasi-pictorial）的功能模型，它通过图画、图解和图表的空间媒介来传达出来。这种媒介很合适地将一个精神性视觉转换为信息。心灵之眼需要一个过去经验的综合以及未来计划的投射（Ferguson，1992：42）。

仪器的设计者们提供了一个实验技术的图形模拟。设计者通常会构建越来越深的一环套一环的系列图画。当观察者解开图画的各个图层时，信息会逐渐越来越详细。某些图示符号充当对一个过程的疑问词作用并引起更深层次的进一步检查。在一个设计方案中，一个示意图的图解借助于其他表征更深过程的图画得到具体说明。一个仪器的视觉模型会吸引替代性的参与活动探索从微观事件到宏观事件的转变。这样的一个序列模仿了嵌入性的合法特点。

与仪器设计相联系的视觉化活动在皮尔士主义的意义上是图示性的。通过图示性推理，工程师们确立了一个设计空间（design space）来对机器的功能进行模拟。设计空间是一个抽象的表征性世界，它被用来摹写运动，在那里某些概念性要素被我们想象，一些效应被我们所期待。一个设计的空间并非为实际机器的视觉摹写提供一种方法，而是基于工程活动和物理学科学的原理，为"对象"的可能运动确定范围。建筑师、艺术家以及制图师在这个空间中工作。

对于图示性推理的皮尔士的所需条件能够被拓展为对仪器设计方案的建构：①新的要素必须被假设性地引入到设计空间中；②这种要素必须当做对可能结构进行探索的一般性概念来使用；③为检验做出新的假设。设计者想象一个仪器应该如何使用，样品会发生什么变化，想要的结果是否会实现。我将在工程设计的语境中探索这三个必要条件。

12.2 设计空间的新要素

认为话语语言要比视觉方法更高明的话语霸权一直以来完全独自地掌控着关于知识的当代哲学探讨。对于逻辑经验主义者，图像、图解说明、图表绘画以及图示的作用最好的情况是作为启发性的辅助手段，最坏的情况是会迷惑传达信息的目的。例如，图像常常被玷污，而相反数学方程在这点上明显有优越性。需要肯定的是，通过丰富的历史和哲学研究（Baigrie，1996），一些学者近来对这个信念提出了挑战。但是在科学中对图表说明习以为常的排除仍然是一个占主导地位的立场，这个立场与这样一种信念联系在一起，即科学推理只有以话语的形式才能够被表达出来。

但这个信念并不能说明仪器设计者的工作，虽然他们为传达各个元件之间的关系而配置汇集了大量有象形文字的铭写题字。几个世纪以来，工程师们为绘画来展示一件仪器在不同的条件下将会如何运行，补充了不少的话语描述以及线条。然而，图解说明极少能够随时照相式地去反映在物理上表现的机器其实际运行活动，同时也不会直接说明一件特殊装置的这个或那个特征。当代研究中的实验常常在与仪器设计相关的图表绘画的基础上，通过视觉语言来进行描述。视觉手段通常被用来对实践进行提炼并规定一个操作的过程。化学工程师们使用流程图，电子工程师们使用电路图，许多工程师们在设计方案中运用方块图作为工具（Mitcham，1994：chap. 8）。

视觉读写能力需要解密密码，好比翻译语言一样。"看懂一个简图（说明）的诀窍有点类似于翻译一种外国语言，尽管它比翻译语言还要更加十分的简单"（Mann，Vickers and Gulick，1974：45），这对于工程师们来说是公认的。工程师们被期望要遵从意义的规则，而且如果他们没有那样做就会被"谴责"。具有独特图形和线条的绘画图像通常被收录在设计者的行业词汇表里面。一个设计者的行业词汇表是一个独特图形的集合，而一个图形则是有许多线条的一个有限集合。设计方案通常通过对这些图形的组合来表示出来。要从这些绘画中看懂仪器的视觉信息，一个熟练的观察者必须要对这些图示符号的语法有一定的理解。设计者语言的规则包括关于点、线以及图形的一套语法。在这点上，设计的语言是由与几何学词汇表相近的一套图形语法所限定。

设计者的词汇表包括不同粗度的线条，以及按照不同角度和不同颜色形成的中间相交线条。计算机图形标绘仪使用的笔具有 0.3~0.7mm 不同宽度的线，用这样的笔来绘制不同粗度的线条。根据对图 12.1（Earle，1994：187）中工程图的分析，让我们考虑"线条规格"的例子。信息通过虚线边和铅笔厚度在前景中被传达出来。在图 12.1 中，隐线以及中心线中的线段长度在增大画图尺寸时会被绘制得更长。一般来说，如果图解说明不按比例绘制，那么原件之间的几何关系会严重变形。

图示符号被用于机器预定运行的概念模型中。例如，考虑一下在一本技术手册中的一张关于机械工程的表格，通过用一些物质、弹簧和力来描述，表格展示了一个机械系统的一些基本要素。图 12.2 介绍了与这些要素及其阻抗相联系的概念（Ungar，1996：5-35）。例如，物质通过它与速度和力的关系被图形表示的方法描述出来。并非直接对应于一个具体的机器，这种图示符号所传达的信息是关于定义一个机械系统的一些抽象属性。图解的功能在于可以为正确使用工程师的图示符号充当一种翻译手册。当然，这种信息必须与物理学科学的理论原理以及工程活动的运行原理保持一致。

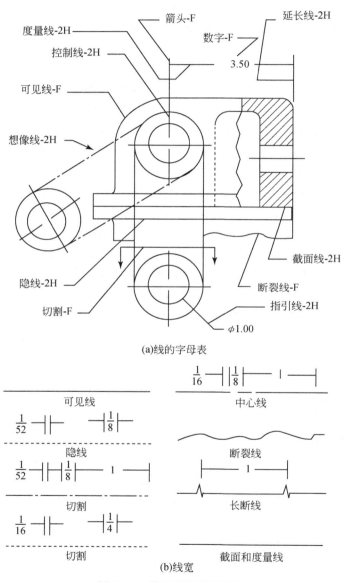

(a)线的字母表

(b)线宽

图 12.1　线的字母表与线宽

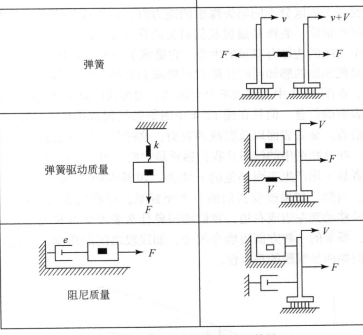

系统	图示
质量	
粘性阻尼器	
弹簧	
弹簧驱动质量	
阻尼质量	

图 12.2　关于机械性能的图示符号

12.3　从视觉图像而来的概念

在一个设计方案中，新的要素必须被当做一般性的概念来使用。但这些概念是如何不用诉诸抽象的理论而通过设计的视觉图像出现的？答案可以在经验的模式中找到，它在我们每天与各种物质形体的接触中变得习以为常，在接触中我们用概念来统合感觉。我们的封闭（occlusion）经验暴露出了这点。

从最早刻画在洞壁上的草图到当前技术性仪器的设计，角、边、裂纹、轮廓的线条绘制已经深深吸引了我们的注意力。这些绘制利用的是一些人的某些感觉技巧，并希望其他人也能够拥有这些技巧。在这种技巧的基础上，一个观察者将线条与表面联系在一起。与一个设计方案相联系的视觉化活动展示了其与某种同封闭性相联系的感官知觉具有惊人的相似性。实验心理学家吉布森（James J. Gibson）研究了婴儿如何知道玩具和父母会一直存在，即便他们暂时离开婴儿的视线时（1986）。人们从经验中知道，当表面离开视觉时，它还会回到视觉的框架中。例如，当把灯关掉时，当另一个物体挡住光线时，或者当一个观察者将他或她的头以某种方式移动时，表面就会消失。有时候，当一个表面消失时，其他表面就会显现出来。

在研究一个人区分不同消失缘由的能力时，吉布森发现了一个重要的线索。他从经验证明，表面是通过我们对封闭化（occluding）边缘的经验来感知到。一个封闭的边缘有双重的生命：它隐藏了一些表面并显现出其他表面。一个人对显现表面的感知同时伴随着对隐藏表面的觉察，即现实性与可能性是并存的。在图12.3中，线段不是封闭的，因为我们对这条线段的感知并不提供关于表面的信息。但是在图12.4中的每条线段都描绘了一个封闭的边。每条边都沿着外显的表面以及隐藏的表面，这样我们把它们想象成是位于页面的背后。在这张图中的线条让我们感觉是它们围着一个出现在前景的表面。一个观察者易于用产生表面感觉的方法去"填补空间"，引起对其他可能感觉的认识。当然，如果改变我们的参考坐标系，隐藏的表面就被揭示出来。假如我们要移动到左边或右边，我们能想象什么表面会被显现出来吗？在这个例子中，场景的一些方面可能会改变，如线段之间的角度。其他方面会保持不变，例如两条线段的垂直性。

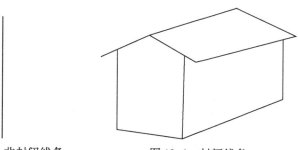

图12.3　非封闭线条　　　　图12.4　封闭线条

封闭性并不局限于我们对显现表面的经验，相反它引起了我们注意到可能的但却是隐藏的表面。对一个苹果轮廓的图解说明揭示了其可能的形状和轮廓的范围，引起观察者去想象某些线条怎么能够延伸到拐角处，以及表面怎么能够从不同的视角中显现出来。我们对地图的着迷其实并不解释为地图精密地揭示了实际的区域。通过对封闭线条感觉的认识，地图的价值就能够被理解。我们其实是被下一条边界的魅力所吸引。地图诱使我们去注视线条划分所知和未知的地方，而这种替代性旅行激起了我们的好奇心。

工程师利用线条来描绘机器可能运动的特征。对于一个没有接受过训练的观察者而言，图示性说明似乎是静态的，提供的是一个庞大装置的静物视觉。但是熟练的观察者却能够从图示中理解到运动。一位留心的观察者想知道我们的感觉如何随着对象的可能运动发生变化，这些运动会引起环境的混乱。工程师设计方案中的线条位于显现表面和隐藏表面之间，这与读者的视觉角度有关。一个特殊物质对象的封闭过程展现了隐藏的表面是如何能够被显现和揭示出来，这些表面都是由视角改变而导致被隐藏的。无论什么离开了视线都可以通过改变环境的设计而重新回来（Gibson，1986：92）。这种认识通过对高度的感觉会得到加强。要从这个图中理解一个房子的轮廓、围墙的边缘以及支撑杆的轮廓线，我们要借助于自己的能力去挑出我们环境的某些特征，它们从一个场景到另一个场景中是保持不变的。

封闭性依赖于过去感觉的历史并激发对未来可能性的探索，使我们从不同的角度来想象一些表面。无论是感觉苹果或是感觉一个光谱分析仪的金属和导线，观察者都会认识到一些属性如何随着拐角处的运动而产生变化，甚至是在一个物体重现了"隐藏的"表面时，都是如此。此外图12.4中的线条描绘的边在我注视它之前就已经在那里，并且当我把视线移开时它还是在那里。在对中型物体的日常经验中，运动是可逆的。假如我左右或上下运动，那些暂时由于我视线的原因而被挡住的表面就能够被显现出来。当然，这种运动在大多数情况下是可逆（Gibson，1986：193）。

另外，对于封闭边缘的出现，封闭性也可以归因于表面。一个表面可以是封闭的，这与显现的或隐藏的体积有关。在图12.5中，我们识别出其中的一个前景表面是封闭的，因为它显示了一块区域并隐藏了其他的区域，这与我们的视线有关。一个封闭的表面被识别为两块区域中的一堵墙，其中一块区域被我们立即感觉到，而另一块区域是在我们改变坐标参照系以后才能看得到。对于一个熟练的观察者来说，他对隐藏的区域并不是完全不了解。事实上，在一些画面中，需要我们有更多关于隐藏体积的几何信息，而不是关于显现出来的体积。在图12.5中，显现建筑物内部体积其形状的有关信息也可以从对封闭表面的经验来获得。在某种程度上说，一块封闭的表面吸引了观察者通过墙去透视被隐藏的区域。我们对于一块封闭表面的要求我们将我们自己与场景相联系的运动所产生的结果视觉化。我们相对位置的改变使我们获得了新的信息并储存旧的信息。我们有关边和表面的经验都建立在封闭性这个基础上。

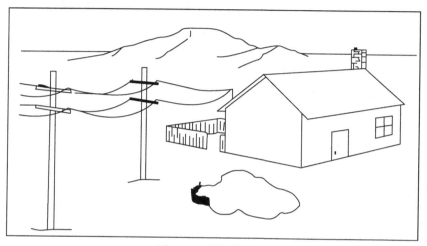

图 12.5　封闭的表面

让我们回到仪器的工程活动上来，一个设计世界中图示符号的语法使我们有能力去感觉封闭的边。在图 12.6 中，对吸收光谱分析仪的简单图解说明让我们注意到仪器庞大的（物质）元件（Parsons，1997：262）。虽然这个图解缺少细节性说明，但是它提供了关于元件间功能关系的信息。吸收光谱法通常运用于化学中的鉴定、结构说明以及有机合成的量化。物质性的领域包括辐射源、样品、单色仪、探测仪和示直读数器。一束电磁辐射线从一个辐射源中射出，然后经过一个单色仪。单色仪过滤掉宽频带波长的辐射线，得到连续的窄频带的波长，然后辐射线打到样品上。根据样品的分子结构，不同波长的辐射先被吸收、反射或传输，穿过样品的那部分辐射线探测到并被转换成为电子信号，它们组成了现象领域中的事件。

分析性仪器的设计者们通常会使用许多线段去描绘实验现象的一系列过程。当使用一台吸收光谱分析仪时，从人造能量源发射出来的光子打到一个样品上，产生了可以被探测到的反应。信号被产生出来，并导致了示值读数器上面的数字显示。在这种情况中产生窄频带辐射线的能量源被称为"线源"（line source）（Parons，1997：290）。"线源"这个术语涉及与能量状态的前进有关的一个物理过程。在图 12.7 中，这些线条描绘了光束从能量源到探测器这段路径中的变化。(Coates，1997：442)。显然，物质元件如探测器的表面严重变形，而不是真实地去测量的尺度。

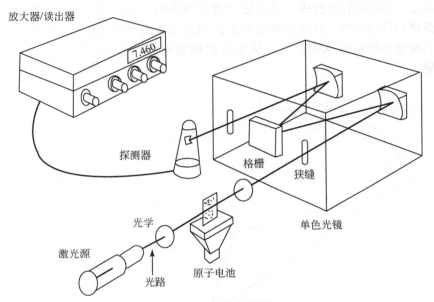

图 12.6　吸收光谱仪

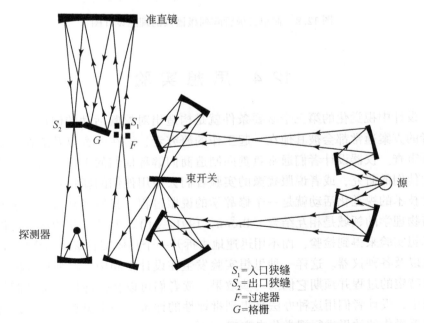

S_1=入口狭缝
S_2=出口狭缝
F=过滤器
G=格栅

图 12.7　商用色散红外光谱仪的光束路径的例子

在图 12.8 中，一束辐射线以两条线以两种形状传送，而不仅是单单一种（Coates，1997：445）。饼状的部分描绘了从光源到全息照相栅（holographic grating）之间辐射的前进。光束运动的方向是明显的，从光源到栅格，然后从栅格到探测器组。从光源发射出来的辐射光束其形状可以随着能量源中的适当改变和栅格形状而改变。从全息照相栅到探测器的阴影绘制出了其他区域。

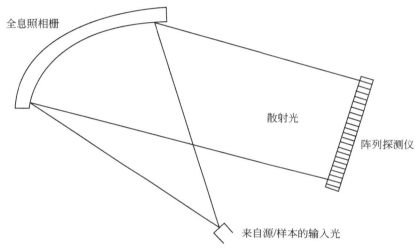

图 12.8　简单二极管阵列摄谱仪的理想设计图

12.4　思　想　实　验

设计中视觉化的第三个必要条件就是构造出对检验活动的假设。一个设计者的方案通常都会被其他在一起工作的研究者、潜在顾客以及潜在的批评者所审查。仪器设计者们通常负责向制造商们解释他们的工作，给基金机构证明他们的研究，或者说服犹豫的实验者们去使用他们的新技术。对一项建议性技术的视觉化活动就是一个修辞学的说服过程。我们经常看到，思想实验与物理学的领域是相互结合（Brown，1991：31）。但是仪器的设计可以通过思想实验来得到检验，而不用迅速地去拆开一个具体实验室中的金属材料、导线以及各种仪器。这样一种思想实验发生在设计空间中，在那里我们可以设想特定的过程并预期它们的一些效果。读者们可以替代性地参与到假设实验当中，设计者们用这种办法来得到批评性的评价。一个思想实验可以通过对仪器操作的效果进行视觉化来实现。

判定一个具体设计方案好坏的一条主要标准是能否产生可重复性的结果。设计方案是否能够向制造商们和实验者们保证，在相似的实验室条件下能够得到相似的（可靠的）结果？设计者是否已经预期到那些会影响结果的大多数干扰因素了吗？在这点上，结果的可重复性成为实验研究的一条准则，是成功的一块招牌。一个设计方案如果不能保证结果的可重复性，那么它将会最终失败。当然，实验者们会常常讨论，是否一些经验性的研究发现是可以重复的。对于测量刻度盘、辐射源以及仪器能力的讨论就变成了对可重复性结果的讨论。研究者们假定，一个实验的某些方面在其他实验室中是可以重复的。在某种程度上，一个事件其状态能够从具体实验室装置中一些局部化的东西上升为一种潜在重复发生的状态。

一些批评人士认为可再现性这个标准太过于强制性，因为实际实验的重复产生极少会出现。经费的、体制的以及技术的压力频繁地将一些难以克服的障碍施加给科学家们，使他们很难去再现一个实验。偶尔，实验能够被重复的情况是，当实验者共同体面临一些突破性的实验结果或者出现了对改进仪器、增加资料或者优化仪器技术的需要时。然而，典型的情况是，没有人实际上重复一个实验（Hacking，1983a：231）。在一个研究的实验结果被发表在期刊或者通过会议得到传播以后，无需重复发现结果，就会被接受。这引起了关于研究实践的一些严重问题：一项具体研究的实验发现结果能否不需要实际重复一个实验就能得到证实？如果是这样，证实过程中，在什么意义上科学家共同体参与了对这些结果的公共性见证？在证实的过程中是否能够不需要公共性的参与？

汉斯·拉德（1996：chap. 2）很肯定地认为，可再现性是必需的，他将可再现性区别为三种类型。第一，我们可以说的是一个实验的物质性实现的可重复性。物质性实现需要实验者按照其他实验者的操作说明，重新获得一个"原始"实验的物质属性。在这种情况中，相同的物质性实现可在不同的解释下得到再现。第二，在另一个意义上，可再现性适合于一个固定理论解释下的实验，此时研究者诉诸一个原始实验的理论描述，指导实际操作。一个理论描述按照可再现的特点被用来去鉴别一些重要的范畴、差异和关系。第三，可再现性同时也可以适用于实验的结果。实验结果 q 在不同的实验程序 p，p'，p''，…，P^n 下都能稳定实现（Radder，1996，11–18）。

对可再现性其重要性的另一种洞察可在一个被称为虚拟见证（virtual witnessing）的过程中发现，夏平（Shapin）和谢佛（Schaffer）在玻意耳的实验中检查了这个虚拟见证。玻意耳需要向人们保证他对其正确实验结果的证词，并努力在17～18世纪英格兰的社会领域和日常实践中做他的实验。这种实验不会有广泛的观众，这是因为那样需要很大的装备。于是他委托雕刻师们造出实验场景的视觉图像，例如用图示的方法去模仿玻意耳的空气泵实验。看到这些可观察印象的人被鼓励去产生精神性的图像，即对实验的一种概念模拟，从而批判性地评价这个实验。通过虚拟见证，观众们无需实际重复这个实验就会赞同实验的方法论并接受实验结果（Shapin and Schaffer，1985：60-62）。

让我们回到当代的场景中，当设计报告的读者对设计方案进行批判性评价后，他们就成为典型的虚拟见证者。读者至少可以自己重演那些使过去实验失败的仪器故障、执行失误、干扰性影响。这些风险与当前的实验有关吗？如果是，它们可以避免吗？要回答这些问题就需要一个强制性的主题，它通常只限于对专家见证人而言。一个读者为了评价活动的原始方案而替代性的参与到一个实验中。当实验者为一件仪器建构思想实验时，他们视觉地表征了这个装置的预期功能。图示说明的读者想知道装置是如何在各种实验条件下运行的。一个思想实验被设想出来以后，就招致了对这个实验设计的批评。作为说服的一种手段，设计方案提供给读者一个实验室事件的认知性视觉，用这种方式来建议读者赞同方案。在虚拟（替代性的）见证的基础上，观众通常会被说服，即他们可以再现相同的过程并且可以为感觉获得概念的相同对应（Gooding，1990：167）。即使读者从未对在报告中所描述的实验进行操作，报告的作者通常会要求读者直接参与到与那些描述实验相似的实验中去。读者被期望按照一段叙述来进行实验，这段叙述对一个程序的特定步骤进行了选择和理想化（Gooding，1990：205）。通过替代性地重现实验的一些重要特征，集中关注于仪器的设计、物质性仪器以及微观现象，这段叙述将读者从实际世界带到了可能世界。

因此，一个设计方案的作用是作为一个分析手段来产生假设性的研究技术。在这个皮尔士主义者的意义上，认知是图示性的。第一，线条、形状和图示图形被引入设计的世界中并在根据恰当使用符号的语法来操控。第二，在对封闭性的感觉技巧的基础上，我们用这些几何符号表征了一般性的概念。第三，设计方案产生了一个思想实验，它使得有见识的参与者去评价那些设计者对制造商的说明、对研究者的指示以及对所有人关于成功前景的预言。

12.5　走向一个图解性符号的语法

在将图解性语言和视觉性思维联系起来的运动中，维特根斯坦成为一个宝贵的盟友。他从来不放弃对图像是思维的基础这一理论的着迷。故事中的一句话将一幅画印在了我们的心灵之眼。"一个人讲的故事就像一幅画一样飘过我眼前"（Wittgenstein，1974：para. 121），"一个词的用法早在我们思考以前就让我们联想起所被命名的图画"（1974：para. 37）。这两句话到底是什么意思？维特根斯坦的话是建议性的但不明显。我们通过他对语言和工具（instruments）的类比可以得到一条线索。语言起到了我们经验这个世界的工具作用。"看把句子作为一件工具，而把它的意义认为就在于它的使用"（Wittgenstein，1958：paras. 421，569）。他关于工程师画图的例子是很能说明问题的。"那些我们称做'描述'的是有特殊用途的工具。思考一下机械制图、一个横截面、一个带测量的标高，这些都在工程师的眼前"（Wittgenstein，1958：para. 291）。比方说，对机器的描述，取决于我们用这种装置产生的经验。任何语言的语法规则都由实践来指导。我们通过参与到我们的环境中来遵从语法规则，就像我们通过挑出并对世界的某些突出特征做出反应来使用工具一样。语言使用的视觉特点在程度上是通过我们学习如何使用工具来参与到大自然而产生的。

但是我们不应该把维特根斯坦解读为声称所有的规则都随意地与我们的经验有关（这种解读被 Hacker 进一步发挥，Hacker，1986：192-195）。语法规则并不是完全随着世界事件的特点而自由浮动。对于一个规则的承诺与我们遵从规则的能力是不可分割的，换句话说，它依赖于我们如何经验的方式。规则遵从需要识别已知规则性的一些技巧以及在"合适"条件下实现相同行为的能力。一条规则的概念与做同一件事情的概念密不可分（Wittgenstein，1958：para. 225）。规则遵从需要有对经验连续性的一种期望：某些经验产生了显著的效果并因而指示一些具体的反映。当然，一位说话者对规则的诉求并不是现实的镜像反映。但是说话者通过对我们如何能够通过某些经验参与到部分环境进行视觉化，那么他将遵从一个规则。这样一种参与与语词的预定用法有关。

通过思考工程师所熟悉的图示说明的语法，我们可以识别出实验的一些重要方面。工程设计中的形状语法（shape grammar）并不是任意与我们的经验有关，而是为我们获得经验的方式预设了一个理想化的场景。形状语法对过去相似装置导致的成功和失败进行挖掘，并预先规定实验者应该通过正确使用仪器来参与大自然。设计方案对探究世界的正确方式设置了严格的限制。通过识别仪器设计方案的形状语法，我们为正确的实验探究揭示出了理想化的标准。

12.6　对哲学工具的需求

在当代工程活动中，设计者用理念工作，用一种视觉语言来交流，为行动做准备。设计方案可以从许多不同的方式来解读，这取决于读者的目的以及文化修养的程度。制造商把方案解读为建造的规定说明，广告商把它们解读为市场的手段，实验者们则把它们解读为研究的指示路标。将仪器手段推到一个最受关注的地位，我们可以识别出关于实验者与样品之间相互作用的认识承诺。对于微观过程来说，研究者们对他们自己的一个定位方式是通过把设计方案解读为认识的地图。一个设计方案通过为探求活动识别出各种机会并对探求活动加以限制，从而为寻求知识（knowledge-seeking）的实践提供了路标和道路。在这点上，对实验室技术的设计方案可以被解读为，它为关于知识探求的认识观念提供了一条通道，在这条道路上充满了关于熟练行动者（实验者）与部分世界（样品）之间理想化关系的意义。这种地图为实验者的定位制造出一些符号，通过对仪器的熟练使用来标示出实验者在（可测探的）世界中的位置。研究者对微观世界的一般定位从方案中就可以看出来，这是一个通过做（doing）来得到知（knowing）的过程。当然，没有一副地图是完美的：有些细节会被隐藏，有些特征会被扭曲以及有些标记会被夸大。但认识的地图为进一步的探索提供了一种图形的议程。

16~17世纪一些巧妙的装置在很大程度上归功于当时许多伟大的经验性发现，如望远镜、显微镜、空气泵以及温度计。由于它们具有能对世界一些难以通达的不同领域进行探索的能力而受到了热捧。尽管有些自然哲学家（如霍布斯）发现在这些装置里面带有欺骗性和幻想性，但许多其他的人觉得这些装置为我们探索广阔的天文领域和微观领域提供了非常好的帮助。我们从当时的研究者们那里了解到，哲学工具是如何能够使实验者去发现物体关于其机械属性的特点。罗伯特·胡克可以被称为17世纪英格兰最早的实验主义者。胡克的实验技巧是在机械车间中培养起来的，当时他整天泡在荷兰的玻璃工厂里面。通过学习机械师们的手艺，以及为了对他的复合显微镜的镜片生产进行改良，胡克进一步拉近了与造物主的距离，揭示出了自然的普遍规律。这些规律决定着任何物体的构造和优化，无论是用机械的手段造出来还是出自上帝之手的物体（Hooke，1961）。

17世纪，胡克和其他设计者哲学工具的常用手段在于观念和用具两方面。我将把17世纪哲学工具的观念延伸到当代设计的领域中去，并识别出潜藏在新技术发现背后有关人类探求的哲学承诺。受胡克给实验者包括自然哲学家开出的方法启发，即认为他们应该学会研究的物质性手艺，我认为潜藏在设计者对工具技术的发现中的关于当代探究活动的某些观念应得到揭示。在这些发现的背后是关于实验应该如何操作的一些承诺。有时，好的实验发现与一项革新技术的发明是不可分割的。当采用哲学的工具时，在某种程度上，人类技能、工具的力量以及样品的能力这些范畴似乎被很好地为我们使用并运用在设计方案的构造和评价当中。对这种方案的承诺带有对经验知识其可能性的坚定信任。它并不由金属材料、导线以及塑料物组成，哲学工具是一种分析性的工具，由对过去成功与失败总结而来，并用于发现或优化探索的方法。当实验室事件产生与结束时，作用力会一直持续，就好像躺在那里等待另一个现象的到来。仪器的能力、实验者的能力以及原材料的属性就在于支持着各个实验。[2]

　　远古以来，自然作为机器的比喻对人类的探究活动产生了深远的影响，它被这样一种信念激励，即一个被驯化的世界比一个混沌的世界更易于被我们所发现。到了近代，机器是由于施加了某种东西而运动。17世纪的机器的特点是可以传输、纠正其他（机械）来源所产生的动作。近代机械论哲学家们发现自然中的机器能够传输、纠正来自外部来源的动作。根据当时的一种定义，一个机器的功能就是它能够举起重物、移动物体以及克服阻力（Toulmin，1993：141）。胡克的机械论哲学就是从制作透镜、放大镜、显微镜所取得的巨大进步中产生的。在其机械论哲学中，胡克声称伟大的钟表匠（上帝）把宇宙造成了一个宇宙机器，在这个机器里面小的机器被嵌入大的机器里面。最小的机器由齿轮、发动机和弹簧组成。在18世纪，这种机械的，类似钟表的图景由于蒸汽机技术上的进步而被取代。

　　自然是一台发动机这种观念一直在科学中占有主导地位。一件样品作为一部自然的机器，当被一种中介技术充分地带动时，它就具有产生运动的能力，这种中介技术我们称之为"仪器"（instruments）。[3]当这种变革发生时，各种能力得到永恒持续。一件样品的能力通过实验中出现的新事物（状态、事件或产品）而得到了很好的展现。这种能力是各种各样的趋势，它们通过因果机制的释放以及抑制潜在的阻力而被激发。例如，一发炮弹（cannonball）具有向地球下落的趋势，正如电子有一朝带正电的电容板加速趋势一样。如果有适当的释放条件和对阻碍性影响进行抑制，任何趋势都会被放大（Harré，1986：284）。

　　南希·卡特赖特关于律则机器（nomological machine）的概念很有启发性。今天，实验者们掌握着操作自然律则机器而产生的许多真实的重要变革。对卡特赖特来说，物理世界就是一个律则机器的世界。在每一部机器的背后是各种稳定的能力，这些能力被聚集并重新装配成为不同的律则机器，它们在种类上具有无穷多样性。机器的能力导致了某种有规则的行为，我们可以把这种行为用我们的科学定律表征出来（Cartwright，1999：49–52）。在经典力学中，当机器合理运转时，引力、斥力、阻力、压力以及应力这些能力就会产生效果。每一条定律的获得取决于系统的各种能力。当机器合理运行时，规则性就会持续表现出来（Cartwright，1999：59）。例如，在牛顿的万有引力定律中，"力"（force）这个词指的不是另一种正在发生的属性，如质量或距离。"力"指的是一个物体移动朝向它的另一个物体的一种能力，这种能力能用在不同的环境中来产生许多不同的运动。

20 世纪 50 年代，生物化学中的革命性进步延续了将有机体视做机器的诱惑。DNA 被人们刻画成一台信息处理器。分子生物学一直对这种因果机制抱有信任（Bechtel and Richardson，1993；Brandon，1985；Burian，1996）。在一篇令人激动和颇具研究性的论文《思考机制》（*Thinking about Mechanisms*）中，马赫哈默、达顿和克莱威尔（Machamer, Darden and Craver, 2000）检验了神经生物学中的机制。例如，在 DNA 复制中，DNA 双倍复制螺旋体链条，轻轻解开与互补碱基相连的主碱基，最终产生两个副本的螺旋体。在这个例子中，蛋白质合成的机制由 DNA 碱基与一个互补碱基（有自己特点的实体）通过氢原子相互绑定的过程（活动）组成（Machamer, Darden and Craver, 2000：3）。

当前到处充斥着对于机器/非机器二元性的挑战。例如，随着图灵机的出现，脑/机器的区分变得很模糊。在其他研究领域，纳米结构的探索有可能对生命的出现以及新材料的制造具有启发意义（Mainzer，1997）。这种挑战反映了以下关于人类探求的哲学承诺：世界能够通过属于我们自己的创造物的机械论的特点被我们认识，这些特点在仪器技术的设计中被我们开发出来。

注　释

我要感谢汉斯·拉德对本章原先的草稿进行了缜密严谨的评论。同时，本章的基本内容也反映了一些人具有建设性的建议，他们是 2000 年 6 月 15～17 日在阿姆斯特丹自由大学召开的"走向一个更为成熟的科学实验哲学"研讨会的参会者。特别要指出的是 Marcel Boumans 对我在研讨会上报告的评论尤其富有洞察力。

[1] 对科学中建模的中心性最引人注目的论证来自 Rom Harré 的《思维的原理》（1970）。Margaret Morrison 和 Mary S. Morgan 最近在他们的《作为中介性工具的模型》一文中也从事于这个主题的研究，文章出自他们合编的论文集《作为中介者的模型：自然科学与社会科学中的观点》。

[2] 虽然"哲学工具"这个词在本章中采用的是原始的用法，但是实验作为行动者（包

括物质的和非物质的行动者）之间的动态联系这样一个概念，已经在文献中得到确立。我认为，关于研究活动的作用力（agency）这方面最引人注目的论证来自大卫·古丁的《实验与意义的创造》（1990）。在对法拉第实验进行了详细研究的基础上，古丁提出，作为行动者的实验者，他同时通过精神性的过程以及物质性的操作参与到自然中（1990：xiv）。在当前的工作中，我把这个观点延伸到了当代的研究。

[3] 关于物质的因果性概念在 Eva Zielonacka-Lis（1998）的一本重要著作中得到发展，我对她在这个话题上所做的富有价值和启发性的探讨表示感谢。

13 改变认知范围：实验、视觉化与计算

大卫·古丁

13.1 引　言

　　人们使用技术来帮助扩展他们的观察、记忆、计算和推理，这是非常普通的事情。科学也总是依赖于这种工具。我所感兴趣的是人类日常的感知模式与使经验科学感知模式得到加强的技术之间的互动。这种动力学对已经发展起来的实验哲学有三点重要特征。第一点重要特征是，从日常的人类感知，也就是当代我们认为的常识概念，到科学研究的真（或超真）对象，如伽利略、牛顿的第一性质（primary qualities），它们之间存在着一个转变。第一种转变常常被描述成从感知经验的感觉资源中抽象出数学特性，这种特性是无中介的，人类感官知觉所达不到的。尽管我们把这种回溯性抽象认为是一个智力过程，但这种转变还是依靠特殊设计的技术从而使新科学具有可衡量的品质。所以，科学选择、提炼和改变人类感知的过程也是机器、技术发展伴随着思想、发现、理论和体系发展的历史。这种动力学转变的第二点重要特征就是，技术在扩展了科学家观察视野的同时也改变了科学的证据基础。机器的明显功能在于创造新现象和新数据，但它同时也逐渐改变着人类做科学的方法。这种动力学转变的第三点重要特征在于，科学家的活动逐渐改变当代被算做日常或直接感知的概念。正如我们所应当看到的，科学家对新事物的认知常常不能统一。这最后一点正是由科学家引起的对认知论的主要问题之一，这是因为科学家的观察技术一直改变着什么算做是观察材料的认识，因此，也改变了什么算做是自然知识的认识。甚至观察（一种直接看）的可能性在如量子化学等领域中尚存在争议（Humphreys，1999）。

　　一种实验的哲学应当对这种动力学变化所蕴含的东西进行探讨。实验哲学怎样发展才能适应计算和数据处理带来的变化？在诸如高能物理学、地球物理学和气象学中，计算使模拟得以实现，包括"真实"（宝贵的）数据大量递减条件下对（廉价的）实验的模拟。资料的视觉化和数据数学模型的视觉化已经成为解释和交流过程中诉诸图像表征的重要方式。使生物学更理论

化的动力很大程度上依靠以信息技术为支撑的数学模型。基于信息技术的项目，如人类基因工程就是建立在认为一种解码基因主要是信息处理问题的想法上。然而，这些科学早于低廉、强大的计算，并且一直以来就被自身的有效性所改变，而一些新领域如脑部影像学却"生来就是数字的"：在设计上就带有电子检测和记录设备，可以为将来再现图像形式的输出需要做准备（Beauileu，2000-2001）。

当然，机器也在不断变化。随着它们能力的增强，科学研究中越来越多的程序都能由它们来代替。在不久的将来，数据分析、数据采集和机器人技术将会制造出大量自动化的研究性设备。设想一下科学主要甚至全部依靠机器来操作，这种科学还是我们所知道的科学吗？我认为它可能是，但只有在它具备和人类一样的认知能力的条件下是。但是，科学的历史表明"我们的那种认知能力"已经被科学改变。因此，要回答这个问题，我们必须考虑哪一种人类的认知特点已经得以保持下来（尽管是通过观察和实验技术得到了加强），哪些被科学边缘化压抑了。

16~17 世纪出现的观察技术，把感知从可变的个人感觉（第二性质）转变为内在固有的真属性（第一性质）。这种转变首先是通过数学家利用仪器和程序得到了性质，然后又根据这些性质来选取日常经验的某些方面并对它们重新定义而实现的。虽然亚里士多德和其他前文艺复兴的哲学家都清楚第一性质（比如运动、停止、形状、大小及数字）和第二性质或感觉性质之间的区别，但是伽利略知道自然是不能以亚里士多德的物理学为基础而数学化的。伽利略重新定义了第一性质（可以被测量的物质特征——数量）和第二性质（能被人类所观察到的特征）。从亚里士多德对物的观点到伽利略对物的观点，费耶阿本德认为这个过程体现了经验"改变感觉核心"（changing the sensory core）的特点。[1] 与此相似的是，20 世纪先进的技术性科学（techno-science），对几乎完全由机器产生的知识其认识地位提出了新的问题。这就意味着另一个更进一步的问题：我们是否足够理解人类是怎样运用科学来重新创造机器中的科学吗？答案可能是否定的，那么，结果就是以机器为基础的科学将越来越远离由人来操作的科学。

这个问题突出了在人类活动，尤其是在科学活动中，对不同表征和论证进行研究的重要性。而实验活动是研究的中心，因为它涉及经验的表征和那种经验理论意义的论证。一个成熟的实验观不仅要意识到实验不断变化的特点意味着科学不断变化的特点，也要意识到它包含着认识论更广泛的含义。从人类创造知识到机器创造知识，从实验室生产知识到从全球网络知识工厂生产知识，这种场所的转变使得像洛克、贝克莱、休姆、康德及许多人的认识论方案（epistemic project）将失去其与知识的相关性。

由于物质性技术就是为扩展和加强解读新信息的能力而设计的，那么其中的抽象化过程是如何在物质性技术环境中实现的？在本章中，为了弄清这一点，本人认为应该考虑机器能动性（agency）的认知因素。我对认为这种能力可以在机器中重新被创造出来的观点（传统人工智能一个失败的梦想）保留意见。我只希望能解开科学中看似相对的两方面因素引起的一个明显的悖论。科学之所以如此成功在于将高度集中的方法运用于被抽象和被简化的世界。科学十分擅长于将一些问题还原成为能被当前有效方法所解决的形式。这些方法构成了库恩所谓的学科基质，它被用来定义一个科学学科。但是，也可以认为，选择其某些属性并抽象化得到其容易掌控的表征的过程阻碍了对人类更有意义的理解的产生。那些寻求公众参与科学的人们为科学学科和外行理解之间的差距感到悲哀，而另外一些人却为此觉得高兴，因为他们觉得差距正好表明了科学感知之于常识的优越性（参见 Wolpert（1992）的论证）。这种距离也导致人们认为科学是文化中异化的、非人性化的力量。这种异化，一定程度上讲，在于客观知识与外行人的主观、经验性知识之间的对立："为了追求对物质世界不断精炼的观察，观察者最广泛的意见统一和最高度的可重复性，科学求助于许多与直接经验相异化的呈现世界的方法。"（Morison，1965：273）尽管抽象化、经过技术处理的世界看起来陌生、异化，我们还是应当认识到直接经验对科学的重要性。

许多科学家声称，科学为了实现对世界量化描述的目标，它在本质上必须要进行抽象和还原。正如我们后面将看到的，随后，这些论断认为质的、感觉的世界应该完全由量化描述来代替。不过，质的、以感觉为基础的思维方式还是延续下来了。对数字表征的计算并没有完全取代对模拟（analogue）表征的非形式化推理。而我认为在抽象化强大的同时，其在科学工具中的技术体现要求缩小由科学研究引发的感知形态和认知能力的范围。因为认知上的缩小使工具具有科学性。观察设备似乎是用于拓展人类观察的感觉基础，即进入非常小或非常遥远的领域去。但是，在很多情况下，这种缩小把视觉感知置于其他感知信息上。例如，最近被量化的拉瓦锡化学，它尝试系统地排除嗅觉、味觉、触觉信息，而只倾向于看得见的数字测量。用社会学的术语来说，记录和测量设备的目的就是通过将其转化为标准的、可携式信息或数据（铭写），将观察去情境化。用心理学的术语来说，仪器的目的是为了还原和标准化认知过程的范围，这个过程是需要产生并解释视觉观察材料的过程。还原的过程越成功，就越可能将信息（或数据）的处理建立在已有的数学或其他解决问题的程序上，大多数这些程序能用来代表机器程序独立于情境的世界。

还原性的实践、技术，连同用于评估和证实它们的标准都是特属于一些特殊学科的，它们又将随着学科的发展而变化。[2]甚至，这种还原只是这个过程的第一步。海德伯格（本书第 7 章）把这描述为将人类各方面经验移交给工具，使工具成为代理感知者（proxy perceivers）和处理者。他的疑问是这些代理"感知者"仅是"物质性的替身"还是在认识论上优越于人类。要回答这个问题，就要先回答制造数据的机器是否像人作为"感知者"一样具有方方面面有意义的感觉。它们的输出，无论是数字的，还是其他的编码形式，必须得到扩展——也就是通过解码使之变得对人类有意义。[3]在方法和过程中也出现了重要的相应认知还原，通过这些方法和过程，操作机器的结果得以再次呈现并被再情境化（recontextualized），人类也因此能通过文字、符号和图像接受、理解它们，用它们进行推理。因此，我们可以把科学"抽象"的特定点看做是一个还原、计算和拓展的过程。由于这种次序将会产生许多重复，它是可循环过程。我认为，和大多数科学中的观察和测量方法一样，数字化也包含有还原（为了能被计算）和拓展。这实际上是将所计算的信息转译到有意义的情境中去。同时，这也为我们对智能技术和物质技术在科学中工作方式的结构化说明提供了一个方案。特别是，它还清楚定义了质的、以模拟为基础的工作。这样，就使量化和数字化得以实现，从而实现在实际中运用计算，随后将输出重新整合成与人类认知、表征和话语相似的世界。从这个方案看，运用数字技术前后的区别比我们想象的少。数字化过程就是扩展实验技术的作用，涉及认知范围的进一步缩小。

13.2　从技术科学到赛博科学

现在提出的模型还非常简单。我想要表明的是，如果将它适当地加强，就能暴露出我们的一种误解，这种误解使许多人相信以分类、数字和计算为基础的量化比以词和形象为基础的认知更适合科学研究。它试图用实现表征和推理的模拟–绘画模式和数量–数字模式（numerical-digital modes）对两者进行区分，同时试图论证科学的数学特征逐渐表明了数量–数字模式是描述自然更为基本的模式。19 世纪时，伽利略、牛顿和其他人的论证重现了人们对数学物理学与精确测量的联盟的定局抱有乐观主义的态度，现在的论证不过是伽利略、牛顿和其他人论证的技术性升级版本。这在当代生物观和未来观看来，在 20 世纪技性科学转变为赛博（Cyborg）科学的过程中，为实现理论化的数学特性提供了信心。我想要表明的是模拟–数字的区分不能把握使科学不同于其他人类活动的本质，以及尤其是使其与日常或外行人的感觉与关心的东西相异的本质。

可能有人会认为我的方法过于小心谨慎。相反，我们可以赞美技性科学，因为人类可以凭借这种活动不断改变自己。因此，科学将人类生控体系统（cyborgian）的本质概括为"生物和技术的混合物"。简而言之，这种观点从智力、工具制造、科学和文化的进化史进行解释，最终得出结论，认为文化是认知的外部化（externalized）系统。而信息技术则构成了文化的主要部分，其中，大脑的可塑性强，它的生物功能可开拓非生物知识资源。这就将知识的制造场所从大脑移转到既是大脑产物又是产生"涉身大脑"（embodied brains）的文化上去："和地球上的其他生物相比，我们人类实际上更像天生的赛博（人与机器的混合体），经过工厂的改良，装载好燃料，准备投入到认知和计算的结构体系中，这种结构体系的范围远远超过了皮肤和透骨的结构"（Clark，2001：23）。以此看来，物质性的、技术的环境在不断地改变我们的大脑，因此，也改变着人类的本质。在这个历险中所有都是一个进程：自然和人类的本质都不存在。

人们能接受这个观点的前提但不能接受这样一个事实：20世纪的科技转变效果是如此之彻底，或者说产生了必然的利益。[4]人类的本质不是固定不变的，然而是否就是说我们没有参照点来评估技术科学对人类的影响？我们在不求助于现代主义者的确定性、本性和本质的情况下，是否能找到一个参照点？根据赛博对生物学上有效的持续动力学展望、文化–制造（culture–producing）以及人类本性–转变（human nature–transforming）的技术活动，对人类决定性特征的坚持不过是我们对未来有限展望而产生的幻觉。但是，我认为我们对过去的看法还是中肯的。历史表明人类总是需要发展一种观点，而科学则逐渐成为为实现这种需求的思想的重要来源。因此，探索人类创造和发展的科学种类的认知根基是有价值的。

两种文化

想想这样一个事实，在科学的发展历史中，科学的传播途径大部分时间需要依靠撰写的文件。历史学家和哲学家认为实验性叙述是技术性的文学形式，这对于近代经验主义科学的发展有至关重要的作用（Shapin and Schaffer，1985；Bazerman，1988）。经验主义科学的主要策略就是将对对象、特征、事件和进程的描述编织成证据的论证。这种指称制造（reference–making）在世界范围内、在实验室或实地研究的撰写活动中都必须如此。科学家们创造知识往往是对知识进行重新定位（relocating），将知识从个人和地方性情境中转移到更大的领域中，在这个领域中公众可以对一些现象、证据或过程进行重复。知识由一系列被文学技术所描述的活动构成，而不仅由对这些活动的话语来构成。这些活动告诉我们知识得以定义和再定义所必需的人类认知组成和社会进程。

对进程的关注使我们有能力超越现代主义对艺术和科学的二元区分，认为它们在个性上完全不同，并从根本上相对立。现代主义者做出的这些区分是建立在科学和其他活动的主要本质差异上。早期的观点是用数字来定义自然，用数字过程来定义科学，这样，就区分了自然、科学与艺术、文化。它继而为数字优越于大脑过程的科学计算模型中的模拟奠定了基础。另外一个例子是沃尔佩特（Wolpert）大肆主张的论断，他认为日常的、外行人的或常识性感觉次于反直觉的科学事实。

历史学家反对实在论对科学及其产物的看法，他们指出科学不是产生于同种静态的文化；相反，差异在数学实验科学和具象性艺术都得到了发展的文艺复兴时期就出现了。于是，科学变成了事实的领域，艺术则成为表达和解释的领域（Jones and Galison，1998：1-4）。[5]他们认为这些活动都必须强调自身与其他活动的不同。但是，科学中不少表征性实践都受到了许多艺术技术的影响。因此，科学和艺术"两种文化"，即数字和经验"两种文化"，不能从根本表述人类认知能力各个方面的不同，正如感知的绘画模拟模式优越于数字模式。但是，它们可以指出运用某种认知能力的文化之间的差异。

大多数历史学家是建构主义者。大多数建构主义者认为经验和现象在实验性叙述中的给定（giveness），以及描述它们的语言的关旨性都可以理所当然地解释为人类能动性的产物——书写、理论化、操控（和设计操控）一些对象和行动者（Gooding，1990；Latour and Woolgar，1979）。实验性叙述的作者已被悄悄地涉入这些读者可以通过文字间接地了解的世界中。之所以涉入与其说是为了证明事实或者相关的一般真理，不如说是为了找出某个特定的世界，并想办法描述它。对现象世界特征进行选择，改造成表征，又通过实践，批评改进，最终成功地与他们设想的世界的那些方面连接起来并相吻合。这个过程也需要学习。从这点上看，其目的、过程与艺术家的目的、过程无太大差别。

最后，是关于实验哲学范围的观点。像拉图尔和柯林斯这样的社会学家认为认知和发展过程涉及个人意图，所以不应该包含在实验哲学范围之内（Latour，1983：145）。[6]拉图尔指出巴斯德把炭疽病菌从田地转移到实验室，再转移到田地经历了数次"转译"，他强调的正是数次的转移使巴斯德学会如何将田地和实验室两种不同的世界建立起对应关系。但是学习过程被忽略了。这种忽略反映了对一种解释的偏好，这种解释将其不知道如何处理的东西黑箱化了。一种成熟实验哲学有更大的范围，它应该指出实验活动的个人的与认知的维度，而不是把两者混为一谈。[7]

13.3 科学的抽象和进步

下面要讲的是另一种被广泛持有的，尤其是被科学家主张的关于科学进步的观点。自 17 世纪以来，人们认为可测量的量，如质量、尺寸、位置、温度相对人类个体感知到的属性（如重量或轻重、大小、地点、冷热）来讲，是接近本质更可靠的方法。所以，客观性开始变为依附于数字的描述而不是图像或者其他质的描述。因此，整个 17 世纪对自然的权威描述的场所发生了变化，由原来日常共有经验的领域转移到了观测技术、科学实验室的领域。

这种发展同时也被描述为抽象的过程，它由许多经验、描述和概念的特殊性创造而来，这些经验、描述和概念是通用的——自然法则与自然种类特征的指示。一个推论就是，一项特殊科学事业的成功尤其取决于在适当抽象的基础上去实现和研究。所谓的"适当"就是描述问题要毫不含糊地与首选数学、计算技术的应用相一致。这假定了表征（图像、符号、概念、理论）与它们（在实验世界里）想表现的形态之间的关系，即前者是后者的近似化。抽象和精确复制或拟象（simulacra）之间存在的隐含的区别，但是不明显。正如当今大量关于建模和模拟的著作所展示的那样，简单性（与对世界各种复杂性的更大抽象有关）和实在论（与组成模型的现象、关系的范围有关）之间总是存在着一种权衡关系（trade-off）。抽象带给我们简单、透明、清晰以及应用成熟分析方法的能力。实在论通常意味着经验的充分性，要能预测到成功。[8]

这个权衡关系可以用一个图形来说明，其中纵轴表示复杂性（在那里的现象世界被认为是复杂的），横轴表示抽象性和人造性（图 13.1）。图 13.1 想说明的并不是这其中有"最佳"的路径或轨迹，而是通过曲线表明科学的简化和实在论之间经常出现的紧张关系。抽象性轨迹呈现出持续后退和前进的趋势。有时候物理学家和数学家提出，作为感觉经验的科学进步因被转换为抽象的东西而消除了，而抽象化的东西能从形式上进行控制。伽利略认为有必要注意感觉经验的特点，与此相反，马克·普朗克通过放弃——甚至压抑感觉经验来描述这种线性的观点：

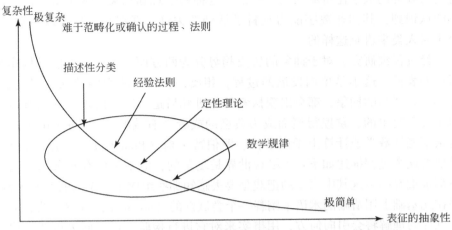

图 13.1　表征抽象性与其描述复杂、真实现象的能力间的张力

　　"整个物理学从始至今的发展都被打上了统一的标记，而统一是把系统从人的因素中解放出来，尤其是具体感觉印象而实现的。但是如果我们反思……这些印象是所有物理学研究的起点，那么人们肯定会对这种下意识取出基本假设的行为感到惊愕，甚至是荒谬"（转引自 Toulmin，1970：6）。早在 20 世纪，罗伯特·密立根（Millikan，1917：4）就主张毕达哥拉斯曾有的观点时说："任何对物理现象的科学处理……只有建立在准确的、量的测量上才有可能。"接着，他在引用威廉·汤姆森（William Thomson）主张用确切的数字来确定某类知识的本性（汤姆森谈道"如果你不能用数字来表达知识，那么说明你的知识贫乏而且不尽人意)时，论述道："所有自然哲学要解决的问题就是要消除质的概念，取而代之的是量的关系。"

　　当前科学的特点日益趋向于数学化，以数据为基础，这种特点是否能证明自然的本质在于其数学性的主张是真的吗？并不全能。我们应该注意到这类言论的循环性。它影响了我们看事物和对事物进行概念化的方式。它选择、强调了量（可通过对符号的操作来处理）和数字（以及现在的数码）技术。据称这样就减少了对人类的其他能力的依赖，例如解释（如对模式的解释）和构建（如果对结构的建构）的质的形式，那么，对抽象的质进行适当的量的测量就是不可避免的。从这一观点看来，似乎必然的是，随着时间的发展，表征的视觉和言语模式终将被数字模式取代。[9]人们又借此来论证科学实质上的数学特征从根本上反映了实在的数学本质。数字表征的基本状况可以用一个相似的例子来表示：18 世纪的新科学对世界进行了重构，认为世界是第一性质，而人类则是机器，那么，整个数字化科学呈现给我们的现实将只不过是可处理的数字比特流而已。所以，这种科学观和相关对人类认知的看法不能认识到，其实非数字能力是科学活动的关键。现在是这样，以后还是。至少对人类来讲是这样的。

经过仔细研究，对于抽象的历史趋势分为两方面。第一，抽象以量作为对质的表征。这不是单向发展的过程，相反，在任何科学领域的发展史上，为了达到适当的抽象，都会出现探索的前进和后退。所谓的适当抽象既不是由于过于简单的、拿捏得当而成为典型的或者'有效的'，也不是由于过于复杂不能从数学或计算上予以掌控。罗伯特·梅（Robert May）先生曾经简洁地将这个过程描述如下："尽管世界是复杂的，但不是所有复杂的东西始终都很重要……这其中真正的把戏是要去感知那些组成重要东西的所有因素，并在此基础上用清晰的术语来阐释一个尝试性的（tentative）理解。然后追寻尝试性的理解将会引向何方，用事实来对它进行检验，再折回去重新优化原来的假设。无论你是否尝试理解超导性，或者生物多样性的原因和结果，或者如何最好地将英国卓越的科学成就建立在工业力量的基础上，这个过程都贯穿始终。"[10]在图13.1中，我们也可以在坐标轴上标示出复杂性，它与根据分析方法的可解性（solvability）或者计算易处理性（computational tractability）是相对的。抽象是为已有技术的应用准备材料的过程的一部分，也是为了可解的形式（solvable form）而还原（reducing）一些未定型和难以解决的东西这个过程的一部分。

抽象趋势的第二方面就是，这种动力学有时候涉及对一个科学领域进行重塑，从而挖掘出更好的方法，例如一些计算模型或计算技巧。这常常会引起争论。就目前备受关注的方法而言，所引入的数学技巧为有机体研究指明了生物学的研究方法，同时它也将遗传学中所研究的基因还原为信息的携带者（Goodwin，1994）。伊恩·斯图尔特（Ian Stewart）主张科学需要反对这种量化的转变。他指出"目前数学一个最显著的特点就是从质上而不是量上强调一般性原则和抽象的结构"，同时他认为科学家应该发展另一种对量进行补充的方法。他认为，数字"仅仅是能帮助我们理解和描述自然的大量各种各样数学性质中的其中一种。假如我们要把自然所有的自主性都还原成严格的数字图式，那么我们将永远不会理解树的成长或沙丘是如何在沙漠中形成的"。（Stewart，1998：169；1999）斯图尔特提出一种新的形式数学科学，它能够用来解释"为什么有机和无机世界都共同拥有这么多相同的数学模式。"

从一个更为历史性的观点来看，我们应该引进第三条轴来表示标准中结构的变化，这个标准是我们用来评估表征的可接受性（非虚假性、真实性）

的标准。第三条轴随时间的变化而变化，它使我们能够对历史事实进行表征，诸如什么才是好的抽象以及变化之类的历史事实。例如，17 世纪从感觉经验而来的抽象——从具体、个别到一般性的表征（图形、符号、公式）的转变有一种特别的形式：科学方法的提倡者不相信个人的、以感觉为基础的经验，认为它们是不可靠的，而偏好各种数量。为了替代第二性质，如质量、位置、温度这样的第一性质在日常的、非专业人员的感觉中依然保留着一些感觉基础，即如重量、地点、方位这样的感觉。正如我们现在所提到的，对于相关的抽象概念以及它们对世界中事件和现象（experiences）的表征必须要有一种现象学或程序来解释。[11]

然而，也许有人会反驳道，即使视觉化成为对操作抽象过程的关键，情况也不再是这样。在一些物理的领域当中，甚至感知基础也变得毫不相关。阿瑟·米勒（Arthur Miller）认为，量子物理家不是由经验抽象而是由数学形式的抽象获得的物理学。这种观点意义重大，因为它不仅表明了抽象过程不止一种，而且表明用经验的某些方面来取代图像或语言表征不再是唯一重要的一种抽象。[12]再者，正如有争议的电子轨道的可观察性表明，与概念、视觉化、感觉、对象相联系的操作途径愈益弱化了。[13]

伽利略的数学还原是不可避免的吗？历史学家强调这既有社会政治原因也有智力因素。有必要将自然（而不是人类的技能）作为研究对象和知识的权威来源。一个重要的智力因素则是坚信自然本来就是数学的。[14]这些无论是智力上还是社会经济上的说明，都没有引起我们对于认知方面的原因的考虑。但这确是我们应该做的极其重要的事。

让我们重新考虑伽利略的划分。这种划分是新科学的基础，它通过选择经验的、相似的、质的方面作为表征可计量模式的基础。在这里所提到的"质的"指的是如米勒（1986：128）所说的日常或人类感觉模式能够接受的经验表征。那么，什么是"日常人类感觉模式"？一般来说它强调的主要是形式、样式、结构和数字。这些都是世界的特征，是经验、文化状况、进化了的神经生理学让我们在制造表征的工作中预先认出并偏好它们。

13.3.1　进化和认知能力

在进一步讨论之前，我们需要先指出两个错误概念：一是关于常识的认知地位，二是所谓的人类创造知识（knowledge-making）能力的进化谱系。如果用第一性质取代第二性质，那么"日常知觉模式"（ordinary modes of perception）对科学来说显然是不够的。如早先提到的，一位杰出的胚胎学家刘易斯·沃尔佩特（Lewis Wolpert）在强调日常感觉、外行人的感觉、常识与（高级的）科学感觉的区别时颂扬了科学非自然的方面（Wolpert，1992）。[15]沃尔佩特提供了一种进化的解释，即我们的大脑已经被选择来处理直接的经验和行为，而不是用遥远的、抽象的数学科学世界来解释这个所谓的事实："宇宙的运行方式与一般性常识不一样：两者是不一致的。"（Wolpert，1992：II）他举了一个一般性常识与宇宙科学知识之间矛盾的例子（表明了后者的优越性），他倾向我们所站在上面的地球（如太阳、月亮和星星一样运行）其稳定性的解释与科学知识认为的地球在太空中自转和公转之间的矛盾。另一个例子是关于经院派科学的，即通过把手放到热水或冷水中感受温度，得出对"温度"的感知是各异的。对科学来讲，我们日常的感觉是非常不可靠的。然而，具有讽刺意味的是，沃尔佩特所做出的这类进化解释同样可以用来支持相反的观点——科学与普通的人类能力是完全通约的。罗宾·邓巴（Robin Dunbar）认为科学的成功可以用一个事实来解释，即科学的方法"从根本上讲是日常幸存（everyday survival）的机制"，而高普尼克（Alison Gopnik）则说到："科学之所以是正确的，因为它使用被进化精确设计了的心理学装置去使事物变得正确。"（Dunbar，1995：96；Gopnik，1996：489）这句话是对马赫（Ernst Mach）诉诸以经验为基础的直觉来解释思想实验力量的回忆。马赫的解释暗示这样的意思：由于不同的思考者有程度不同的世界经验，所以他们就有不同的能力。任何诉诸感觉经验优点的解释都会得出这种暗示，无论感觉经验是在简短的认知过程中还是在自然选择的漫长过程中被同化。马赫相信好的经验会产生出好的思想实验，因为它们对环境有更详尽的了解或有更好的实验直觉。[16]

这些论证都没有意识到，一个涉身大脑的"环境"必须在其能够被思考之前就被表征出来，也没有意识到，作为这种表征基础的日常或常识理解不会比科学的范畴更加固定。正如前面所提出的，科学长期以来一直是一个重要的行动者（agent），它不断改变着我们认为是"自然的"或常识的东西。这证明了以下这种观点的幼稚——生理上的进化已经赋予人类一套寻求真理或"真理回归线"（truth-tropic）的认知能力，有人认为它奠定了科学的基础并因此解释了科学的成功。

我质疑这些进化论的解释，因为我们去解开人类能力和倾向（predisposition）的不同来源是很困难的，这些能力和倾向能让我们按照形状、样式以及意义来对经验进行排序。例如，很可能一种进化的倾向能够使大部分的人在火星某块岩层上看到一张脸["塞德尼亚的脸"（face of Cydonia）]。像邓巴和高普尼克这样的心理学家认为，寻找真理的战略是科学的基础，那么，这样的战略不仅要求有大量适应文化的，与情境关联的知识，还需要生物学上的"天赋"。以往的经验，即使没有决定，也会影响我们是否从格式塔图像中看到鸭子、兔子或羚羊，维特根斯坦和汉森（Hanson，1958）让我们熟悉了这一点。更具体而言，依赖于文化的（culture - dependent）经验将决定我们是否会将汉森所画的 X 射线管看成一个人造物体，更不用说是否可以正确地识别它了。

这些是否表明了进化带来的以及科学所挖掘的基本认知功能要比外行人的实践（lay practice）所做的更有效？如果答案是肯定的，科学的发展是否会改变这些认知功能？我们怎样才能知道？找到答案的其中一个办法即找出科学家们一直使用的表征的特点，尽管实验技术在范围、规模和复杂性上有相当多的优势。鉴于历史学家和社会学家强调科学中的变化，从认知的立场出发，我们有必要也考虑历史方法所确认的连续性。

13.3.2 被修改的抽象

以前曾经辉煌一时的"抽象"论旨断言，科学是从日常或常识性的表征过渡到抽象或者科学的表征。这太过简单地回答了科学是如何改变我们的经验和经验地位。其更为极端的方式（如密立根与普朗克所表达的那样）贬低了重要的认知连续性。对经验的抽象不要求一定要消除来自人类感知经验的特征（虽然使用另一种表征模式可能也会产生这种副作用）。比如：思想实验的有效性依赖于对各种情境和世界的构思，因为在这些构思中，许多事物是人们熟悉的，许多现象也可以通过普通的涉身感觉模式来感觉到。这点在今天其真实性一点不比伽利略时代的时候差。这类论证的现象学表明日常的感觉模式对于各种论证的清楚表达和交流来说都一直是至关重要的（Gooding，1992）。所以，在一些科学领域中，至少，是密立根和普朗克所言历史的替代过程以及对赛博的梦想既不是完善的也不是唯一的出路（one - way street）。实验证据的关键之处在于它们将抽象（通常是数字的）形式转化成能被解释或操作的对象和形状，从而呈现出自己。数据的视觉化可能展现出一些模式以及新的属性。例如，对称性可能会作为表征的新特征出现。在以下讨论的海底蔓延的现象中，这些新的特征对于视觉化数据的地球物理学解释以及随之而来的大陆漂移假说被得以接受是非常重要的（Le Grand，1990；Gooding，1990：306-312）。这些特征是远不可见的，甚至不会在数据中显现出来，除非我们应用恰当的视觉化方法。换句话说，一个特定领域中的发展需要双向的移动（转化），即"第一性"与"第二性"之间、抽象与经验之间或数量–数字与模拟–绘画之间。

将感觉 – 质的（sensory- qualitative）同化为数字科技的（digital-technological），这个过程从来就不是彻底的。[17]我们的下一个例子表明，人类的经验能力抵抗着符号处理技术对其的取代，而符号处理技术是我们用来支持 20 世纪物理数据密集型、能产生工业规模的实验。[18]相反地，非但不代替质的经验，数字资料的量和特征还要求新的方法来产生它。占有优势的是，量的科学不仅处理数字资料：视觉的与其他质的描述先于并指引着从现象到数据抽象过程中所涉及的还原，而且在通过视觉化解释大量数据时也需要它们来帮助扩展。例如，20 世纪 60 年代，Vine 和 Matthews 在推广用以解释海底板块扩张的新机制时，把大量的（记录着东北太平洋磁场强度的）数字资料转化成灰色比例尺的地图。这在当时就是数字资料的数字化产品，它表征了高于东北太平洋上万平方公里之上的玄武岩的，对于磁场强度的测量。然而，按我的数字化循环模式来讲，这是一种扩展（expansion）。一方面是对测量和计算的要求，另一方面是在解释中包含有十分不同的想法，两者之间的张力常常导致争论。一些地球物理学家反对这种扩展，认为这些图像使科学远离了"硬"的东西（the hard），即数字的资料。然而，当人们发现某些图像展现出新的特征时，尤其是，只有一种解释——海底扩张导致了对称性——看似可信的时候，某些图像变得"关键"起来。把数字转化成图像、地图和图表需要许多工夫，因为如果没有转化，那么我们对这种形式的数据进行思考或者用它们来思考就不会那么容易。像这样的图像使人们有可能（通过模拟形式）看到从数字资料中所看不出来的东西。[19]例如，某些特征反映胡安·德富卡海嵴两边磁场强度模式，那么就变得意义重大了。这些特征如前所述的那样"在自然中"（in nature）是不能被观察到的。他们提出物理机制就这样逐渐成为海底板块扩张的真正解释，并随后有被看成是改变科学进程的"关键"性观察编入教科书（和历史）中，被人们最终所接受。

13.4　模拟与数字

我要举的最后一个例子是高能物理学中数字表征模式与图像（模拟）表征模式之间长期以来的张力。伽里森（1997）叙述了在 20 世纪，两种被用于描述和解释有关亚原子微粒信息的不同方法是如何发展起来的。这些不同的方法奠定了基本粒子的存在和属性，并且在几十年内大体上保持相对独立。像在地球物理学中一样，高能物理学的不同传统各自都强调不同的特征：一方强调是事件细节的复杂性，另一方则强调可重复（但低分辨率）事件的数量。由于它们各自特点的不同，两种传统都彼此不相信对方数据的质量。模拟（mimetic）或图像（image）的传统出现在威尔逊（Charles Wilson）云室中，在实验室中用它来模拟大气过程。起初它遭到了批评者们的反对，他们认为真的云现象是不能在实验室的盒子得到重复的，并以此来反对"还原"。云室的出现导致了粒子室（particle chamber）实验技术的产生。这些探测器要求用新的技术来记录和展示基本粒子的轨迹，尤其发展到核乳剂与气泡室的时候这种要求变得极其强烈。用模拟的方法，只需要获取少量粒子事件的详细、高质量的视觉信息即可。与此形成对照的是，伽里森所说的逻辑的方法包含有对大量基本粒子的探测、鉴定、分类以及计算等活动。但对这些事件的描述并不充分：对大量低分辨率的数据的分析只是为了得到某些特定的特征。倘若所需的部分能够被探测到，那么事件就能被计算，否则不然。这种方法隐含着数字的味道，同时也可以被以机器为基础的处理过程所接受。20 世纪 50 和 60 年代，做出区别（making discrimination）的过程被机械化、自动化。阿尔瓦尔兹（Alvarez）和其他人首先招募大量的女性新兵，对她们解释事件的轨迹，并利用她们将这些轨迹转化成大量的数字资料。随后，在对人类能力（图像识别能力）自动化看似典型的过程中，他发展了能代替大量人类计算员的计算设备。最后，自动计算器产生了所有事件数量的统计信息。这都是建立在电子设备的基础上实现的，这些电子设计依据逻辑回路运行，其中的设计是能够识别出各种情况的，即在什么情况下一个事件能够被认为并且被算做是一种特殊粒子衰变的例子——而并非一个假象。因此，数字处理器成为实验系统不可或缺的一部分。

数字化是建立在识别能力的基础上，并保持那些指示对象或对象属性的标记它们的同一性（identity）。阿尔瓦尔兹机械化的过程是对每个粒子指示（particle-indicating）事件的"同一性"进行确定和保持的过程。[20] 因此，在逻辑传统中，必须对每一个步骤都进行还原，它们需要被用来如柱状图一样展示大型复杂机器内部粒子间相互作用的效应。扫描、测量、对轨迹的重构、对轨迹的运动学分析以及实验分析都将被进行数码化，这样就可以由一个复杂但统一的实验系统来执行。[21]

这两种不同实验传统之间的张力最终通过对它们的方法进行大规模的数码化而消解，因此它们表征的模式就能够被结合起来（Galison，1997）。有两个原因使它们看起来很有意思。第一，每个传统都利用了人类认知的不同方面——一方利用的是视觉的、寻求样式的或模拟的能力，另一方则利用的是对分类、计数以及计算的数字操作。这表明，对于人类认知来说那些基本的能力对于科学思想的真正媒介依然会产生重要的影响——无论观察技术的手段是如何高超。第二，与 20 世纪 60 年代的地球物理学一样，高能物理学中数字/数码的传统以及以图像为基础的传统会聚在了一起。60 年代，时间投影室（TPC）以及脉冲计数和计算机分析的使用，能够将从大量事件中收集来的数据转化生成三维的视觉图像。这种技术是一种扩展，它将信息这种可计算处理的形式转换到表征的领域中去，这样对于人类的理解和推理来说是"可以接受的"。这种扩展使得人类可以用更为熟悉以及在认知上更易于处理的各种表征来进行工作。在这种情况中，扩展包括将高质量的图像与大量的数据结合在一起。微观物理学实践的这第二个特征说明了我们对人类认知的已有认识：当许多不同的模态（modalities）被结合在一起的时候是最有效的。

这种技术使感觉–模拟（sensory–analogue）和数量–数字（numerical–digital）表征自然的模式能够结合在一起，这在以前是被高技术（high-technology）物理学所一直严格区分开的。在 20 世纪 50 ~ 60 年代，物理学发展到哪里，其廉价计算能力的有效性就使许多其他的学科跟随到哪里。[22] 正如我们已经看到的，用于视觉化计数的技术和方法被迅速地应用在许多其他领域中对数字资料的分析。这些方法产生出许多图像和绘图——这些是科学家们实际上用来工作的表征。

13. 4. 1　情境中模拟–数字的区分

技术使得模拟–数字的区分变得无处不在。2000 年 1 月美国在线（America Online）对时代华纳（Time Warner）的收购被描述成是用于存取和分配的数码技术对大量模拟内容源的收购。[23] 这种区分是否把握了什么重要的东西，其重要性与伽利略对第一（可量化的）和第二（定性的）性质的区分是否一样？20 世纪图像和逻辑传统的出现反映了人类经验的两种模式（感觉经验与计数）以及思维的两种基本模式（视觉化与分类/符号操作），同时它们的结合意味着它们之间是互补的，而且都是必需的。这符合人类文明历史的一个解释，即它表明，对于口头语言和书面语言、制造图像和解释图像以及计数来说，人类具有基本的或天生固有的能力。但是，在一定程度上，计数的存在产生了一个关于基础性的现代主义问题：计数是人类的一种基本资质吗？或者它是一种由文化赋予的衍生能力？毕竟，计数取决于以系统方式进行区别的能力；这反过来需要用一种方法来将这些区别表征为差异并对这些符号性表征进行操作（例如把字母变成文字，文字变成句子，等等）。这些都需要去发展和传播在计数与测量背后的各种区别（Johnson- Laird,

1988；Barrow，1992：102）。其他一些人则突出了一个事实，即比起执行数字运算来说，人类能够更好地用各种模式来解释经验以及使用各种文本和图像。这表明，大脑从基本上来说是一个模拟的装置，而不是一个数字的装置（Gregory，1981）。[24]模拟–数码的区分并不是不成问题的，对此我将回过头来说明。

我们假定视觉感觉和语言表达是认知和表达的前科学（prescientific）或"默认"（default）模式。[25]我们可以把这个假定用以下方式来表达：人类是自然的模拟装置，能够不需要求助于分类和计数来解释经验。由于我们技术的高超，我们正生活在一个日益数字（数字化）的环境中。科学，尤其是物理学和数学科学，一直是这种变化的主要源泉。在一个如此数字化的环境当中，问这样的问题是有意义的：我们会一直都是模拟的或数字的吗？这个问题不能通过历史学的方法来回答，如通过观察表征的不同模式或者符号表征的不同使用来看它们是怎样出现、持续或者消失的去回答注问题。尽管如此，观察科学是如何在变化中保留不变的东西对我们来说是有意义的。对科学各领域发展的研究为我们展示了描述和论证过程的质与量模式的辨证方式，正如在图 13.1、图 13.2 所说明的那样。来自地球物理学与粒子物理学的案例表明，将定性的经验转化为定量的或数字的表征，这种还原尽管有时候会受到挑战，但是它表明数量–数字模式并没有认知优先性或者认识论上的优越性。如伽里森（Galison，1999：394）所已经评论的那样，"视觉与反视觉（anti-visual）推理的地位在过去 150 年以来，一直都在不断变化。没有哪一边'获胜'了，无论是在数学或物理学的理论范围内或者在实验或模拟的领域中。"

然而对用过一种类型的表征来重新描述所有认知过程的渴望依然存在。传统人工智能的强有力假设，被认为是一个实验性的研究计划，这种假设认为人类思维的所有重要以及有趣的方面对于符号操作来说都是可以重复的。按照其强观点，物理符号系统的假设预设了我们模拟的能力是转瞬即逝的，并且我们一直都是符号的操作者（但不一定是数字的处理者）。"强"人工智能的提倡者提出，我们可以在人造装置中重复所有人类能力，通过这种尝试，这种类型的假设就可以得到检验。但是，要适当地检验这个假设，我们所必须做的远不止是对离散外观（semblance of discrete）、情境—具体（context-specific）的能力如模式识别、归纳或溯因推理等等进行重复。我们还需要重复人类其他一些能力，如那些认知的和社会的能力，这些能力聚集在一起才造就了科学的出现。

按照未来一些赛博技术性科学的历史学家的观点来讲，模拟的–数码的区分可能被证明其作用与伽利略、牛顿时代的科学对第一性质、第二性质的区分一样，也都具有相同的认识论地位。但是从现代科学的语境来讲，这种区分并没有与其他区分看起来一样有深度，我们可以在更宽泛的范畴之间做其他一些区分，如言语–文本的、视觉–图形的以及符号的。数字系统只是符号系统中的一种类型，而数字的或二进制的标记是这种系统更进一步的子集。当应用于表征而非计算机，这种模拟的—数码的区分就显得不是太好。[26]数码的东西在工程学或者数学上可以很好定义，但是要把握一个模拟表征的本质却是十分困难，除非参照其他例子或定义，这些例子和定义要求助相同的概念，而这些相同概念又要诉诸相似性的标准，[27]模拟表征被认为与其所指示的事物具有一些在形式或结构上的相似性。这种相似性取决于在两种不同经验之间的类比（analogy）。例如，在一个时间的标记系统中，用来表示一段时间流逝的模拟符号构成了钟面和线条的一部分（尽管钟面不会产生任何标记，并且与时针分离，它并没有利用符号的系统）。[28]这里的"模拟"或潜在的相似性是指对象（计数棒）的个性化、空间的感知以及对时间流逝的经验。这些都是非常基础的、经验性的——是人类意识的东西而无需借助科学仪器来实现。[29]

与此相反，数字表征与其所表征的东西并没有什么"相似性"。与其说第5章类似或模拟五个对象，倒不如说这一符号数码编码相似或模拟五个对象。这里，模拟或内部的相似性包括所有的东西：这些符号（及其指示的东西）同一性的保留取决于一个规则系统和程序系统。当在机器中执行时，通过成功的操作，这些规则和程序保持了我们所需要的相似度。正如以下例子说明的那样，较高相似性的实现需要一些技术来完成，这些技术的出现与主要的科学发展（时钟与其他测量装置、以机器为基础的可重复性、机械化计算、可编程的计算机、因特网）有着密切的联系。

伽利略和牛顿都已经表明，那些我们在地球上看到的明显无规则的运动能够通过与天上有序、一致的运动一样的形式来描述。正如钟表制作者意识到，如果我们在地球上不能发现在天空中看到的相同精确度，那么我们可以设计它们。精确性与可重复性不一定在自然中被我们所发现；它们可以是被人造的。于是变化性可以通过一致性（uniformities）来定义，这些一致性由秒、厘米以及度数测量出来。由于单位变得更小，所以一致性的程度就能够更加精确定义。甚至当我们需要更大的一致性时，我们可以寻求一些技术来产生或测量甚至更小的单位。19世纪30~40年代，查尔斯·巴贝奇（Charles Babbage）对计算进行机械化尝试的失败说明了对更高精确度的要求。巴贝奇观察到，通过人为的方法和装置来对航海家使用的对数进行计算存在着太多的变化性。巴贝奇的方案落空了，不是因为他的设计有缺点，而是因为他不能制造出足够精确设计的零部件（Swade 2000）。工程师们会说，公差太大了。关键是，零部件不可能制造得"准确地"一模一样。[30]20 世纪的原子科学进一步说明：铯钟表明了地球钟和"太阳钟"是不一致的。这要求在 1998 年末按照太阳年的长度做一个"小小的"调整。

13. 4. 2　技术与思想的本质

如果说认知的数量–数字模式是首位的，而科学是这种基本认知能力的实现，那么我们可以期望科学通过各种与非科学经验相异的方式去表征世界。尤其是，我们可以期望数码化将只是包括还原和计算而已，没有我所已经确定的那种类别的扩展。我们现在可以重申异化的问题，这种异化源于科学知识与日常人类经验所谓相反的特点。让我们说，我们是模拟的装置。数字的和符号的表征是复杂的抽象，这甚至对于一些受过教育的人也是如此；而数码表征对我们大多数人来说似乎是陌生的。科学家怎样和为什么去创造一个不断数码化的世界？

要回答这个问题，让我们先回到时间例子中。我们经验时间是持续的——在模拟模式中，除非我们集中精力去测量，如听着时钟的滴答声。尽管如此，在科学中，时间被视为在数学上是持续的变量并且是能够通过离散数量测量出来的东西。它一直以来都被量化，并且在最近的时候被数码化。牛顿完成了伽利略所预见的数学描述的普遍性，按照这种普遍性，宇宙中所有事物都遵循着一套数学表达式。这些表达式描述着世界，但这完全要视其是否已经被还原——像机器一样按照相同的术语来重新描述。那种重新描述要通过发现各种方法来实现，这些方法让我们得到更加可以重复的、可靠的以及准确的实验。由于当前有效的机械技术，在牛顿式的实验中，世界可以重复自身，并且有一样的精确度。但是这种实验被设计用来制造一些量的东西（如位置、经过的时间以及温度），而不是经验。至于对自然进行抽象，并量化自然，使之具有不断减小尺寸的单位来说，实验技术对于这个过程是非常重要的。

当巴贝奇将机械有序的可重复性应用于数学计算的时候，图灵（Turing）发现，我们能够大可不用算术就能够掌握这点。他主张，原则上能够同符号和符号操作的规则进行表征的任何过程是可计算的。于是，对于那些能够通过精确指定、可重复程序来实现的东西，图灵扩大了它们的整个概念，并把这延伸到人类思考过程中。牛顿以前洞察到地球上的运动与天空上的运动都遵循相同的法则，而图灵的这种洞察与牛顿的洞察具有相同的变革作用。人类思想和机器过程对我们来说显得十分不同。图灵说明了这些都是可以用相同的方式来对待的。统一性的洞察例如牛顿的和图灵的，它们都取决于解决实际问题的传统、实验和数学技巧以及它们相关的语言实践（Crosby，1997）。

第二次世界大战期间和之后以及最近几十年来，随着廉价计算机的大量涌现，功能强大的计算程序在物理上的实现已经变革了科学（Keller, this vol., chap. 10）。将质的东西完全转化为量的东西是伽利略所期待的，密立根所提倡的，也是普朗克所推崇的，然而这至今还没有出现。要说明为什么没有出现，我们需要一个很好的说明来解释，在对科学结果的表征和传播中如何从经验性模式转变到符号的和技术性的模式。正如在这里概括的，这样一个说明将表明，尽管科学仪器其所具有延伸感官的能力似乎颠覆了人类偏好的感觉形态，并用数字的、可编码的信息来取代，但是这种还原性的活动既非整个过程也不是这个过程的终结。以感觉为基础的经验将被编织转化为科学结果的一部分，从而有利于我们的思考、论证和传播。

13.5 作为还原、计算和扩展的数字化

人类与其机器相比，在逻辑和数学运算方面，能够还原为算术的这类任务，而不是在感觉样式和结构方面——人类的能力远不能与机器的相媲美。科学的方法和技术的设计，是为了克服我们作为推理者的能力不足以及作为观察者的不可靠性。这个结论对关于实验所制造出来的知识的哲学理论有何重要意义吗？我们日益依赖仪器来获得物理世界的主要的、抽象的特征，这标志着一种重要的改变。尽管这种改变很清楚地替代了我们感觉和认知的日常人类模式，但它却没有消除它们。以下我们可以用图表的方式来对此进行说明。世界的各个方面被我们有所选择地重新描述，以便使它们服从于我们按照某些规则进行的操作，这些规则目前在很多情况下是在机器中执行的。其结果就是，某些人类的认知模式和技能变得不再相关。它们或多或少地被取代了，被非常有限的机器认知模式所取代。统计学计算的一段应用历史为我们很好地说明了这点。

在 20 世纪 50 年代，保罗·密尔（Paul Meehl）和其他人将统计学的方法应用于鉴定某种精神病失常的问题，如精神分裂症以及预测哪些缓刑犯最有可能再犯（Meehl, 1954）。密尔将统计回归的方法运用于各种各样的临床判断。之后的项目如"内科医师"（internist）同样也使用了聚类分析方法

（clustering method）、模式匹配（pattern matching）、决策与生产规则（decision and production rule）等。这些方法与依靠人类经验的效果是一样的，有时效果甚至更好。但这些对正式的、专家判断的模拟对于临床医生和认知科学家们（他们通常拒绝统计学方法作为推论模式的基础）来说是很尴尬的。尽管如此，很多人推测，诊断机器的优越性在于它们的速度、处理大量数据的能力以及它们的准确性。它再次表明，以机器为基础的科学能够改进人类的功能。

13.5.1　缩小认知范围

一位临床医生马斯登·布卢瓦（Marsden Blois），他反对这种推测，认为这是一个误解。布卢瓦注意到诊断过程的一个非常与众不同的方面——技能、能力以及完成一个诊断所需知识的范围。他把这些能力的总体称为"认知范围"（cognitive span）。认知范围最广的时候，我们的认知能力必须时时刻刻去面对这个经验的世界。其范围最小的时候，我们只需要一些高度专业化的、熟练的以及情境—具体的能力。诊断的一个典型过程会是从最广的"广度"或范围开始，即当一个病人第一次走进诊室的时候：一段初步的交谈、肢体语言的解读、说说病史、做一个物理检查等。这每一步环节都包含许多认知的以及社会方面的技能——在看病面谈中如何选择下一个问题、寻找特殊症状所依据的标准、检查应该进行的次序、对检查结果的解释、另外做诊断的选择等。把这些整合到一起构成了人类进行"临床判断"的能力，这些判断是关于确定症状其可能病因的判断（Blois，1980：192）。在此过程的后期，实验室检验的结果或 X 射线将这些较多数量的可能诊断还原为一系列最可能的情况，然后这一系列干预活动为此可能被具体化。

布卢瓦的主要观点是："开始的时候，内科医生的理解范围必须要扩展到病人每天生活世界的全部。"当临床医生即将要传达诊断的要点时，管辖的范围就会变得更小。布卢瓦把这个过程视觉化为一个漏斗的形状（图13.2）。

图 13.3 中横轴代表时间，轴则指示"认知范围"，即技能和情境—敏感的范围和数量的知识。因此，这个漏斗的缩小展现了在这个范围内、在所需实际知识以及所做判断等等中的真实还原。在这幅图中，缩小既意味着更少认知的、社会的以及其他类型的能力，也意味着更多所做推论的明确性以及所执行任务的明确性。尽管如此，从左到右随着时间的推进表明，在 B 点中专业化的、通常形式化的推论直接取决于在 A 点中所需的日常人类判断的更

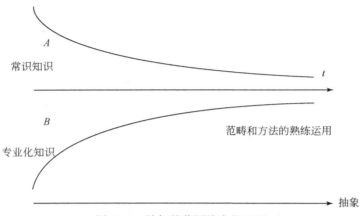

图 13.2　认知的范围缩小的还原

大的基础——抽象、形式化或数码化的区域。这形象地展现了还原（reduction）过程的认知效果。[31]"范围"最狭窄点上诊断计算的有效性由这样一个事实决定：A 点的"这些项目在小的、具有很好结构的任务范围内运作，它们最初由人类判决者来组织（形式化）"。在专家系统的设计中，知识的引出是还原的一种形式。

对实验的模拟是对一个实验进行复制的能力，这假定了它的方法已经被充分地详述来表达出一套由规则支配的程序（如在 B 点中）。但如果没有广泛的认知能力，这将是不可能的。我们需要把这些能力（在 A 点中）运用到实验的说明性、学习性阶段，而这个阶段通常先于我们用来产生和传播实验证据所需的实验发现以及对熟练实践活动的发展。将仪器引进到科学的活动中包括对这些仪器进行数量鉴定、操作化活动，其具体方法是测量它们、整合程序、刻度和校正的标准、做记录以及使仪器自动运行。在 A 点，这个漏斗最宽的范围，用相同的术语（从现象学）来说，科学家们与其他人类一样，都面对着这个混沌的世界。在最广的范围和最窄的范围之间存在巨大的距离和大量的工作，在其中科学仪器产生了量化的世界，它使得测量和计算成为可能。

13.5.2　扩展

这里还存在一个张力，但模型表明这并不矛盾。观察仪器如望远镜和显微镜通过不同等级的大小扩展了我们所能"看到"的范围。[32]然而，大多数仪器并没有通过这种方式保留图像的"模拟"性质（Galison，1997）。在漏斗较窄地方产生的信息符号已经被剥去了任何感觉或其他的意义。与其他人如德雷福斯（Dreyfus）以及柯林斯（Collins）一直认为的那样，布卢瓦主张诊断系统的大部分有效性取决于人类的解释和信息处理，它们的产生是为了去应用模式（或这些模式）以便统计学的或其他的项目能够运行。但是布卢瓦的分析并非很完善。将世界的某些方面还原为能够按照一些规则来进行处理的形式以后，计算的输出结果需要被重新导入有意义的人类行动世界中。要想在理论上有效，信息必须被重新整合成为有意义的和相关的证据，然后进入一个概念、假定和假说的系统中。这包括把输出结果转换成为一个常见的标记性系统，并且在一些情况中，还要恢复更多理解的基本感觉模式，例如在数据可视化或思想实验的现象学中。我把这称为"扩展"（expansion）。正因为使用仪器的可能性取决于还原活动，所以仪器输出结果的解释及其使用需要扩展。这种设想当它被应用于实验时，可以用图 13.3 来表示。区域 C 中扩展所需的各种技巧（或者它们的机器程序）很明显与那些还原所需的技巧十分不同。这里关键的地方是，当我们通过人类认知能力越来越能够对世界进行解释和有序化的时候，我们就越来越需要许多的技巧或程序。

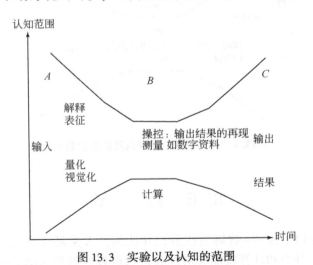

图 13.3　实验以及认知的范围

　　科学中的量化是还原的一种形式。量化包括引入一些程序以及探测、计数、校正和测量的一些技术。这些程序和技术有两件事要做：它们突出了我们个人无法观察到的特征与过程（如温度或者亚原子粒子的碰撞），它们引入一致性和清晰的意义来对自然进行描述。我们最终到达了数码化的时代。数码化就是要对世界的各种特征进行表征，包括这些特征之间的关系，并且要以一种确定和固定意义的方式来表征。[33] 数字系统一直以来都在做这个事情，但是有一些系统则比其他更有助于计算。[34]

数字化包括了（对能进行的计算）还原以及将所计算的信息扩展或转换为有意义的语境（图13.4）。在科学中智力的、物质的技术起作用的方式的设想，改进图13.1中被我们视觉化的过程，因为它很容易地表现了这个过程无限循环的特点。量化活动取决于那些产生并调节一致性的技术，这要由抽象（从质的东西到量的东西）来完成。抽象过程包括还原——包括认知的范围缩小也包括本体的范围缩小，从一个丰富的、复杂的世界到另一个世界转移，这个世界仅包含那些能够被视为一致的、同一的以及稳定的对象和量——它们受制于可重复的程序。这些程序不必是算术的；例如，它们可能是对一些对象其形状或图像进行操作的非形式、直观性的规则。[35]

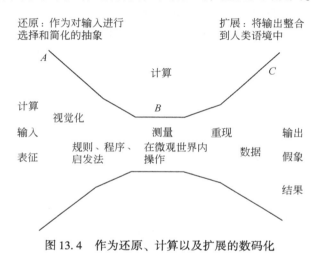

图13.4　作为还原、计算以及扩展的数码化

13.6　结　　论

我已经探讨了模拟–数码的区分，并认为，人类是天然的模拟装置，人类无需求助于分类和计算就能够对经验进行解释。量化活动是对人类计算能力的一个延伸过程，它通过创造一些我们能够对其进行分类、操作和数据分析的概念、范畴以及程序来完成这种延伸。数码化是此过程的延伸。这本来就是实践性的和技术性的，它取决于机器以及像数字和严密性这样的一些抽象概念。我已经把数字化刻画为一个还原的过程，它将信息转化为一种计算上易于处理的形式并将对输出的扩展转化为认知上恰当的形式。[36]我已在数码化和实验的过程之间做了一个类比，它包括：①通过数字描述和准确可重

复的（数码的）程序来取代人类（模拟的）解释以及易错的（error-prone）程序；②从使用自然的、基本的力量的世界（例如，通过粒子和泡泡室科学的发展，作为在实验室实验中再创造自然的手段）来相对直接的相互作用转变到另一个世界，在其中"自然的"现象完全被一种十分特殊的表征来取代。实验与将一个领域还原为计算上可处理的形式之间的类比在图 13.3 和图 13.4 中可以看出。它表明，在不同的境况中并且对不同的观察者来说要实现测量的一致性，需要同样类型的过程，这个过程产生了人造实验系统明显的、数码化的专门知识。经验科学、实验科学的历史可以描述为一个还原的过程，这个过程常常导致量化的活动，反过来也常常导致数码化的活动。尽管如此，我已经提出，这种历史的发展并不支持开尔文（Kelvin）、密立根以及卢瑟福（Rutherford）的观点，即"定性只不过是贫乏的定量"；似乎的确存在一些理解的模式，它们在本质上是模拟的，而不是数字的。这些在实践中是内在固有的，甚至是在技术上最成熟的实验中。

假如人类是模拟的装置，并且人类继续从事着科学活动，那么我们可以期望，数码化进程的赛博展望将需要量化活动。科学是算术的观点认为世界在本质上是可以被数码化的，我们的推理要以规则为基础。我们无需按照这种观点来寻找这类的认知能力，相反，我们应该研究能够让来自不同文化的实际工作者交流意义和方法的那些认知能力。

注　释

我想对 Maarten Franssen 表示感谢，他在 2000 年 6 月阿姆斯特丹"走向一个更为成熟的科学实验哲学"会议上对本章内容做了十分有益的评论；感谢编辑和一位匿名审稿人的指导；感谢对呈给英国学会（Britain Society）并为 2000 年 1 月伦敦伯贝克学院（Birkbeck College）数学史会议提交版本所做的评论；以及感谢 2001 年 6 月剑桥大学科学史与科学哲学学术讨论会。

[1] 参见 Feyerabend（1975）。他以伽利略为例；将这个概念应用到法拉第对电磁现象的创新性描述当中，参见 Gooding（1981）。

[2] 例子见 20 世纪科学，包括生物学、物理学中现象学的对比法（Knorr-Cetina，1996）和高能物理学中视觉数据其地位的改变（Galison，1998）。

[3] 历史上总有过这样的案例。在大的实验系统中，倘若"结果"都是由其他机器来处理，那么这种解码就没有必要了。

[4] 关于技术性科学参见 Latour（1987）和 Keller（本书第 10 章）。

[5] 技术也塑造了绘画中极具个性的视角；参见 David Hockney 对佛兰芒（Flemish）艺术中运用镜子的最新研究（Hockney，2001）。

[6] 拉图尔在他的文章中主张到："如果科学社会学相信一种科学的结果，也就是所谓的社会学，它可以用来解释其他科学，那么它从一开始就是残缺的"（Latour，1983，

144）；到了 1987 年，对心理学的排斥已经上升到方法论教训的地位（Latour，1987，228，258）。这是因为认知因素不能像社会行为一样被观察（Latour，1990，21–22）。

[7] Galison 对默会知识的话题提出了挑战，这个话题指的就是社会学家过去常常支持认为科学是一系列不同、不可通约的文化的观点。他认为各种规则和判断的不可清楚言说性可以运用到一些实践中去，这些实践并非不适合于一个领域的公共话语，他也因此反问："为什么不?"（Galison，1997）。正如他所指出的（Galison，1999：393），在一种情境中看似是对技巧的省略表达，但却可以很好地在其他情境中说出。

[8] 我们注意到，这要通过同时也是抽象的实验来实现，为了能够在一定程度上实现控制，他们在抽象中消除了大多数世界的复杂性。

[9] Frederick Suppe 在对科学数据革命的研究中写道："那些算做科学数据的数据是被数码化的数据。"（未出版的打印稿，1993，第三讲，I）

[10] Robert May，英国政府首席科学顾问（转引自 Kelly，1995：6）。

[11] 对于现代生物学和物理学的对比现象学，参见 Knorr-Cetina（1996）。

[12] Miller（1986，1991）认为，在 1900 年到 1950 年期间，表征的抽象依据的并不是感觉经验（作为直观的视觉化），而是数学形式主义（数学形式的可视觉化能力，直观性）。

[13] 这个争论一定程度上可以转化为关于什么样的轨迹可以被视觉化的争议。

[14] 伽利略断言："哲学被写在宇宙这本伟大的书本上，它永远一直会为我们敞开大门……除非我们首先去理解这本书所用的语言并去阅读它的每一个字母，否则我们就不能去理解它。"这种语言就是"数学的语言，它的特点就是三角形、圆形以及其他几何特征，没有它们，人类就不可能去看懂这本书的一个单词"（转引自 Drake，1957：237–238）。

[15] 对于人类探索真理以及探索科学的能力的一致性，一种相反的进化生物学解释可参见 Gopnik 和 Meltzoff（1997）。

[16] 参见"论思想实验"（Mach，1976：134–147）以及 Sorensen（1992）中的探讨。

[17] 传统人工智能的失败表明了完全的同化是不可能的。参见 Dreyfus（1992），Collins（1992），Radder（1999）。

[18] 这些问题在 Demey（1992）和 Smith（1998）中有所探讨。

[19] 然而，请注意，按照标示法，黑色和白色的地图是一种还原的、二进制的表征。这种数据用灰色图像来表现会包含更多的信息，但是却不能展现出这些规则性。相似的，如果用灰色图像来表现塞多尼亚脸，那么其面部特征将会消失。

[20] 这种观点的追随者会评论到："任何东西只能发生一次"——换句话说，要确定一个事件是不是典型的、普遍的，并因而具有统计学上的重大意义，许多例子必须被观察用于和其他例子进行比较（Galison，1997，434）。

[21] 在这种情况中，还原使我们消除了对可变的并因而是不可靠的人类判断的需要。尽管如此，也不是什么时候观察性技术都以这种方式消除判断。参见 Jones 和 Galison（1998）。

[22] 至于用手动、台式机的操作方式被虚拟或模拟世界的经验所取代，以及实验数据被

蒙特卡洛数据模拟所取代（Keller, this vol., chap. 10），这似乎更有可能使得我们关于"世界是怎样的"的概念改变。这发生在16、17世纪思想实验出现时，当时人们坚信，精神的法则证明实在归根结底是数学性的。

[23] BBC电台4频道"货币节目，"广播，2000年1月15日。根据艺术史中一个常见的区分，艺术作品可以划分为表征性（representational）的或非表征性的事物。但因为数码的事物是标记性（notational）的而不是表征性的，所以这使得它确实是后现代的事物。

[24] 有关思维过程中精神性意象地位的争论，参见Block（1981）以及Miller（1991）。

[25] 称它们为自然的模式将暗示，计数技巧、测量技术以及数码信息文化的出现已经在一定程度上使我们变得不自然。正如前面所评论到的，我们可以承认人类的赛博特点是人类活动的结果，而不用去接受这种对未来特定观点是否有其必然性或有用性。

[26] 在20世纪40年代的时候计算机器被称为"模拟机（analogy machines）"，但是"模拟（analogue）"这个词成为普遍的说法是由于数字显示在用户产品中的应用，例如钟和表。然后就产生了一种需求来区分这些产品与传统钟表的不同，因为传统的钟表是依靠手的运动来来显示时间行走。我认为，这种用法首先由Seiko在20世纪80年代提出来。

[27] 关于对此区分的一个系统性分析，参见Goodman（1968：157–164）。

[28] 许多设备结合了模拟的和数码的表征模式（例如，一块模拟手表用数字来指示小时，而用刻度比例来表示分钟）。一些用于计算的常见方法既不是模拟的也不是数码的。

[29] 正如Lakoff和Johnson（1980）所已经证明的那样，隐喻通常具有一个非言语的、经验性的基础，它们无需转化到标记性系统中就很有意义。对此也有一个相反的观点，参见Pylyshyn（1981）。

[30] 这并不是一个逆喻。同一性的"准确性"一直以来被不断地重新定义。除非"同一性"的概念能够通过具有更好区分能力的物质性技术来实现，并呈现出规则性；否则，它一点用都没有。这些能力正在改变。当随机性这个基本的概念被用于进化论解释时，我们可以得出一个有关随机性的类似观点。随机性是可以定义的，当且仅当它相对于我们迄今为止设计出来的最好的数码样式识别系统而言。

[31] 尽管这个过程可以用图表来表现（例如，通过一颗决策树的修剪），但这不会清楚地表明对于情境化知识或背景知识的还原性要求。

[32] 有关经验性观察之外视觉范围的扩展，参见Lowe和Schaffer（2000）。

[33] 这是我们为了实现两样东西所设计的方法：为了保留符号操作系统中各种标记的不变性以及为了使这些标记的值清楚无疑义。

[34] 二进制系统对于计算的优越性在一定程度上是一个计算效率的问题，参见Wiener（1965：II6ff）。

[35] 关于这方面来自地质学和物理学的例子参见Gooding（1998），来自古生物学的例子参见Gould（1989：chap. 3）。我猜想数学形式主义的视觉化，即Miller所说的"可

视觉化能力"（visualizability）是扩展的另一种形式。

[36] 当要问科学与其他人类活动的区别到底在哪里的时候，这个数码化过程是大多数非科学家们所想的区别。

参 考 文 献

Ackermann, R. (1985) *Data, Instruments and Theory*. Princeton: Princeton University Press.

Ankeny, R. A. (1999) "Model Organisms as Case-Based Reasoning: Worms in Contemporary Biomedical Research." Paper for Princeton Workshop on Model Systems, Cases and Exemplary Narratives, October 1999.

———. (2000) "Fashioning Descriptive Models in Biology: Of Worms and Wiring Diagrams." *Philosophy of Science* 67 (supplement to no. 3): S260–S272.

———. (2001) "Model Organisms as Cases: Understanding the 'Lingua Franca' at the Heart of the Human Genome Project." *Philosophy of Science* 68 (supplement to no. 3): S251–S261.

Aristotle (1970) "Physica." In *The Works of Aristotle*, edited by D. Ross. Vol. 2. Oxford: Clarendon Press.

Babbage, C. (1864) *Passages from the Life of a Philosopher*. London: Longmans and Green.

Bacon, F. (1859 [1620]) *Novum Organum*. Translated by A. Johnson. London: Bell & Daldy Fleet Street.

———. (1960 [1620]) *The New Organon*. Edited with an introduction by F. H. Anderson. Englewood Cliffs, N.J.: Prentice Hall.

———. (2000 [1620]) *The New Organon*. Edited by L. Jardine and M. Silverthorne. Cambridge: Cambridge University Press.

Baigrie, B. (ed.) (1996) *Picturing Knowledge: Historical and Philosophical Problems Concerning the Use of Art in Science*. Toronto: University of Toronto Press.

Baird, D. (1987) "Factor Analysis, Instruments, and the Logic of Discovery." *British Journal for the Philosophy of Science* 38:319–337.

———. (1988) "Five Theses on Instrumental Realism." In *PSA 1988*, edited by A. Fine and J. Leplin, 1:165–173. East Lansing: Philosophy of Science Association.

———. (1989) "Instruments on the Cusp of Science and Technology: The Indicator Diagram." *Knowledge and Society: Studies in the Sociology of Science, Past and Present* 8:107–122.

———. (1995) "Meaning in a Material Medium." In *PSA 1994*, edited by D. Hull, M. Forbes, and R. Burian, 2:441–451. East Lansing: Philosophy of Science Association.

———. (2000a) "Encapsulating Knowledge: The Direct Reading Spectrometer." *Foundations of Chemistry* 2:5–46.

———. (2000b) "The Thing-y-ness of Things: Materiality and Spectrochemical Instrumentation, 1937–1955." In *The Empirical Turn in the Philosophy of Technology*, edited by P. Kroes and A. Meijers, 99–117. Amsterdam: JAI/Elsevier.

———. (Forthcoming) *Thing Knowledge: A Philosophy of Scientific Instruments*. Berkeley: University of California Press.

Baird, D., and T. Faust (1990) "Scientific Instruments, Scientific Progress and the Cyclotron." *British Journal for the Philosophy of Science* 41:147–176.

Baird, D., and A. Nordmann (1994) "Facts-Well-Put." *British Journal for the Philosophy of Science* 45:37–77.

Barrow, J. (1992) *Pi in the Sky. Counting, Thinking and Being.* Oxford: Oxford University Press.

Bazerman, C. (1988) *Shaping Written Knowledge: The Genre and Activity of the Experimental Article in Science.* Madison: University of Wisconsin Press.

Beaulieu, A. (2000) "The Space Inside the Skull: Digital Representations, Brain Mapping and Cognitive Neuroscience in the Decade of the Brain." Ph.D. diss., University of Amsterdam.

———. (2001) "Voxels in the Brain." *Social Studies of Science* 31:635–680.

Bechtel, W., and R. Richardson (1993) *Discovering Complexity: Decomposition and Localization as Strategies in Scientific Research.* Princeton: Princeton University Press.

Beck, J. D., B. L. Canfield, S. M. Haddock, T. J. H. Chen, M. Kothari, and T. M. Keaveny (1997) "Three-Dimensional Imaging of Trabecular Bone Using the Computer Numerically Controlled Milling Technique." *Bone* 21:281–287.

Bhaskar, R. (1978) *A Realist Theory of Science.* Hassocks, U.K.: Harvester Press.

Biagioli, M. (ed.) (1998) *The Science Studies Reader.* New York: Routledge.

Bigelow, J., and R. Pargetter (1987) "Functions." *Journal of Philosophy* 84:181–196.

Birdsall, C. K. (1966) "Computer Experiments with Charged Particles, Charged Fluids and Plasmas: A Classification and Bibliography." Institute for Plasma Physics, Japan, no. 5, December (NTIS PB174351).

Block, N. (ed.) (1981) *Imagery.* Cambridge, Mass.: MIT Press.

Blois, M. (1980) "Clinical Judgement and Computers." *New England Journal of Medicine* 303: 192–197.

Bogen, J., and J. Woodward (1988) "Saving the Phenomena." *Philosophical Review* 97:303–352.

———. (1992) "Observations, Theories and the Evolution of the Human Spirit." *Philosophy of Science* 59:590–611.

Böhme, G., W. van den Daele, and W. Krohn (1983) "The Scientification of Technology." In *Finalization in Science,* edited by W. Schäfer, 173–205. Dordrecht, The Netherlands: Reidel.

Bohr, N. (1958) *Atomic Physics and Human Knowledge.* New York: Wiley.

———. (1963) *Essays 1958–1962 on Atomic Physics and Human Knowledge.* New York: Wiley.

Boumans, M. (1999) "Representation and Stability in Testing and Measuring Rational Expectations." *Journal of Economic Methodology* 6:381–401.

Boumans, M., and M. S. Morgan (2001) "*Ceteris Paribus* Conditions: Materiality and the Application of Economic Theories." *Journal of Economic Methodology* 8:11–26.

Brandon, R. (1985) "Grene on Mechanism and Reductionism: More Than Just a Side Issue." In *PSA 1984,* edited by P. Asquith and P. Kitcher, 2:345–353. East Lansing: Philosophy of Science Association.

Brock, W. A., and C. Hommes (1997) "Models of Complexity in Economics and Finance." In *System Dynamics in Economic and Financial Models,* edited by C. Heij, J. M. Schumacher, B. Hanson, and C. Praagman, 3–44. New York: Wiley.

Brown, H. R., and R. Harré (1988) *Philosophical Foundations of Quantum Field Theory.* Oxford: Oxford University Press.

Brown, J. R. (1991) *The Laboratory of the Mind.* New York: Routledge.

Bucciarelli, L. L. (1994) *Designing Engineers.* Cambridge, Mass.: MIT Press.

Buchwald, J. Z. (1993) "Design for Experimenting." In *World Changes: Thomas Kuhn and the Nature of Science,* edited by P. Horwich, 169–206. Cambridge, Mass.: MIT Press.

———. (1994) *The Creation of Scientific Effects.* Chicago: University of Chicago Press.

———. (1998) "Issues for the History of Experimentation." In Heidelberger and Steinle (1998), 374–391.

——— (ed.) (1995) *Scientific Practice. Theories and Stories of Doing Physics.* Chicago: University of Chicago Press.

Buneman, O., and D. A. Dunn (1965) *Computer Experiments in Plasma Physics,* Report No. SU-0254-2 (NASA January 1965).

Bunge, M. (1966) "Technology as Applied Science." *Technology and Culture* 7:329–347.

Burian, R. (1996) "Underappreciated Pathways Toward Molecular Genetics as Illustrated by Jean Brachet's Cytochemical Embryology." In *The Philosophy and History of Molecular Biology: New Perspectives,* edited by S. Sarkar, 671–685. Dordrecht, The Netherlands: Kluwer.

Cantor, G. (1989) "The Rhetoric of Experiment." In Gooding, Pinch, and Schaffer (1989), 159–180.

Cardwell, D. S. L. (1971) *From Watt to Clausius: The Rise of Thermodynamics in the Early Industrial Age.* London: Heinemann.

Carrier, M. (1998) "New Experimentalism and the Changing Significance of Experiments: On the Shortcomings of an Equipment-Centered Guide to History." In Heidelberger and Steinle (1998), 175–191.

Cartwright, N. (1983) *How the Laws of Physics Lie.* Oxford: Clarendon Press.

———. (1989) *Nature's Capacities and Their Measurement.* Oxford: Clarendon Press.

———. (1992) "Aristotelian Natures and the Modern Experimental Method." In *Inference, Explanation, and Other Frustrations,* edited by J. Earman, 44–71. Berkeley: University of California Press.

———. (1999) *The Dappled World: A Study of the Boundaries of Science.* Cambridge: Cambridge University Press.

———. (2000) "Laboratory Mice, Laboratory Electrons, and Fictional Laboratories." Paper for Princeton Workshop on Model Systems, Cases and Exemplary Narratives, January 2000.

Cartwright, N., and M. Jones (1991) "How to Hunt Quantum Causes." *Erkenntnis* 35: 205–231.

Chang, H. (2001) "Spirit, Air and Quicksilver: The Search for the 'Real' Scale of Temperature." *Historical Studies in the Physical and Biological Sciences* 31:249–284.

Clark, A. (2001) "Natural Born Cyborgs?" In *Cognitive Technology: Instruments of Mind,* edited by M. Beynon, C. L. Nehaniv, and K. Dautenhahn, 17–23. Berlin: Springer.

Coates, J. (1997) "Vibrational Spectroscopy: Instrumentation for Infrared and Raman Spectroscopy." In *Analytical Instrumentation Handbook,* 2d ed., edited by G. W. Ewing, 393–556. New York: Marcel Dekker.

253

Cohen, M., and D. Baird (1999) "Why Trade?" *Perspectives on Science* 7: 231–254.

Coleman, J., and T. Hoffer (1987) *Private and Public High Schools: The Impact of Communities*. New York: Basic Books.

Collins, H. M. (1985) *Changing Order: Replication and Induction in Scientific Practice*. London: Sage.

———. (1992) *Artificial Experts*. Cambridge, Mass.: MIT Press.

Collins, H., and M. Kusch (1998) *The Shape of Actions*. Cambridge, Mass.: MIT Press.

Considine, D. M. (ed.) (1983) *Van Nostrand's Scientific Encyclopedia*. New York: Van Nostrand Reinhold.

Cook, T., and D. Campbell (1979) *Quasi-Experimentation: Design and Analysis Issues for Field Settings*. Boston: Houghton Mifflin Co.

Coquillette, D. R. (1992) *Francis Bacon*. Stanford, Calif.: Stanford University Press.

Craig, E. (ed.) (1998) *Routledge Encyclopedia of Philosophy*. London: Routledge.

Crick, F. (1988) *What Mad Pursuit: A Personal View of Scientific Discovery*. New York: Basic Books.

Crosby, A. W. (1997) *The Measure of Reality*. Cambridge: Cambridge University Press.

Cummins, R. (1975) "Functional Analysis." *Journal of Philosophy* 72:741–765.

Dahan Dalmedico, A. (2000) "Between Models as Structures and Models as Fictions: Computer Modeling Practices in Post–World War II." Paper for Princeton Workshop on Model Systems, Cases and Exemplary Narratives, February 2000.

Darrigol, O. (1999) "Baconian Bees in the Electromagnetic Fields: Experimenter-Theorists in Nineteenth-Century Electrodynamics." *Studies in History and Philosophy of Modern Physics* 30:307–345.

Davenport, W. R. (1929) *Biography of Thomas Davenport: The "Brandon Blacksmith." Inventor of the Electric Motor*. Montpellier: Vermont Historical Society.

Dehue, T. (1997) "Deception, Efficiency, and Random Groups: Psychology and the Gradual Origination of the Random Group Design." *Isis* 88:653–673.

DeMey, M. (1992) *The Cognitive Paradigm*. 2d ed. Chicago: University of Chicago Press.

Dingler, H. (1928) *Das Experiment: Sein Wesen und seine Geschichte*. München: Verlag Ernst Reinhardt.

Dipert, R. R. (1993) *Artifacts, Art Works and Agency*. Philadelphia: Temple University Press.

Dowling, D. (1999) "Experimenting on Theories." *Science in Context* 12:261–273.

Drake, S. (trans.) (1957) *Discoveries and Opinions of Galileo*. New York: Doubleday.

Dreyfus, H. L. (1992) *What Computers Still Can't Do*. Cambridge, Mass.: MIT Press.

Duhem, P. (1974 [1906]) *The Aim and Structure of Physical Theory*. New York: Atheneum.

Dunbar, R. (1995) *The Trouble with Science*. London: Faber.

Earle, J. H. (1994) *Engineering Design Graphics*. Reading, Mass.: Addison-Wesley.

Faraday, M. (1821a) "Historical Sketch of Electro-Magnetism." *Annals of Philosophy* 18:195–200, 274–290.

———. (1821b) "On Some New Electromagnetical Motions, and on the Theory of Magnetism." *Quarterly Journal of Science* 12:74–96.

———. (1822a) "Description of an Electro-Magnetical Apparatus for the Exhibition of Rotatory Motion." *Quarterly Journal of Science* 12:283–285.

———. (1822b) "Electro-Magnetic Rotations Apparatus." *Quarterly Journal of Science* 12:186.

———. (1822c) "Historical Sketch of Electro-Magnetism." *Annals of Philosophy* 19:107–121.

———. (1971) *The Selected Correspondence of Michael Faraday.* Vol. 1, *1812–1848.* Edited by L. P. Williams. Cambridge: Cambridge University Press.

Farmer, D., T. Toffoli, and S. Wolfram (1984) *Cellular Automata: Proceedings of an Interdisciplinary Workshop, Los Alamos, March 7–11, 1983.* Amsterdam: North-Holland Physics Publishers.

Feenberg, A. (1995) *Alternative Modernity.* Berkeley: University of California Press.

Fehér, M. (1993) "The Natural and the Artificial: An Attempt at Conceptual Clarification." *Periodica Polytechnica: Humanities and Social Sciences* (Budapest) 1 (1):67–76.

Ferguson, E. (1992) *Engineering and the Mind's Eye.* Cambridge, Mass.: MIT Press.

Fernández, E. (1993) "From Peirce to Bohr: Theorematic Reasoning and Idealization in Physics." In *Charles S. Peirce and the Philosophy of Science,* edited by E. C. Moore, 233–245. Tuscaloosa: University of Alabama Press.

Feyerabend, P. K. (1975) *Against Method.* London: New Left Books.

Feynman, R. (1967) *The Character of Physical Law.* Cambridge, Mass.: MIT Press.

Franklin, A. (1986) *The Neglect of Experiment.* Cambridge: Cambridge University Press.

———. (1989) "The Epistemology of Experiment." In Gooding, Pinch, and Schaffer (1989), 437–460.

———. (1990) *Experiment, Right or Wrong.* Cambridge: Cambridge University Press.

Freedman, D. (1997) "From Association to Causation via Regression." In *Causality in Crisis? Statistical Methods and the Search for Causal Knowledge in the Social Sciences,* edited by V. McKim and S. Turner, 113–161. Notre Dame: University of Notre Dame Press.

Galileo, G. (1974 [1632]) *Dialogue Concerning the Two Chief World Systems.* Translated by S. Drake. Berkeley: University of California Press.

Galison, P. (1987) *How Experiments End.* Chicago: University of Chicago Press.

———. (1996) "Computer Simulations and the Trading Zone." In *The Disunity of Science: Boundaries, Contexts, and Power,* edited by P. Galison and D. J. Stump, 118–157. Stanford: Stanford University Press.

———. (1997) *Image and Logic: A Material Culture of Microphysics.* Chicago: University of Chicago Press.

———. (1998) "Judgement against Objectivity." In Jones and Galison (1998), 327–358.

———. (1999) "Author's Response." *Metascience* 8:393–404.

Galison, P., and A. Assmus (1989) "Artificial Clouds, Real Particles." In Gooding, Pinch, and Schaffer (1989), 225–274.

Gardner, M. (1970) "Mathematical Games: The Fantastic Combinations of John Conway's New Solitaire Game 'Life.'" *Scientific American* 223 (October):220–223.

Garman, R. L. (1942) "AI-10 Trainer Simulation at I. F. Level." Report 105-1. MIT Radiation Laboratory, August 15.

Gasking, D. (1955) "Causation and Recipes." *Mind* 64:479–487.

Gee, B. (1991) "Electromagnetic Engines: Pre-technology and Development Immediately Following Faraday's Discovery of Electromagnetic Rotations." *History of Technology* 13:41–72.

Gibson, J. J. (1986) *The Ecological Approach to Visual Perception*. Hillsdale, N.J.: Lawrence Erlbaum Associates.

Giere, R. (1988) *Explaining Science: A Cognitive Approach*. Chicago: University of Chicago Press.

Glymour, C., R. Scheines, P. Spirtes, and K. Kelly (1987) *Discovering Causal Structure*. Orlando: Academic Press.

Golinski, J. (1998) *Making Natural Knowledge: Constructivism and the History of Science*. Cambridge: Cambridge University Press.

Gooding, D. (1982) "Empiricism in Practice: Teleology, Economy and Observation in Faraday's Physics." *Isis* 73:46–67.

———. (1990) *Experiment and the Making of Meaning*. Dordrecht, The Netherlands: Kluwer.

———. (1992) "Putting Agency Back into Experiment." In Pickering (1992), 65–112.

———. (1998) "Picturing Experimental Practice." In Heidelberger and Steinle (1998), 298–322.

Gooding, D., T. Pinch, and S. Schaffer (eds.) (1989) *The Uses of Experiment*. Cambridge: Cambridge University Press.

Goodman, N. (1955) *Fact, Fiction, and Forecast*. Cambridge, Mass.: Harvard University Press.

———. (1968) *Languages of Art: An Approach to a Theory of Symbols*. Indianapolis: Bobbs-Merrill.

Goodwin, B. (1994) *How the Leopard Changed Its Spots: The Evolution of Complexity*. London: Phoenix.

Gopnik, A. (1996) "The Scientist as Child." *Philosophy of Science* 63:485–514.

Gopnik, A., and A. Meltzoff (1997) *Words, Thoughts and Theories*. Cambridge, Mass.: MIT Press.

Gould, S. J. (1989) *Wonderful Life: The Burgess Shale and the Nature of History*. Harmondsworth, U.K.: Penguin.

Grand, S. (2002) *Creation: Life and How to Make It*. London: Weidenfeld and Nicolson.

Gregory, R. L. (1981) *Mind in Science*. Harmondsworth, U.K.: Penguin.

Guala, F. (1999a) "Economics and the Laboratory." Ph.D. diss., University of London.

———. (1999b) "The Problem of External Validity (or 'Parallelism') in Experimental Economics." *Social Science Information* 38:555–573.

———. (2002) "Models, Simulations, and Experiments." In *Model-Based Reasoning: Science, Technology, Values,* edited by L. Magnani and N. J. Nersessian, 59–74. New York: Kluwer/Plenum.

Guetzkow, H., P. Kotler, and R. L. Schultz (1972) *Simulation in Social and Administrative Science*. Englewood Cliffs, N.J.: Prentice-Hall.

H. (1822) "Letter to the Editor: Account of a Steam-Engine Indicator." *Quarterly Journal of Science, Literature and the Arts* 13:91–95.

Habermas, J. (1970) *Toward a Rational Society*. Boston: Beacon Press.

————. (1978) *Knowledge and Human Interests*. 2d ed. London: Heinemann.

Hacker, P. M. S. (1986) *Insight and Illusion: Themes in the Philosophy of Wittgenstein*. Rev. ed. Oxford: Clarendon Press.

Hacking, I. (1983a) *Representing and Intervening*. Cambridge: Cambridge University Press.

————. (1983b) "Was There a Probabilistic Revolution 1800–1930?" In *Probability since 1800: Interdisciplinary Studies of Scientific Development,* edited by M. Heidelberger, L. Krüger, and R. Rheinwald, 43–68. Bielefeld, Germany: B. Kleine Verlag.

————. (1984) "Experimentation and Scientific Realism." In *Scientific Realism,* edited by J. Leplin, 154–172. Berkeley: University of California Press.

————. (1989a) "Philosophers of Experiment." In *PSA 1988,* edited by A. Fine and J. Leplin, 2:147–156. East Lansing: Philosophy of Science Association.

————. (1989b) "Extragalactic Reality: The Case of Gravitational Lensing." *Philosophy of Science* 56:555–581.

————. (1992) "The Self-Vindication of the Laboratory Sciences." In Pickering (1992), 29–64.

Hackmann, W. D. (1989) "Scientific Instruments: Models of Brass and Aids to Discovery." In Gooding, Pinch, and Schaffer (1989), 31–65.

Hakfoort, C. (1986) *Optica in de eeuw van Euler*. Amsterdam: Rodopi.

————. (1995) *Optics in the Age of Euler, 1700–1795*. Cambridge: Cambridge University Press.

Hanson, N. R. (1958) *Patterns of Discovery*. Cambridge: Cambridge University Press.

Harré, R. (1970) *Principles of Scientific Thinking*. Chicago: University of Chicago Press.

————. (1986) *Varieties of Realism*. Oxford: Blackwell.

————. (1988) "Parsing the Amplitudes." In Brown and Harré (1988), 59–71.

————. (1998) "Recovering the Experiment." *Philosophy* 73:353–377.

Hartmann, D., and R. Lange (2000) "Epistemology Culturalized." *Journal for General Philosophy of Science* 31:75–107.

Hartmann, S. (1996) "The World as a Process." In Hegselmann, Mueller, and Troitzsch (1996), 77–100.

Hausman, D., and J. Woodward (1999) "Independence, Invariance and the Causal Markov Condition." *British Journal for the Philosophy of Science* 50:521–583.

Heelan, P. A. (1983) *Space-Perception and the Philosophy of Science*. Berkeley: University of California Press.

Hegselmann, R., U. Mueller, and K. G. Troitzsch (1996) *Modelling and Simulation in the Social Sciences from the Philosophy of Science Point of View*. Dordrecht, The Netherlands: Kluwer.

Heidelberger, M. (1979) "Über eine Methode der Bestimmung theoretischer Terme." In *Aspekte der physikalischen Begriffsbildung,* edited by W. Balzer and A. Kamlah, 37–48. Brunswick, Germany: Vieweg.

————. (1980) "Towards a Logical Reconstruction of Scientific Change: The Case of Ohm as an Example." *Studies in History and Philosophy of Science* 11:103–121.

————. (1983) "Zur logischen Rekonstruktion wissenschaftlichen Wandels am Beispiel der 'Ohm'schen Revolution.'" In *Zur Logik empirischer Theorien,* edited by W. Balzer and M. Heidelberger, 281–303. Berlin: Walter de Gruyter.

———. (1998) "Die Erweiterung der Wirklichkeit im Experiment." In Heidelberger and Steinle (1998), 71–92.

Heidelberger, M., and F. Steinle (eds.) (1998) *Experimental Essays—Versuche zum Experiment.* Baden-Baden: Nomos Verlagsgesellschaft.

Hentschel, K. (1998) "Feinstruktur und Dynamik von Experimentalsystemen." In Heidelberger and Steinle (1998), 325–354.

Hillis, W. D. (1984) "The Connection Machine: A Computer Architecture Based on Cellular Automata." *Physica* 10D:213–218.

Hills, R. L. (1989) *Power from Steam: A History of the Stationary Steam Engine.* Cambridge: Cambridge University Press.

Hintikka, J. (1988) "What Is the Logic of Experimental Inquiry?" *Synthese* 74:173–190.

Hockney, D. (2001) *Secret Knowledge: Rediscovering the Lost Techniques of the Old Masters.* London: Thames and Hudson.

Hon, G. (1989a) "Franck and Hertz versus Townsend: A Study of Two Types of Experimental Error." *Historical Studies in the Physical and Biological Sciences* 20:79–106.

———. (1989b) "Towards a Typology of Experimental Errors: An Epistemological View." *Studies in History and Philosophy of Science* 20:469–504.

———. (1995) "Going Wrong: To Make a Mistake, to Fall into an Error." *Review of Metaphysics* 49:3–20.

———. (1998a) "'If This Be Error': Probing Experiment with Error." In Heidelberger and Steinle (1998), 227–248.

———. (1998b) "Exploiting Errors." *Studies in History and Philosophy of Science* 29:465–479.

Hooke, R. (1961 [1665]) *Micrographia or Some Physiological Descriptions of Minute Bodies Made by Magnifying Glasses with Observations and Inquiries Thereupon.* New York: Dover Publications.

Hoover, K. (1988) *The New Classical Macroeconomics.* Oxford: Blackwell.

Horton, R. (2001) "Thalidomide Comes Back." *New York Review of Books* 48 (May 17): 12–15.

Hughes, R. I. G. (1997) "Models and Representation." *Philosophy of Science* 64 (supplement to no. 4): S325-S336.

———. (1999) "The Ising Model, Computer Simulation, and Universal Physics." In Morgan and Morrison (1999), 97–145.

Hughes, T. P. (1979) "The Electrification of America: The System Builders." *Technology and Culture* 20:124–161.

———. (1983) *Networks of Power: Electrification in Western Society, 1880–1930.* Baltimore: Johns Hopkins University Press.

———. (1998) *Rescuing Prometheus.* New York: Pantheon Books.

Humphreys, C. J. (1999) "Electrons Seen in Orbit." *Nature* 401:21–22.

Humphreys, P. (1991) "Computer Simulations." In *PSA 1990,* edited by A. Fine, M. Forbes and L. Wessels, 2:497–506. East Lansing: Philosophy of Science Association.

Ihde, D. (1990) *Technology and the Lifeworld.* Bloomington: Indiana University Press.

———. (1991) *Instrumental Realism: The Interface between Philosophy of Science and Philosophy of Technology.* Bloomington: Indiana University Press.

James, W. (1897) *The Will to Believe and Other Essays in Popular Philosophy*. New York: Longmans.

Janich, P. (1978) "Physics—Natural Science or Technology?" In *The Dynamics of Science and Technology,* edited by W. Krohn, E. T. Layton, and P. Weingart, 3–27. Dordrecht, The Netherlands: Reidel.

———. (1985) *Protophysics of Time*. Dordrecht, The Netherlands: Reidel.

———. (1996a) *Konstruktivismus und Naturerkenntnis*. Frankfurt /M.: Suhrkamp Verlag.

———. (1996b) "Kulturalistische Erkenntnistheorie statt Informationismus." In *Methodischer Kulturalismus,* edited by D. Hartmann and P. Janich, 115–156. Frankfurt/M.: Suhrkamp Verlag.

———. (1997) *Das Maß der Dinge*. Frankfurt/M.: Suhrkamp Verlag.

———. (1998) "Was macht experimentelle Resultate empiriehaltig? Die methodisch-kulturalistische Theorie des Experiments." In Heidelberger and Steinle (1998), 93–112.

Jardine, L. (1974) *Francis Bacon: Discovery and the Art of Discourse*. Cambridge: Cambridge University Press.

Joerges, B., and T. Shinn (eds.) (2001) *Instrumentation between Science, State and Industry*. Dordrecht, The Netherlands: Kluwer.

Johnson-Laird, P. (1988) *The Computer and the Mind*. London: Fontana.

Jones, C. A., and P. Galison (eds.) (1998) *Picturing Science, Producing Art*. London: Routledge.

Judson, H. F. (1979) *The Eighth Day of Creation*. New York: Simon and Schuster.

Kant, I. (1992) "Lectures on Logic." In *The Cambridge Edition of the Works of Immanuel Kant,* translated and edited by J. M. Young. Cambridge: Cambridge University Press.

Keaveny, T. M., E. F. Wachtel, X. E. Guo, and W. C. Hayes (1994) "Mechanical Behavior of Damaged Trabecular Bone." *Journal of Biomechanics* 27:1309–1318.

Keller, A. (1984) "Has Science Created Technology?" *Minerva* 22:160–182.

Keller, E. F. (2000) "Making Sense of Life: Explanation in Developmental Biology." In *Biology and Epistemology,* edited by R. Creath and J. Maienschein, 244–260. Cambridge: Cambridge University Press.

———. (2002) *Making Sense of Life: Explaining Biological Development with Models, Metaphors, and Machines*. Cambridge, Mass.: Harvard University Press.

Kelly, M. (1995) "Whitehall's Superconductor." *Times Higher Education Supplement,* September 29, 6.

King, W. J. (1963) "The Development of Electrical Technology in the Nineteenth Century." *Contributions from the Museum of History and Technology,* 29–30, 231–407. Washington D.C.: Smithsonian Institution.

Kirkwood, J. G. (1935) "Statistical Mechanics of Fluid Mixtures." *Journal of Chemistry and Physics* 3:300.

Knorr-Cetina, K. (1981) *The Manufacture of Knowledge*. Oxford: Pergamon Press.

———. (1996) "The Care of the Self and Blind Variation: The Disunity of Two Leading Sciences." In *The Disunity of Science,* edited by P. Galison and D. J. Stump, 287–309. Stanford: Stanford University Press.

Kohler, R. (1994) *Lords of the Fly*. Chicago: University of Chicago Press.

Kosso, P. (1989) *Observability and Observation in Physical Science.* Dordrecht, The Netherlands: Kluwer.

Kroes, P. A. (1991) "Teleologie, Wiskunde en Natuurkunde." In *Rationaliteit kan ook redelijk zijn; bijdragen over het probleem van de teleologie,* edited by G. Debrock, 125–128. Assen: Van Gorcum.

———. (1994) "Science, Technology and Experiments: The Natural versus the Artificial." In *PSA 1994,* edited by D. Hull, M. Forbes, and R.M. Burian, 2:431–440. East Lansing: Philosophy of Science Association.

———. (1996) "Technical and Contextual Constraints in Design: An Essay on Determinants of Technological Change." In *The Role of Design in the Shaping of Technology,* edited by J. Perrin and D. Vinck. *COST A4* 5:43–76.

———. (1998) "Technological Explanations: The Relation between Structure and Function of Technological Objects." *Techné: Journal of the Society for Philosophy and Technology* 3. Available at http://scholar.lib.vt.edu/ejournals/SPT/v3n3.

———. (2001) "Technical Functions as Dispositions: A Critical Assessment." *Techné: Journal of the Society for Philosophy and Technology* 5:1–16. Available at http://scholar.lib.vt.edu/ejournals/SPT/v5n3.

Kroes, P. A., and A. W. M. Meijers (2000) "Introduction: A Discipline in Search of Its Identity." In *The Empirical Turn in the Philosophy of Technology,* edited by P. A Kroes and A. W. M. Meijers, xvii–xxxv. Amsterdam: JAI/Elsevier.

Kuhn, T. S. (1970) *The Structure of Scientific Revolutions.* 2d ed. Chicago: University of Chicago Press.

Lakatos, I. (1970) "Falsification and the Methodology of Scientific Research Programmes." In *Criticism and the Growth of Knowledge,* edited by I. Lakatos and A. Musgrave, 91–197. Cambridge: Cambridge University Press.

Lakoff, G., and M. Johnson (1980) *Metaphors We Live By.* Chicago: University of Chicago Press.

Lange, R. (1996) "Vom Können zum Erkennen—Die Rolle des Experimentierens in den Wissenschaften." In *Methodischer Kulturalismus,* edited by D. Hartmann and P. Janich, 157–196. Frankfurt/M.: Suhrkamp Verlag.

———. (1999) *Experimentalwissenschaft Biologie.* Würzburg, Germany: Königshausen & Neumann.

Langton, C. G. (1984) "Self-Reproduction in Cellular Automata." *Physica* 10D:135–144.

———. (1986) "Studying Artificial Life with Cellular Automata." *Physica* 22D:120–149.

———. (ed.) (1989) *Santa Fe Studies in the Sciences of Complexity.* Vol. 6, *Artificial Life.* Reading, Mass.: Addison-Wesley.

Latour, B. (1983) "Give Me a Laboratory and I Will Raise the World." In *Science Observed,* edited by K. D. Knorr-Cetina and M. Mulkay, 141–170. London: Sage.

———. (1987) *Science in Action.* Milton Keynes, U.K.: Open University Press.

———. (1990) "Drawing Things Together." In *Representation in Scientific Practice,* edited by M. Lynch and S. Woolgar, 19–68. Cambridge, Mass.: MIT Press.

———. (1999) *Pandora's Hope: Essays on the Reality of Science Studies.* Cambridge, Mass.: Harvard University Press.

Latour, B., and S. Woolgar (1979) *Laboratory Life: The Social Construction of Scientific Facts*. Beverly Hills: Sage.

Layton, E. (1991) "A Historical Definition of Engineering." In *Critical Perspectives on Nonacademic Science and Engineering*. Vol. 4. Research in Philosophy and Technology Series, edited by P. Durbin, 60–79. Bethlehem, Pa.: Lehigh University Press.

Lee, K. (1999) *The Natural and the Artefactual: The Implications of Deep Science and Deep Technology for Environmental Philosophy*. Lanham, Md.: Lexington Books.

Le Grand, H. E. (1990) "Is a Picture Worth a Thousand Experiments?" In *Experimental Inquiries,* edited by H. E. Le Grand, 241–270. Dordrecht, The Netherlands: Kluwer.

Lelas, S. (1993) "Science as Technology." *British Journal for the Philosophy of Science* 44:423–442.

———. (2000) *Science and Modernity. Toward an Integral Theory of Science*. Dordrecht, The Netherlands: Kluwer.

Leplin, J. (ed.) (1984) *Scientific Realism*. Berkeley: University of California Press.

Lowe, A., and S. Schaffer (2000) *Noise: Universal Language, Pattern Recognition, Data Synaesthetics*. Cambridge, U.K.: Kettle's Yard.

Lüer, G. (1998) "Aus der Innenperspektive des Experimentierens: Etablierung und Wandlungen des psychologischen Experiments." In Heidelberger and Steinle (1998), 192–208.

Maas, H. (1999) "Of Clouds and Statistics: Inferring Causal Structures from the Data." Measurement in Physics and Economics Discussion Paper Series, no. 99-7, London and Amsterdam.

Mach, E. (1883) *The Analysis of Sensations*. Translated by T. J. McCormack. Chicago: Open Court.

———. (1896) "Kritik des Temperaturbegriffs." In E. Mach, *Die Prinzipien der Wärmelehre: Historisch-kritisch entwickelt,* 39–57. Leipzig: Barth.

———. (1976 [1905]) *Knowledge and Error: Sketches on the Psychology of Enquiry*. Edited by B. McGuinness. Dordrecht, The Netherlands: Reidel.

Machamer, P., L. Darden, and C. Craver (2000) "Thinking about Mechanisms." *Philosophy of Science* 67:1–25.

Mainzer, K. (1997) "Symmetry and Complexity." *HYLE: An International Journal for the Philosophy of Chemistry* 3:29–49.

Mann, C., T. Vickers, and W. Gulick (1974) *Basic Concepts in Electronic Instrumentation*. New York: Harper & Row.

Martin, J. (1992) *Francis Bacon, the State, and the Reform of Natural Philosophy*. Cambridge: Cambridge University Press.

Mayo, D. G. (1996) *Error and the Growth of Experimental Knowledge*. Chicago: University of Chicago Press.

McMullin, E. (1985) "Galilean Idealization." *Studies in History and Philosophy of Science* 16:247–273.

Meehl, P. E. (1954) *Clinical versus Statistical Prediction*. Minneapolis: University of Minnesota Press.

Mendoza, E. (ed.) (1960) *Reflections on the Motive Power of Fire by Sadi Carnot and Other Papers on the Second Law of Thermodynamics by E. Clapeyron and R. Clausius*. New York: Dover Publications.

Menzies, P., and H. Price (1993) "Causation as a Secondary Quality." *British Journal for the Philosophy of Science* 44:187–203.

Metropolis, N., and S. Ulam (1949) "The Monte Carlo Method." *Journal of the American Statistics Association* 44:335–341.

Mill, J. S. (1872) *A System of Logic*. London: Routledge.

Miller, A. (1986) *Imagery in Scientific Thought*. Cambridge, Mass.: MIT Press.

———. (1991) "Imagery and Meaning: The Cognitive Science Connection." *International Studies in the Philosophy of Science* 5:35–48.

Millikan, R. A. (1917) *The Electron*. Chicago: University of Chicago Press.

Mitcham, C. (1994) *Thinking through Technology*. Chicago: University of Chicago Press.

Mize, J. H., and J. G. Cox (1968) *Essentials of Simulation*. New York: Prentice-Hall.

Morgan, M. S. (2001) "Models, Stories and the Economic World." *Journal of Economic Methodology* 8:361–384.

———. (2002) "Model Experiments and Models in Experiments." In *Model-Based Reasoning: Science, Technology, Values,* edited by L. Magnani and N. J. Nersessian, 41–58. New York: Kluwer/Plenum.

Morgan, M., and M. Boumans (2002) "The Secrets Hidden by Two-Dimensionality: Modelling the Economy as a Hydraulic System." In *Displaying the Third Dimension: Models in the Sciences, Technology and Medicine,* edited by S. de Chadarevian and N. Hopwood. Stanford: Stanford University Press.

Morgan, M. S., and M. Morrison (eds.) (1999) *Models as Mediators: Perspectives on Natural and Social Science*. Cambridge: Cambridge University Press.

Morison, R. S. (1965) "Toward a Common Scale of Measurement." In *Science and Culture: A Study of Cohesive and Disjunctive Forces,* edited by G. Holton, 273–289. Boston: Beacon Press.

Morrison, M. (1990) "Theory, Intervention and Realism." *Synthese* 82:1–22.

Morrison, M., and M. S. Morgan (1999) "Models as Mediating Instruments." In Morgan and Morrison (1999), 10–37.

Müller, R. (1946) "Monthly Column: Instrumentation in Analysis." *Industrial and Engineering Chemistry, Analytical Edition* 18 (3):29A–30A.

Mumford, S. (1998) *Dispositions*. Oxford: Oxford University Press.

Newton-Smith, W. H. (ed.) (2000) *A Companion to the Philosophy of Science*. Oxford: Blackwell.

Niebur, G. L., M. J. Feldstein, J. C. Yuen, T. J. Chen, and T. M. Keaveny (2000) "High Resolution Finite Element Models with Tissue Strength Asymmetry Accurately Predict Failure of Trabecular Bone." *Journal of Biomechanics* 33:1575–1583.

Nyhof, J. (1988) "Philosophical Objections to the Kinetic Theory." *British Journal for the Philosophy of Science* 39:81–109.

Olby, R. (1974) *The Path to the Double Helix*. Seattle: University of Washington Press.

Oreskes, N. (2000) "Why Believe a Computer: Models, Measures and Meaning in the Natural World." In *The Earth Around Us: Maintaining a Liveable Planet,* edited by J. S. Schneiderman, 70–82. San Francisco: W. H. Freeman.

Oreskes, N., K. Shrader-Frechette, and K. Belitz (1994) "Verification, Validation, and Confirmation of Numerical Models in the Earth Sciences." *Science* 263 (February 4):641–646.

Parsons, M. (1997) "Atomic Absorption and Flame Emission Spectrometry." In *Analytical Instrumentation Handbook,* 2d ed., edited by G. W. Ewing, 257–326. New York: Marcel Dekker.

Pearl, J. (1995) "Causal Diagrams for Empirical Research." *Biometrika* 82:669–688.

———. (2000) *Causality*. Cambridge: Cambridge University Press.

Peirce, C. S. (1934) *The Collected Papers of Charles Sanders Peirce*. Cambridge, Mass.: Harvard University Press.

———. (1966) *Selected Writings*. Edited with an introduction and notes by P. P. Wiener. New York: Dover.

———. (1976) *The New Elements of Mathematics*. 4 Vols. The Hague: Mouton.

Pickering, A. (1981) "The Hunting of the Quark." *Isis* 72:216–236.

———. (1989) "Living in the Material World: On Realism and Experimental Practice." In Gooding, Pinch, and Schaffer (1989), 275–297.

———. (1995) *The Mangle of Practice: Time, Agency and Science*. Chicago: University of Chicago Press.

———. (ed.) (1992) *Science as Practice and Culture*. Chicago: University of Chicago Press.

Pinch, T. (1985) "Towards an Analysis of Scientific Observation: The Externality and Evidential Significance of Observational Reports in Physics." *Social Studies of Science* 15:3–36.

Pitt, J. (1999) *Thinking About Technology*. New York: Seven Bridges Press.

Planck, M. (1909) "Die Einheit des physikalischen Weltbildes." *Physikalisches Zeitschrift* 10 (2):62–75.

Pomian, K. (1998) "Vision and Cognition." In Jones and Galison (1998), 211–231.

Popper, K. R. (1965) *Conjectures and Refutations*. New York: Harper & Row.

———. (1972) *Objective Knowledge: An Evolutionary Approach*. Oxford: Oxford University Press.

Prausnitz, J. M., and B. E. Poling (1999) "Molecular Dynamics." *Encyclopedia Britannica Online* (www.britannica.com).

Preston, B. (1998) "Why Is a Wing Like a Spoon? A Pluralist Theory of Function." *Journal of Philosophy* 95:215–254.

Price, D. de Solla (1980) "Philosophical Mechanism and Mechanical Philosophy: Some Notes Toward a Philosophy of Scientific Instruments." *Annali dell' Istituto é Muséo di Storia Della Scienza di Firenze* 5:75–85.

———. (1984) "The Science/Technology Relationship, the Craft of Experimental Science, and Policy for the Improvement of High Technology Innovation." *Research Policy* 13:3–20.

Price, H. (1991) "Agency and Probabilistic Causality." *British Journal for the Philosophy of Science* 42:157–176.

Pylyshyn, Z. (1981) "The Imagery Debate: Analog Media versus Tacit Knowledge." In Block (1981), 151–206.

Radder, H. (1979) "Bohrs filosofie van de quantummechanica. Analyse en kritiek." *Kennis en Methode* 3:411–432.

———. (1986) "Experiment, Technology and the Intrinsic Connection between Knowledge and Power." *Social Studies of Science* 16:663–683.

———. (1987) "De relatie tussen natuurwetenschap en techniek." *Krisis* 7 (1):6–23.

———. (1988) *The Material Realization of Science*. Assen, The Netherlands: Van Gorcum. Originally published as H. Radder (1984) *De materiële realisering van wetenschap* (Amsterdam: VU-Uitgeverij).

———. (1995) "Experimenting in the Natural Sciences: A Philosophical Approach." In Buchwald (1995), 56–86.

———. (1996) *In and About the World: Philosophical Studies of Science and Technology*. Albany: State University of New York Press.

———. (1997) "Philosophy and History of Science: Beyond the Kuhnian Paradigm." *Studies in History and Philosophy of Science* 28:633–655.

———. (1998) "Issues for a Well-Developed Philosophy of Scientific Experimentation." In Heidelberger and Steinle (1998), 392–404.

———. (1999) "Conceptual and Connectionist Analyses of Observation: A Critical Evaluation." *Studies in History and Philosophy of Science* 30:455–477.

———. (2002) "How Concepts Both Structure the World and Abstract From It." *Review of Metaphysics* 55:581–613.

Ramsey, J. (1992) "On Refusing to Be an Epistemological Black Box: Instruments in Chemical Kinetics in the 1920s and 30s." *Studies in History and Philosophy of Science* 23:283–304.

Rheinberger, H.-J. (1997) *Toward a History of Epistemic Things. Synthesizing Proteins in the Test Tube*. Stanford: Stanford University Press.

Richards, E. (1991) *Vitamin C and Cancer: Medicine or Politics?* London: Macmillan; New York: St. Martin's Press.

Richtmyer, R. D., and J. Von Neumann (1947) "Statistical Methods in Neutron Diffusion." *Los Alamos Manuscripts* 551 (April 9).

Robison, J. (1797) "Steam Engine." *Encyclopedia Britannica*. Reprinted in *System of Mechanical Philosophy*, by J. Robison (1822). Edinburgh: J. Murray.

Rohrlich, F. (1991) "Computer Simulation in the Physical Sciences." In *PSA 1990*, edited by A. Fine, M. Forbes, and L. Wessels, 2:507–518. East Lansing: Philosophy of Science Association.

Roper, S. (1885) *Engineer's Handy-Book*. Bridgeport, Conn.: Frederick Keppy, Scientific Book Publisher.

Rose, M., and G. Lauder (eds.) (1996) *Adaptation*. San Diego: Academic Press.

Rossi, P., R. Berk, and K. Lenihan (1980) *Money, Work and Crime*. New York: Academic Press.

Rothbart, D. (1997) *Explaining the Growth of Scientific Knowledge*. Lewiston, N.Y.: Edwin Mellen Press.

Rothbart, D., and S. W. Slayden (1994) "The Epistemology of a Spectrometer." *Philosophy of Science* 61:25–38.

Rothman, D. H., and S. Zaleski (1997) *Lattice-Gas Cellular Automata: Simple Models of Complex Hydrodynamics*. Cambridge: Cambridge University Press.

Rothman, D. J. (2000) "The Shame of Medical Research." *New York Review of Books* 47 (November 30): 60–64.

Rouse, J. (1987) *Knowledge and Power: Toward a Political Philosophy of Science*. Ithaca: Cornell University Press.

Royal Society (1841) "Dedication of the Copley Medal." *Proceedings of the Royal Society* 4:336:

Schaffer, S. (1989) "Glass Works: Newton's Prisms and the Uses of Experiment." In Gooding, Pinch, and Schaffer (1989), 67–104.

———. (1995) "Where Experiments End: Tabletop Trials in Victorian Astronomy." In Buchwald (1995), 257–299.

Scheibe, E. (1973) *The Logical Analysis of Quantum Mechanics*. Oxford: Pergamon Press.

Schultz, R. L., and E. M. Sullivan (1972) "Developments in Simulation in Social and Administrative Science." In Guetzkow, Kotler, and Schultz (1972), 3–47.

Shapin, S., and S. Schaffer (1985) *Leviathan and the Air-Pump: Hobbes, Boyle, and the Experimental Life*. Princeton: Princeton University Press.

Sibum, O. (1994) "Working Experiments: Bodies, Machines and Heat Values. The Physics of Empire." In *The Physics of Empire*, edited by R. Staley, 29–56. Cambridge: Cambridge University Press.

———. (1995) "Reworking the Mechanical Value of Heat." *Studies in History and Philosophy of Science* 26:73–106.

Sismondo, S. (ed.) (1999) *Modeling and Simulation*, *Science in Context* (Special Issue) 12 (2).

Sklar, L. (ed.) (2000) *Philosophy of Science: Collected Papers*. 6 vols. Andover: Garland Publishing.

Skyrms, B. (1984) "EPR: Lessons for Metaphysics." *Midwest Studies in Philosophy* 9:245–255.

Smith, B. C. (1998) *On the Origin of Objects*. Cambridge, Mass.: MIT Press.

Sohn, D. (1999) "Experimental Effects: Are They Constant or Variable Across Individuals?" *Theory and Psychology* 9:625–638.

Solomon, J. R. (1998) *Objectivity in the Making: Francis Bacon and the Politics of Inquiry*. Baltimore: Johns Hopkins University Press.

Sorensen, R. (1992) *Thought Experiments*. Oxford: Oxford University Press.

Spirtes, P., C. Glymour, and R Scheines (1993) *Causation, Prediction and Search*. New York: Springer-Verlag.

———. (2000) *Causation, Prediction and Search*. 2d ed. Cambridge, Mass.: MIT Press.

Staubermann, K. (1998) "Controlling Vision: The Photometry of Karl Friedrich Zöllner." Ph.D. diss., University of Cambridge.

Staudenmaier, J. M. (1985) *Technology's Storytellers*. Cambridge, Mass.: Society for the History of Technology and MIT Press.

Steinle, F. (1998) "Exploratives vs. theoriebestimmtes Experimentieren: Ampères erste Arbeiten zum Elektromagnetismus." In Heidelberger and Steinle (1998), 272–297.

Sterckx, S. (ed.) (2000) *Biotechnology, Patents and Morality*. 2d ed. Aldershot, UK: Ashgate.

Stewart, I. (1998) *Nature's Numbers. Discovering Order and Pattern in the Universe*. London: Phoenix.

———. (1999) *Life's Other Secret. The New Mathematics of the Living World*. Harmondsworth, U.K.: Penguin.

Suppes, P. (1961) "A Comparison of the Meaning and Use of Models in Mathematics and the Empirical Sciences." In *The Concept and Role of the Model in Mathematics and Natural and Social Science*, edited by H. Freudenthal, 163–177. Dordrecht, The Netherlands: Reidel.

———. (1962) "Models of Data." In *Logic, Methodology and Philosophy of Science: Proceedings of the 1960 International Congress,* edited by E. Nagel, P. Suppes, and A. Tarski, 252–261. Stanford: Stanford University Press.

———. (1967) "What Is a Scientific Theory?" In *Philosophy of Science Today,* edited by S. Morgenbesser, 55–67. New York: Basic Books.

Swade, D. (2000) *The Difference Engine: Charles Babbage and the Quest to Build the First Computer*. London: Little, Brown.

Thornhill, R. (1992) "Female Preference for the Pheromone of Males with Low Fluctuating Asymmetry in the Japanese Scorpionfly." *Behavioral Ecology* 3:277–283.

Tiles, J. E. (1992) "Experimental Evidence vs. Experimental Practice?" *British Journal for the Philosophy of Science* 43:99–109.

———. (1993) "Experiment as Intervention." *British Journal for the Philosophy of Science* 44:463–475.

Tiles, M., and H. Oberdiek (1995) *Living in a Technological Culture*. London: Routledge.

Toffoli, T. (1984) "Cellular Automata as an Alternative to (Rather Than an Approximation of) Differential-Equations in Modeling Physics." *Physica* 10D:117–127.

Toffoli, T., and N. Margolus (1987) *Cellular Automata Machines: A New Environment for Modeling*. Cambridge, Mass.: MIT Press.

Torretti, R. (1999) *The Philosophy of Physics*. Cambridge: Cambridge University Press.

Toulmin, S. (1967) *The Philosophy of Science*. London: Hutchinson.

———. (1993) "From Clocks to Chaos: Humanizing the Mechanistic World-View." In *The Machine as Metaphor and Tool,* edited by H. Haken, A. Karlqvist, and U. Svedin, 139–154. Berlin: Springer-Verlag.

———. (ed.) (1970) *Physical Reality*. New York: Harper & Row.

Ulam, S. (1952) "Random Processes and Transformations." *Proceedings of the International Congress of Mathematicians 1950* 2:264–275.

———. (1990) *Analogies between Analogies*. Berkeley: University of California Press.

Ungar, E. (1996) "Mechanical Vibrations." In *Mechanical Design Handbook,* edited by H. Rothbart, sect. 5. New York: McGraw-Hill.

Van Fraassen, B. C. (1980) *The Scientific Image*. Oxford: Clarendon Press.

Vance, E. R. (1949) "Melting Control with the Direct Reading Spectometer." *Journal of Metals* 1 (October): 28–30.

Verlet, L. (1967) "Computer 'Experiments' on Classical Fluids. I. Thermodynamical Properties of Lennard-Jones Molecules." *Physical Review* 159:98–103.

Vichniac, G. Y. (1984) "Simulating Physics with Cellular Automata." *Physica* 10D:96–116.

Von Wright, G. H. (1971) *Explanation and Understanding*. London: Routledge and Kegan Paul.

Wainwright, T., and B. J. Alder (1958) "Molecular Dynamics Computations for the Hard Sphere System." *Nuovo Cimento,* ser. 10 (supplement 9): 116–143.

Wallace, W. A. (1996) *The Modeling of Nature*. Washington, D.C.: Catholic University of America Press.

Watson, J. (1981) "The Double Helix: A Personal Account of the Discovery of the Structure of DNA." In *The Double Helix: A Personal Account of the Discovery of the Structure of DNA,* edited by G. Stent, 1–133. New York: W.W. Norton and Co.

Weinberg, R. (1985) "The Molecules of Life." *Scientific American* 253 (4): 48–57.

Whitehead, A. N. (1929) *Science and the Modern World*. Cambridge: Cambridge University Press.

Wiener, N. (1965) *Cybernetics or Control and Communication in the Animal and the Machine.* 2d ed. Cambridge, Mass.: MIT Press.

Winsberg, E. (1999) "Sanctioning Models: The Epistemology of Simulation." *Science in Context* 12:275–292.

Wittgenstein, L. (1958) *Philosophical Investigations*. New York: Macmillan.

———. (1974) *Philosophical Grammar*. Berkeley: University of California Press.

Wolfram, S. (ed.) (1986) *Theory and Applications of Cellular Automata*. Singapore: World Scientific Publishers.

Wolpert, L. (1992) *The Unnatural Nature of Science*. London: Faber.

Woodward, J. (1980) "Developmental Explanation." *Synthese* 44:443–466.

———. (1997) "Explanation, Invariance and Intervention." *Philosophy of Science* 64 (supplement to no. 4): S26-S41.

———. (1999) "Causal Interpretation in Systems of Equations." *Synthese* 121:199–247.

———. (2001) "Probabilistic Causality, Direct Causes, and Counterfactual Dependence." In *Stochastic Causality,* edited by M. Galavotti, P. Suppes, and D. Costantini, 39–63. Stanford: CSLI Publications.

———. (Forthcoming a) *Making Things Happen: A Theory of Causal Explanation*. Oxford: Oxford University Press.

———. (Forthcoming b) "What Is a Mechanism? A Counterfactual Account." *Philosophy of Science* 69 (supplement).

Woodward, J., and C. Hitchcock (Forthcoming) "Explanatory Generalizations. Part I: A Counterfactual Account." *Nous.*

Wright, L. (1973) "Functions." *Philosophical Review* 82:139–168.

Zeisel, H. (1982) "Disagreement Over the Evaluation of a Controlled Experiment." *American Journal of Sociology* 88:378–389.

Zielonacka-Lis, E. (1998) "Some Remarks on the Specificity of Scientific Explanation in Chemistry." Paper presented at the Second International Conference of the Society for the Philosophy of Chemistry, Sidney Sussex College, UK.

译　后　记

　　本书是一本以会议文集形式专门讨论科学实验哲学的著作。正如本书主编拉德所说，本书是 2000 年 6 月 15 ~ 17 日阿姆斯特丹自由大学哲学系为期三天的研讨会"走向更加成熟的科学实验哲学"的结晶。

　　本书各章从多个方面、多种角度讨论了科学实验的哲学问题。作者们深入科学实践的具体形态（如实验、观察和实验室活动过程），探讨实验、观察和理论三者的关系、科学仪器的作用、客观事物知识的形态等具体问题，为科学实践的哲学研究提供了丰富的经验内容和深入的分析，给了忽视实验的哲学研究传统一个矫正剂。

　　在译后记中，请允许我讨论本书的几个重要方面。

　　首先，观察与实验在科学实践哲学中的地位和作用是一个特别有趣的问题。对关于"观察/实验负载理论"（theory-laden observation /experiment）命题的重新考察也具有重要意义。这个命题曾一度成为实证主义的克星，并成为历史主义科学哲学的重要理论观点支柱。历史主义科学哲学家汉森提出并且论证了这个命题，而后这个命题被科学哲学普遍接受，成为对经验与理论两分的致命一击。一旦它为我们接受，观察/实验和理论的关系就不复存在。一旦三者成为三位一体的混合东西，关于科学理论的进步、比较、真理等问题都因为缺乏必要的、合理的基础而成为令人困惑的问题。相对主义兴盛也与这个命题有关。重新使观察/实验特别是实验成为理论必要和适宜的基础，并且为此提供科学史案例的充分论证，对纠正极端理论优位的科学哲学观点，复归实验与理论、科学积累与科学突变的复杂辩证关系的观点有重要意义。因此，科学实验哲学成为科学实践哲学的近亲与同道。

　　以往的科学哲学往往把观察与实验混为一谈。这是因为，观察和实验的作用对于逻辑主义或者经验主义的科学哲学来说，很少有本质上的意义差异。它们都为理论提供证据，是理论联系被表征的世界的经验桥梁和中介。并且，实验和观察还有用来检验理论的作用，实验和观察为明确的理论假设导引，即观察/实验负载理论、渗透理论。

　　在科学实验哲学中，特别是在新实验主义科学哲学的视野中，实验常常有自己的生命，实验也常常有许多种类的生命（Hacking，1983a：150，

165）；实验不是为明确理论导引，而是为值得研究事物的暗示以及对如何开展这样的探索的把握导引。科学实践哲学更重视实验，因为在科学实践哲学中，科学是作用于世界的方式，而不是观察和描述世界的方式。"实验一直担当着知识论的重任。"① 这样，实验或者观察和理论在品格方面就有了重要的区别。因此，在科学实践哲学中明显地表现出更重视实验的特征。实验目标，实验设计，实验所采用的手段、仪器和获取的现象都得到更高程度的重视。

科学实践哲学中的新实验主义研究进路集中批判一直以来强烈影响着科学哲学的观察/实验渗透理论、观察/实验负载理论命题。哈金认为：第一，观察与陈述不是一回事，以往的逻辑经验主义、实证主义哲学家太注重陈述，而作为活动的观察则没有得到应有的待遇；第二，理论和实验的相互关系在发展的不同阶段是不同的，在自然科学里它们不都有同样的形式；第三，更基础的真实研究往往要先于任何相关理论；第四，按照理论和实验术语来划分问题本身就是一种误导，因为它把理论处理为同一种类的东西，把实验处理为另一类同一的东西（Hacking，1983a：chaps. 9-10）。新实验主义通过大量实验、观察先于相关理论的案例或者独立于理论的案例（如戴维观察到沼气的案例、赫谢尔对未知天体的观察发现、布朗运动的观察和发现的无理论性）说明存在不负载理论（theory-laden free）的实验，新实验主义科学哲学相当有力地驳斥了观察/实验负载理论命题。当然，我们认为，实验、观察和理论之间的关系相当复杂，那种逻辑上只存在一类可以概括全体的关系可能是幻觉，实验可以有自己的生命，理论也可以有自己的生命，实验和理论还可以有相互纠缠的双螺旋缠绕在一起的生命。最重要的是，我们应该深入科学实验、实验室，探询这种多重关系，而不是冠以一个简单的说明。

因此，连带地，在科学实践哲学中，实验室被赋予新的认识论地位和意义，它是一个认知概念，而不仅是认知的场所。事实上，早在科学实践哲学诞生之前，在 SSK 中，诺尔-塞蒂纳就认为，科学实验室概念已经代替实验概念之于科学史和科学方法论的意义；实验室语境由仪器和符号的实践构成，科学的技能活动根植于此。正是实验室使得实践概念成为一种文化实践的概念。实验室在科学哲学研究中已经成为一种重要的理论概念，实验室本身成为科学发展的重要代理者。诺尔-塞蒂纳甚至认为，这个代理过程是：实验室研究成为事物被"带回家中"的自然过程，使自然对象得到"驯化"，使

---

① 诺尔-塞蒂纳. 实验室研究见：希拉·贾撒诺夫（Sheila Jasanoff）等编. 科学技术论手册. 北京：北京理工大学出版社，2004：110

自然条件受到"社会审查"。实验室重要的意义在于提升"社会秩序"和"认知秩序"。①

传统科学哲学仅仅认为，实验室是产生知识的场所，仅仅在科学知识产生的源头给予实验室一个位置，而后科学知识和理论的发展均与实验室无关。这使得实验室有点像牛顿框架下的空间。新的科学实践哲学给予实验室以重要地位。新的科学实践哲学认为：①实验室是建构知识的研究场所与情境。由于知识是地方性的，因此知识作为其实践的维度，必定含有实验室特征，对象经过巨大改造之后，已经不再是纯粹自然的东西。②实验室的作用是：隔离–操纵对象，使得被研究的事物清晰化。③实验室以工具、设备和技能介入研究，实验室本身就是研究活动的组成。④实验室还提供追踪实验过程的全程性认识。⑤提供新科学资源的实践性理解、文化性理解。

正如本书主编拉德指出的，目前新实验主义的科学实验哲学（philosophy of scientific experimentation）主要研究的主题包括：①实验的物质实现；②实验和因果关系；③科学–技术关系；④实验中理论的角色；⑤建模和（计算机）实验；⑥仪器使用的科学和哲学意义。

拉德指出，在实验里，我们能动地与物质世界打交道。无论按照哪种方法，实验都包括一种实验过程的物质实现（研究的对象、仪器和它们之间的相互作用）。问题是：科学实验的活动和产品特性对于哲学上关于科学的本体论、认识论和方法论论题的争论有什么意义？

新实验哲学认为，其本体论意义在于：一种关于实验科学的更适当的本体论说明需要相应的某些配置性概念，如关于实验设计的实践、实验再生产能力的角色和自然作为机器概念的考察，在实验中必需的图示符号使用、"虚拟观察"的程序、仪器使用中的专家角色、人的精神在实验本体中的作用（如可能性、能力、倾向、可能应进入实验科学的本体论研究）。其认识论意义在于：实验的干预特征同样引发认识论问题。贝尔德提出一种新波普尔主义关于"客观事物知识"（objective thing knowledge）的说明，其知识是被封存在物质事物中的。对这种知识进行举例说明的是沃森和克里克的物质双螺旋模型、Davenport 的旋转电磁发动机以及瓦特和 Southern 的蒸汽机指示器。贝尔德认为，这些例证本身就是把类似于标准认识论的真理、辩护等概念移位到事物知识上的案例。例如，在对工具的讨论中，贝尔德提出事物知识（thing knowledge）概念，并且把它们分为：模型知识（model knowledge），如 DNA 模型；工作知识（working knowledge），指一种工具或者机器在运行

① 诺尔–塞蒂纳．见：希拉·贾撒诺夫，等编．科学技术论手册．北京：北京理工大学出版社，2004：112–113

中的规则性和可靠性方面的认知；测度知识（measurement knowledge）。这些区分涉及波普尔的世界 1～世界 3 的划分以及相互作用的形而上学问题［Baird，Thing Knowledge，见 Radder（2003：39-67）］。

拉德还认为，对实验的理论的和经验的研究非常适合因果关系论题的探究。我们发现，在实验主义者看来，一个因果主张基本就是，如果一个确定的实验被运行，那么将发生什么的观点。在实验的因果关系上至少可以发现三种不同研究进路。第一种进路认为，在实验过程和实验的实践中，因果关系的角色是可以分析的。第二种进路包括对解释和检验因果主张的实验角色的分析。因果推论可能仅仅在通过（可能的假说）实验干预时才能被证明，而不能通过观察来证明。第三种进路是在行动和操作的概念基础上说明因果关系的概念。

如果哲学家继续保持对科学的技术维度的忽视，实验就将继续仅仅被视为理论评估的数据供给者。如果他们开始认真地探讨科学-技术的相互关系，研究技术在科学中作用的一个明显的方法就是集中于实验室实验中使用的工具和设备。在本书中，贝尔德论证事物知识与理论知识同等的重要性。朗格主要强调实验科学和技术在概念和历史上的近亲性。

科学实验哲学的中心论题，是科学和实验的关系。目前，这个论题被两个方面的进路所探究。第一种进路是在实验实践内研究理论的角色。这关涉关于实验科学区别理论的（相对的）自治性主张。如前文所说，针对"观察/实验负载理论"的观点提出，实验是无理论负载的观点。另外，海德伯格论证实验中的因果论题可以并且能够从理论论题中区分出来。同样，在科学工具分类中可以做出相同的区分。海德伯格认为，以工具"表征"的实验是负载理论的，"生产的"、"构造的"或者"模仿的"工具使用的实验是有因果基础的，是无理论负载的（Heidelberger，见本书第 7 章）。第二种进路对实验-理论关系附加理论如何能够从物质实验实践中产生的问题或概念化如何从物质过程到命题、理论知识的转变。当然，即便实验研究不仅仅是达到理论知识的唯一手段，实验也伴随科学理论形成相关的认识角色。把两者的关系置于平衡之论题的哲学研究既得益于"相对主义的"科学研究进路（Gooding，1990：180，211-215），也得益于"理性主义的"认识论研究进路（Franklin，1990：2，3，160；Mayo，1996：405-408）。特别是，梅奥通过主观贝叶斯主义的批判研究，通过错误改进实验推进科学理论的研究，重新梳理和说明实验、观察和理论三者的合适关系。

实验、建模和（计算机）模拟的相关研究在科学实验哲学中获得重要推进。拉德指出，在过去的 10 年中，对计算机建模和模拟的科学意义的认识有了巨大的增长。许多现代科学家都参与他们所谓的"计算机实验"。除了计算机实验的内在兴趣和论旨外，这个发展还激起一种哲学讨论，即这些计算机实验以什么方式进行，它们如何与普通实验联系。在本书中，凯勒和摩根详细研究这个主题。他们共同提供计算机建模和模拟的分类。一是计算机模拟，即以计算机模型去模拟已有的现象；二是真正意义的"计算机实验"，即通过计算机程序产生的对象进行实验研究；三是试图去建模迄今为止还未理论化的现象，如"人工生命"研究（Keller：198-215；Morgan：151-216；见本书第 10 章、第 11 章）。

事实上，这样的研究细致地反映出科学工具研究进路和趋向。科学工具的研究是一种科学实验哲学的富矿。例如，设计、操作和工具广泛应用的各种特性及其哲学意蕴、示意图解、图示符号在设计科学工具中的重要性，存储在这些图像中的知觉和功能信息，视觉知觉的本性，思想和视觉之间的关系，再生产性作为某种实验规范的作用，工具性中介实验输出的表征模式问题，都是传统科学哲学忽视的，而今通过这些方面的研究可以获得新的分析资源，形成新的方向和进路。

本书所谈到的新实验主义仍然有一些缺陷，这或许是新实验主义自身的问题，也许是实验主义仍未能兴盛的原因之一，即各章所表述的新实验主义立场并不完全一致，甚至有些章节之间的观点还存有争论。例如，在关于知识的性质、人工与自然的区别等方面存在很多争论。写作和论述风格也不完全相同。所以，在读本书时，不要把它看做是铁板一块、首尾一贯的一个体系，而应进行比较、分析研读。

本书翻译分工如下：前言和致谢、第 1 章 ~ 第 4 章由吴彤翻译，第 5 章、第 6 章由崔波翻译，第 7 章 ~ 第 13 章由何华青翻译。译者互校译文，张春峰复核审校一次，最后由吴彤统校全书。

译者要感谢清华大学科学技术与社会研究所王巍教授，他一直与本书主编 Radder 保持沟通；还要特别感谢科学出版社的郭勇斌编辑、邹聪编辑，以及其他为本书校订付出辛勤劳作的人们，是他们使本书更为准确、完善。本书译校若有错译、漏译之处，责任均由译者承担。

本书付梓之际，丛书主编之一曾国屏教授因心肌梗死突然离世，仅以本书纪念他，告慰他在天之灵。

吴 彤
2009 年 12 月 20 日
于清华大学新斋
2012 年 5 月 5 日于清华大学明斋校订时谨记
2015 年 9 月 6 日最后校订